T0216012

Lecture Notes in Mathematics   2238

More information about this series at http://www.springer.com/series/304

Philippe Gille

Groupes algébriques semi-simples en dimension cohomologique ≤2

Semisimple algebraic groups in cohomological dimension ≤2

With a comprehensive introduction in English

 Springer

Philippe Gille
Camille Jordan Institute
CNRS, Université Lyon 1
Villeurbanne, France

ISSN 0075-8434   ISSN 1617-9692   (electronic)
Lecture Notes in Mathematics
ISBN 978-3-030-17271-8   ISBN 978-3-030-17272-5   (eBook)
https://doi.org/10.1007/978-3-030-17272-5

Mathematics Subject Classification (2010): Primary: 12G05; Secondary: 20G15

This Springer imprint is published by the registered company Springer Nature Switzerland AG
The registered company address is: Gewerbestrasse 11, 6330 Cham, Switzerland

Préface

Ce livre porte sur la conjecture II de Serre en cohomologie galoisienne non abélienne des groupes algébriques, énoncée en 1962. Cette conjecture est fortement liée à la classification des groupes algébriques semi-simples (et objets reliés, e.g. formes hermitiennes) sur un corps parfait k de dimension cohomologique 2 (cf. §2.2.4 et 9.4c). La conjecture énonce que tout espace principal homogène sous un groupe algébrique semi-simple simplement connexe est trivial, i.e. admet un point rationnel, voir §4.8. En d'autres mots, l'ensemble pointé de cohomologie galoisienne $H^1(k, G)$ est trivial pour G un k-groupe semi-simple simplement connexe défini sur un corps parfait de dimension cohomologique 2. La conjecture a été étendue par Serre en 1994 au cas des corps imparfaits [158, §5], et est discutée en détail au §4.8. On doit remplacer alors la condition $\mathrm{cd}(k) \leq 2$ par la condition $\mathrm{scd}(k) \leq 2$ où $\mathrm{scd}(k)$ désigne la dimension cohomologique séparable de k (les deux notions coïncident dans le cas parfait). On se place désormais dans la situation générale.

Cette classe de corps comprend notamment les corps locaux, les corps de nombres imaginaires purs ainsi que les corps de fonctions de surfaces algébriques complexes, par exemple le corps de fractions rationnelles $\mathbf{C}(x, y)$. Il y a deux points de vue complémentaires sur la conjecture: l'un est de travailler sur un corps spécifique, l'autre sur une classe de groupes particuliers.

Le premier point de vue a été le premier considéré. Kneser (et Bruhat-Tits) ont montré la conjecture II pour les corps p-adiques et Kneser/Harder/Chernousov pour les corps de nombres imaginaires purs [32, 112]. Très récemment, de Jong/He/Starr ont montré la conjecture pour le cas d'un corps de fonctions de surface définie sur un corps algébriquement clos [57].

Le point de vue de ce livre est surtout le second où l'on travaille sur un corps k de dimension cohomologique 2 avec des groupes algébriques d'un type fixé. Nous signalons au lecteur que les corps précédents sont assez spécifiques. En effet, pour ces corps, les algèbres simples centrales de période 2 dans le groupe de Brauer sont équivalentes à des algèbres de quaternions. Ceci est à comparer avec la construction par Merkurjev de corps de dimension cohomologique 2 avec algèbres simples centrales de période 2 dans le groupe de Brauer qui sont d'indice

2^n, n arbitrairement grand [131]. Il n'est pas surprenant que la complexité des algèbres simples centrales liées aux groupes algébriques (i.e. algèbres de Tits) intervienne de façon déterminante dans les énoncés. Donnons deux énoncés prédits par la conjecture pour un corps k de dimension cohomologique séparable ≤ 2 (de caractéristique $\neq 2$ pour le second).

(I) Si A est une algèbre simple centrale définie sur k, alors la norme réduite $\mathrm{Nrd}_A : A^\times \to k^\times$ est surjective.

(II) Les formes quadratiques (de dim. finie) non dégénérées sur k sont classifiées par leur rang, leur discriminant et leur invariant de Hasse-Witt.

L'assertion (I) a été établie en 1984 par Suslin, nous revenons dessus au §4. L'assertion (II) a été établie par Merkurjev [3, prop. 2] en caractéristique $\neq$ 2. La plus grande évidence pour la conjecture est qu'elle vaut d'après Bayer–Fluckiger/Parimala pour les groupes classiques sur un corps parfait, ainsi que ceux de type G_2 et F_4 [11]. Dans le cas de caractéristique 2, la conjecture II « étendue » pour ces mêmes groupes a été établie par Berhuy/Frings/Tignol [15].

Sur les groupes exceptionnels restants (D_4 trialitaire, E_6, E_7, E_8), il n'y a que des résultats partiels dus à Chernousov [38] et à l'auteur [77]. Le premier but de ce livre est de remettre au goût du jour l'article [77] fondé sur la théorie de Bruhat-Tits et l'invariant de Rost. Etant donné un groupe G/k satisfaisant les hypothèses de la conjecture II et un k-tore maximal, il s'agit de montrer que la flèche $H^1(k, T) \to H^1(k, G)$ induite sur les ensembles de cohomologie galoisienne est triviale sur un « gros » sous-groupe de $H^1(k, T)$. C'est ce qui est fait au §6 sans faire recours à l'invariant de Rost, ni d'ailleurs à la théorie de Bruhat-Tits. Ceci étant, on utilise une notion proche de la théorie des groupes sur les corps locaux, à savoir l'étude des classes de conjugaison des sous-groupes μ_n de G. Un aspect technique important est aussi l'utilisation des « groupes de normes » qui permettent de généraliser la surjectivité des normes réduites.

Une fois établi l'énoncé clé sur l'image de $H^1(k, T) \to H^1(k, G)$, on reprend les méthodes de Kneser/Harder en faisant une récurrence sur les types de groupes. Par rapport à l'article de 2001, il y a une simplification notable de la preuve de l'énoncé clé ainsi que du cas quasi-déployé. Nous prenons l'occasion de discuter aussi selon notre point de vue le cas des groupes classiques. Outre le gain sur les petites caractéristiques, le résultat le plus saillant est l'avancée sur le type E_7 (§8.3). Les types D_4, E_6 et E_8 demeurent largement ouverts pour la conjecture II.

Nous avons rassemblé dans les deux premiers chapitres des faits généraux qui ne dépendent pas d'hypothèse de dimension cohomologique. D'autres faits complémentaires se trouvent dans l'étude des groupes classiques et exceptionnels. A la fin, nous discutons les cas restants de la conjecture au regard de corps spécifiques et sujets reliés.

La réalisation de ce livre a bénéficié du soutien du projet IDEI PN-II-ID-PCE-2012-4-0364 du Ministère de l'Éducation Nationale de Roumanie CNCS-UEFISCIDI et du projet Geolie ANR-15-CE40-0012 (Agence Nationale de la Recherche, France).

Villeurbanne, France   Philippe Gille

Acknowledgements

We express our sincere thanks to Jean-Pierre Tignol whose comments significantly improved the manuscript. We thank Anne Quéguiner-Mathieu for useful discussions on classical groups and the three referees for their encouraging comments and suggestions.

We are grateful to the Stoilow Mathematical Institute of the Romanian Academy (Bucharest) for the hospitality during part of our work on this book.

Note to the English Reader

In an effort to make the book accessible to a wider audience, we have supplemented the original text with a comprehensive introduction in English.

Introduction

Linear algebraic groups are ubiquitous in mathematics. They occur in geometry, topology, representation theory, number theory and many other areas. One viewpoint is to start from the theory of Lie groups. Remarkably, most Lie groups are *algebraic* in the sense that they are defined by solutions of polynomial equations, and furthermore, multiplication and taking inverses are polynomial maps. This is the case for the linear group $GL_n(\mathbf{R})$, the orthogonal group $O_n(\mathbf{R})$, the symplectic group $Sp_{2n}(\mathbf{R})$, etc., and similarly for groups over the complex numbers $\mathbf{C}$. We can quote here Tannaka's theorem that every compact subgroup of $GL_n(\mathbf{C})$ is algebraic. However, we need to pay attention to the fact that morphisms between Lie groups of algebraic nature have no reason to be so; the exponential map $\mathbf{C} \to \mathbf{C}^\times$ is a basic example. Another viewpoint is to start from finite fields, as Jordan did in his *Traité des substitutions et des équations algébriques* for the purpose of developing Galois theory [102, II.II]. Both viewpoints lead to the theory of linear algebraic groups over a base field k with algebraic closure $\bar{k}$.

An algebraic k-subgroup G of the linear group GL_n is given by a finite system of polynomial equations in the coordinates $(a_{i,j})$ of GL_n such that for each (commutative, unital) k-algebra R the subset of R-points $G(R)$ is a subgroup of the group $GL_n(R)$ of invertible R-automorphisms of the R-module R^n. It is important here to distinguish between the algebraic k-subgroup G of GL_n and the group $G(k)$ of k-points of G. A basic tool is the extension of scalars: if F is a field extension of k, we can define the F-algebraic group $G \times_k F$ by the same equations used to define G, but now viewed as equations over F.

An important example is that of the orthogonal algebraic group attached to a regular quadratic form $q : k^{2n} \to k$. It is the algebraic k-subgroup of GL_{2n} given by the system of quadratic equations $q \circ f = f$. For each k-ring R, we have

$$O_q(R) = \left\{ f \in GL_{2n}(R) \mid q \circ f = q \right\}.$$

The classification of algebraic groups is a fundamental problem. We are mostly interested in elementary pieces called *almost simple* algebraic groups; see Sect. 2.1.2 for the precise definition. Over $\bar{k}$, the classification is that of Cartan Killing; it is essentially given by a Dynkin diagram as in the case of Lie algebras; for example, the group SL_n (resp. SO_{2n+1} Sp_{2n}, SO_{2n}) is related to the Dynkin diagram A_{n-1} (resp. B_n, C_n, D_n). These are the classical groups; there are also exceptional groups corresponding to the Dynkin diagrams E_6, E_7, E_8, F_4 and G_2.

The classification of real almost simple algebraic groups is due to Satake and Tits; see §3.4 (and the appendix) of [168] for the complete list. The simplest case is the classification of real algebraic groups G such that $G \times_{\mathbf{R}} \mathbf{C}$ is isomorphic to $SL_{2,\mathbf{R}} \times_{\mathbf{R}} \mathbf{C}$. The list consists of $SL_{2,\mathbf{R}}$ and $SL_1(\mathbf{H})$ where $\mathbf{H} = \mathbf{R} \oplus \mathbf{R}i \oplus \mathbf{R}j \oplus \mathbf{R}ij$ is the Hamilton quaternion algebra and where $SL_1(\mathbf{H})$ is the special linear group of $\mathbf{H}$ with respect to the quaternionic norm: for each $\mathbf{R}$-algebra A, we have

$$SL_1(\mathbf{H})(A) = \{x + yi + jz + ik \in \mathbf{H} \otimes_{\mathbf{R}} A \mid x^2 + y^2 + z^2 + t^2 = 1\}.$$

Over our base field k, for each quaternion k-algebra Q[1] we have the k-group $SL_1(Q)$ defined in a similar manner to $SL_1(\mathbf{H})$. We know that $Q \cong Q'$ if and only if $SL_1(Q) \cong SL_1(Q')$. This provides an exhaustive list of isomorphism classes of k-forms of SL_2, that is of k-groups G such that $G \times_k \bar{k} \cong SL_{2,\bar{k}}$. In other words, the classification of k-forms of SL_2 is the same as the classification of quaternion k-algebras. For example, over $\mathbf{R}$ there are two isomorphism classes of quaternion algebras, $\mathbf{H}$ and the matrix algebra $M_2(\mathbf{R})$, whose associated groups are the two mentioned above. Over the field $\mathbf{Q}$ of rational numbers, there are infinitely many isomorphism classes of forms of SL_2.

Given two regular quadratic forms q, q' of dimension $2n$, it is known that the algebraic groups $SO(q)$ and $SO(q')$ are isomorphic if and only if q' and q are similar, that is, $q' = \lambda q$ for $\lambda \in k^{\times}$ [115, Th. 4.2 and 24.5]. It follows that the classification of certain almost simple groups of type D_n is equivalent to the classification of quadratic forms (up to similarity). Over number fields, we have a classification of quadratic forms (resp. of quadratic forms up to similarity) due to Hasse (resp. Ono [141]; see also [54]). In small dimensions, we have a precise classification of quadratic forms over a general field [106, §8], but this seems to be out of reach in arbitrary dimensions. Thus, in general we are far from a precise list of special orthogonal groups.

Let us focus on function fields of complex algebraic varieties. The first invariant is their transcendence degree. If such a field $F/\mathbf{C}$ is of transcendence degree 1 (i.e. the function field of an algebraic curve), Tsen's theorem implies that all quaternion F-algebras are isomorphic to $M_2(F)$ [86, Th. 6.2.3, 6.2.8]. It follows that $SL_{2,F}$ is the only F-form of SL_2. Also, F-quadratic forms are classified by their dimension and their discriminant since all quaternionic norms are hyperbolic [155, Lemma 12.10]. In this case, forms of SO_{2n} are parameterized by quadratic (étale) extensions of F. This is a general phenomenon for almost simple groups: Steinberg has shown

---

[1]If char$(k) \neq 2$, the presentation of the k-algebra Q is $Q = k \oplus ki \oplus kj \oplus kij$ with $i^2 = a$, $j^2 = b, ij + ji = 0$ and $a, b \in k^{\times}$.

that over function fields of transcendence degree 1 all almost simple algebraic groups are *quasi-split*, i.e. contain a Borel subgroup [168, Th. 11.1].

The next case is that of the function field of a complex algebraic surface. This is the degree 2 case, an important topic discussed in this book. These fields share an important invariant with p-adic fields and totally imaginary number fields, namely their cohomological dimension (which is 2). This dimension is defined by means of Galois cohomology (Sect. 1.3.1); as a first approach, we can think of it as a generalization of the transcendence degree of function fields of complex varieties to arbitrary fields.

One of the main goals of this book is to classify (semi)simple algebraic groups over a field of cohomological dimension ≤ 2. Let us give the result in the case of even dimensional quadratic forms q, q' with the same discriminant. According to [15, Cor. 5.3], q and q' are similar if and only if $C_0(q) \cong C_0(q')$ where $C_0(q)$ is the even Clifford algebra of q. It follows that $SO(q) \cong SO(q')$ if and only if $C_0(q) \cong C_0(q')$. This can be interpreted in terms of Galois cohomology as follows: $SO(q)$ and $SO(q')$ share the same Tits class in $H^2(k, \mu_2)$. In Sect. 9.4, we provide a general result of this form, conditional on the validity of Serre's conjecture II, the main topic of this monograph.

Serre's original conjecture II (1962) states that the Galois cohomology set $H^1(k, G)$ vanishes for a semisimple simply connected algebraic group G defined over a perfect field k of cohomological dimension $\mathrm{cd}(k) \leq 2$. In other words, it predicts that all G-torsors (or principal homogeneous spaces) over $\mathrm{Spec}(k)$ are trivial. Serre extended his conjecture to imperfect fields in 1994. We discuss this in detail in Sect. 4.8. We need to replace the condition $\mathrm{cd}(k) \leq 2$ by the condition $\mathrm{scd}(k) \leq 2$, where scd stands for the separable cohomological dimension which agrees with cd for perfect fields.

One of the simplest examples of the conjecture is that of a central simple algebra A defined over a field k and a non-zero scalar $c \in k^\times$. The subvariety

$$X_c := \{\mathrm{Nrd}_A(y) = c\} \subset GL_1(A)$$

of elements of reduced norm c is a torsor under the special linear group $G = SL_1(A)$, which is semisimple and simply connected. If $\mathrm{scd}(k) \leq 2$, the conjecture says that this G-torsor is trivial, i.e. $X_c(k) \neq \emptyset$. By considering all scalars c, we therefore expect that the reduced norm map $A^\times \to k^\times$ is surjective. For function fields of complex surfaces, this follows from the Tsen-Lang theorem, since the reduced norm is a homogeneous form of degree $\deg(A)$ in $\deg(A)^2$-indeterminates [159, II.4.5]. The general case of the surjectivity of the reduced norm map was established by Suslin. This fact essentially characterizes fields of separable cohomological dimension ≤ 2; see Sect. 4.7.

An important method used when dealing with classification problems over fields of separable cohomological dimension ≤ 2 is the very precise classification of quadratic forms in terms of multiquaternion division algebras, due to Sivatski. Although this result can be deduced from Serre's conjecture II for spin groups, we present an independent proof of that classification (Sect. 7.1.3).

Throughout its history, evidence for and progress towards establishing conjecture II has been obtained by either considering special classes of fields or looking at the implications of the conjecture for the classification of algebraic groups.

From the point of view of groups, the strongest evidence for the validity of the conjecture is the case of classical groups (and groups of type G_2 and F_4) established in 1995 by Bayer and Parimala [11]; see also Berhuy et al. for the generalization to imperfect fields [15]. For exceptional groups (trialitarian of type D_4, type E_6, E_7 and E_8), the general conjecture is still open in spite of some considerable progress [38, 49, 77].

From the point of view of fields, we know that the conjecture holds in the case of imaginary number fields (Kneser, Harder, Chernousov; see [149, §6]) and, more recently, in the case of function fields of complex surfaces. A general proof for all types of groups was recently given by de Jong et al. [57] using deformation methods. This result has a clear geometric meaning: if $G/\mathbb{C}$ is a semisimple simply connected group and X a smooth complex surface, then any G-torsor over X (or a G-bundle) is locally trivial with respect to the Zariski topology.

The preceding examples of fields with separable cohomological dimension ≤ 2 are quite specific since their central simple division algebras of period 2 are quaternion algebras. This is in contrast to Merkurjev's construction of a field of cohomological dimension 2 having a central simple division algebra of period 2 and index 2^n, $n \geq 1$ arbitrary (and also anisotropic quadratic forms of dimension $2n - 2$) [131]. It is therefore not surprising that the complexity of central simple algebras plays a crucial role in the statements of the results.

In this monograph, we present our approach to the conjecture based on the study of cohomology classes arising from finite diagonalizable subgroups. The key result is the following:

Proposition 5.5.1 *Let G/k be a semisimple simply connected group satisfying the hypothesis of conjecture II. Let $f : \mu_n \to G$ be a k-group homomorphism. Then the induced map*

$$f_* : k^\times / k^{\times n} \cong H^1(k, \mu_n) \to H^1(k, G)$$

is trivial.

If μ_n is central in G, this follows from the norm principle (Sect. 5.4) and the study of norm group of varieties of Borel subgroups (Sect. 5.3). The new ingredient is the generalization to the non-central case, which involves the study of the centralizer $C_G(\mu_n)$ (Sect. 3.1).

We then use known techniques (e.g. Harder quadratic trick, Sect. 3.2.4) to cover all known cases of the conjecture. We start with the quasi-split case (Chap. 6), continue with the classical groups (Chap. 7) and end with the exceptional groups (Chap. 8).

In the classical group setting, our proofs are somewhat simpler than the original ones since we avoid certain results and constructions from algebras with involutions.

The case of groups of type E_7 is of special interest. If the Tits algebra of a semisimple simply connected k-group of type E_7 is of index ≤ 4, we prove the conjecture in Theorem 8.3.2. The only remaining case is that of index 8, and we show how this case is related to a problem about hermitian forms over biquaternion algebras (Sect. 8.3.3). Finally, the case of groups of type E_8, is discussed and related to other open questions.

***

The contents of the monograph are as follows: The first chapter reviews some basic material and concepts, such as Weil restriction and algebraic tori, etc. Chapter 2 is devoted to Borel-Tits theory of reductive groups (parabolic subgroups, root systems, etc.). The third chapter deals with the various embeddings of μ_n in a given semisimple algebraic group and splitting fields for algebraic groups. Chapter 4 focuses on fields of small separable cohomological dimension and norm groups of certain varieties.

The study of Serre's conjecture II starts in Chap. 5 and concludes in Chap. 8. Finally, in Chap. 9, we deal with applications of the results and link conjecture II to other open questions.

Table des matières

Chapitre 1
Généralités

Ce premier chapitre se propose de rappeler les notions principales utilisées dans ce livre.

1.1 Théorie de Galois

Soit k un corps. On dit qu'une propriété $\mathscr{P}$ concernant les k-corps est *insensible* à une extension E/F si la propriété $\mathscr{P}(F)$ vaut si seulement si la propriété $\mathscr{P}(E)$ vaut.

Par exemple, la propriété d'être de caractéristique zéro est insensible à toute extension de corps.

On note k_s une clôture séparable de k et $\bar{k}$ une clôture algébrique de k_s. On note $\Gamma_k = \mathscr{G}al(k_s/k)$ le groupe de Galois absolu de k. On note $p \geq 1$ l'exposant caractéristique de k.

1.1.1 Corps l-spéciaux

Si l désigne un nombre premier, on dit que k est l-spécial si Γ_k est un pro-l-groupe. Ces corps vérifient la propriété de dévissage suivante.

Lemme 1.1.1 *On suppose que k est l-spécial. Soit K/k une extension finie séparable. Alors il existe une tour $k = k_1 \subset k_2 \cdots \subset k_{n-1} \subset k_n = K$ telle que k_{i+1}/k_i est une extension galoisienne cyclique de degré l pour $i = 1, \ldots, n$.*

Démonstration On peut supposer que $[K : k] > 1$. Soit $\tilde{K}$ la clôture galoisienne de K dans k_s. Le groupe $G = \mathscr{G}al(\tilde{K}/k)$ est un l-groupe fini et admet le sous-groupe propre $H = \mathscr{G}al(\tilde{K}/K)$. Il existe un caractère $\chi : G \to \mathbf{Z}/l\mathbf{Z}$ non trivial et nul sur

© Springer Nature Switzerland AG 2019
P. Gille, *Groupes algébriques semi-simples en dimension cohomologique* ≤2, Lecture Notes in Mathematics 2238,
https://doi.org/10.1007/978-3-030-17272-5_1

H [6, 23.2]. Ce caractère χ définit une sous-extension $k_2 \subset K$, qui est cyclique de degré l. Ainsi $[K : k_2] < [K : k]$ et le corps k_2 est lui aussi p-spécial; par récurrence sur le degré, il suit qu'il existe une tour $k = k_1 \subset \cdots \subset k_{n-1} \subset k_n = K$ telle que chaque k_{i+1}/k_i est une extension galoisienne cyclique de degré l.   ∎

On utilise souvent le procédé suivant de localisation en un premier l. Soit $\Gamma^{(l)}$ un pro-l-groupe de Sylow de Γ_k et $k^{(l)} = (k_s)^{\Gamma^{(l)}}$ le corps des points fixes. Alors $\mathscr{G}al(k_s/k^{(l)}) = \Gamma^{(l)}$ et $k^{(l)}$ est donc l-spécial. Ce corps dépend du choix d'un sous-groupe de Sylow mais ceux-ci étant Γ_k-conjugués, il suit que la classe d'isomorphisme de l'extension $k^{(l)}/k$ est bien définie, ce qui justifie l'abus de notation $k^{(l)}$. Ce type d'extension est appelée « Extension maximale séparable de degré premier à l » ou encore co-l-clôture de k.

1.1.2   Restriction des scalaires à la Weil

Une k-variété désigne un k-schéma séparé de type fini. Soit L/k une extension finie de corps et Y une L-variété quasi-projective. On dispose alors de la restriction à la Weil $R_{L/k}(Y)$ de Y à k, c'est une k-variété quasi-projective qui est caractérisée par la propriété

$$R_{L/k}(Y)(A) = Y(A \otimes_k L)$$

pour toute k-algèbre A [24, §7.6]. On a un morphisme d'adjonction $\pi : R_{L/k}(Y) \times_k L \to Y$.

Si $Y = Y_0 \times_k L$, on a aussi un morphisme diagonal $\Delta : Y_0 \to R_{L/k}(Y_0 \times_k L)$. Enfin, si G est un L-groupe algébrique, la restriction à la Weil $R_{L/k}(G)$ est naturellement un k-groupe algébrique. Pour les propriétés fonctorielles de la restriction de Weil et leur extension au cadre schématique, nous renvoyons à l'appendice A.5 de [53].

En particulier, si $A = L_1 \times \cdots \times L_r$ est un produit d'extensions finies de corps, et Y_i est une L_i-variété projective pour $i = 1, \ldots n$, alors $Y = Y_1 \sqcup Y_2 \cdots \sqcup Y_n$ est un A-schéma quasi-projectif et on pose $R_{A/k}(Y) = R_{L_1/k}(Y_1) \times_k \cdots \times_k R_{L_n/k}(Y_n)$.

1.1.3   Cohomologie galoisienne non abélienne

Soit L/k une extension galoisienne finie et posons $\Gamma = \mathscr{G}al(L/k)$. Soit G/k un k-groupe algébrique. Alors le groupe $G(L)$ est muni d'une action de Γ. Une application $z : \Gamma \to G(L)$ est un 1-*cocycle* si elle satisfait la relation $z_{\sigma\tau} = z_\sigma \, \sigma(z_\tau)$ pour $\sigma, \tau \in \Gamma$. On note $Z^1(\Gamma, G(L))$ l'ensemble des 1-cocycles de Γ à valeurs dans $G(L)$; il est pointé par le 1-cocycle trivial. Le groupe $G(L)$ agit à droite sur $Z^1(\Gamma, G(L))$ par $(z_\sigma) \cdot g = (g^{-1} z_\sigma \, \sigma(g))$; on note $H^1(L/k, G) = H^1(\Gamma, G(L)) = Z^1(\Gamma, G(L))/G(L)$ l'ensemble pointé des orbites.

L'ensemble de cohomologie galoisienne $H^1(k, G)$ est défini comme la limite inductive des $H^1(L/k, G)$ pour L parcourant les sous-extensions galoisiennes finies de k_s; il ne dépend pas du choix de k_s.

Étant donné un 1-cocycle $z : \Gamma \to G(L)$, on rappelle l'opération de torsion. Étant donné une k-variété quasi-projective munie d'une action à gauche $\rho :$ $G \to \mathrm{Aut}(X)$, il existe une unique k-variété $_zX$ telle que pour toute k-algèbre A (commutativen unitaire), on a

$$_zX(A) = \left\{ x \in X(A \otimes_k L) \mid \rho(z_\sigma).\sigma(x) = x \right\}.$$

On dispose alors d'un L-isomorphisme canonique $\phi_X : X_L \xrightarrow{\sim} (_zX)_L$. Si $\sigma \in \Gamma$, le conjugué $\sigma(\phi_X) = (id_{_zX} \times \sigma) \circ \phi \circ (id_X \times \sigma)^{-1}$ satisfait $\sigma(\phi_X) = \rho(z_\sigma) \circ \phi_X$.

Considérant l'action de G sur lui-même par automorphismes intérieurs, on dispose ainsi du k-groupe tordu $_zG$ et d'un L-isomorphisme $\phi = \phi_G : G_L \xrightarrow{\sim}$ $(_zG)_L$ satisfaisant $\phi^{-1} \circ \sigma(\phi) = \mathrm{Int}(z_\sigma)$.

Lemme 1.1.2 *Soient $H_1, \ldots, H_r$ et $M_1, \ldots, M_s$ des k-sous-groupes de G. On pose $N = N_G(H_1) \cap \cdots \cap N_G(H_r) \cap N_G(M_1) \cap \cdots \cap N_G(M_s)$ et $C = C_G(M_1) \cap \cdots \cap C_G(M_s)$. Les assertions suivantes sont équivalentes:*

(a) $[z] \in \mathrm{Im}\Big(H^1\big(\Gamma, (N \cap C)(L)\big) \to H^1(\Gamma, G(L))\Big)$;

(b) Le k-groupe tordu $G' = {}_zG$ admet des k-sous-groupes $H'_1, \ldots, H'_r$ et $M_1, \ldots, M_s$ tels qu'il existe $g \in G(L)$ satisfaisant

$$H_{1,L} = g\,\phi^{-1}(H'_{1,L})\,g^{-1}, \ldots, H_{1,L} = g\,\phi^{-1}(H'_{r,L})\,g^{-1},$$

$$M_{1,L} = g\,\phi^{-1}(M'_{1,L})\,g^{-1}, \ldots, M_{1,L} = g\,\phi^{-1}(M'_{s,L})\,g^{-1},$$

et tel que $\phi \circ \mathrm{int}(g) : M_{j,L} \to M'_{j,L}$ est Γ-invariant pour $j = 1, \ldots, s$.

Démonstration $(a) \implies (b)$. On peut supposer que z est à valeurs dans $(N \cap C)(L)$. On pose alors $H'_1 = {}_zH_1, \ldots, H_r = {}_zH_r$, $M'_1 = {}_zM_1, \ldots, M'_s = {}_zM_s$ et l'assertion (b) est satisfaite pour $g = 1$.

$(b) \implies (a)$. Quitte à remplacer (z_σ) par le cocycle $(z_\sigma).g^{-1}$, on peut supposer que $g = 1$. Pour chaque $\sigma \in \Gamma$, l'automorphisme $\mathrm{int}(z_\sigma) = \phi^{-1}\sigma(\phi)$ normalise les H_i, les M_j donc $z_\sigma \in N(L)$. De plus, pour chaque j on a $(\phi^{-1}\sigma(\phi))_{|M_{j,L}} = id_{M_{j,L}}$ donc $z_\sigma \in C_G(M_j)(L)$. On conclut que $z_\sigma \in (N \cap C)(L)$. $\blacksquare$

Remarque 1.1.3 On peut passer bien sûr cet énoncé à la limite sur k_s et on retrouve alors en particulier le lemme 1 de [159, §III.2.2].

Enfin nous rappelons le lemme de Shapiro dans ce contexte [159, III.2.2, preuve du théorème 1].

Lemme 1.1.4 *Soit k'/k une extension finie séparable de corps. Soit H' un k'-groupe algébrique et posons $H = R_{k'/k}(H')$. Alors l'adjonction $H_{k'} \to H'$ induit une bijection $H^1(k, H) \xrightarrow{\sim} H^1(k', H')$.* ∎

1.1.4 Algèbres étales et algèbres galoisiennes

Une k-algèbre étale est un produit $k_1 \times \cdots \times k_r$ où chaque k_i est une extension finie séparable. Cette notion est insensible à toute extension de corps E/k.

Si Γ désigne un groupe fini, une Γ-algèbre galoisienne A est une k-algèbre étale munie d'une action à gauche de Γ de sorte que $k = A^\Gamma$ et $\sharp\Gamma = [A : k]$. Un morphisme de Γ-algèbres galoisiennes $A \to B$ est par définition un isomorphisme de k-algèbres qui commute à G.

La k-algèbre produit $k^{(\Gamma)} = \bigoplus_{\sigma \in \Gamma} ke_\sigma$ où Γ agit sur les idempotents e_σ par $\tau.e_\sigma = e_{\tau\sigma}$ est une Γ-algèbre galoisienne; on l'appelle la Γ-algèbre galoisienne déployée. On observe que la multiplication à droite $\Gamma \to \mathrm{Aut}(k^{(\Gamma)})$, $\tau.e_\sigma \mapsto e_{\sigma\tau}$ induit un isomorphisme de groupes $\Gamma \xrightarrow{\sim} \mathrm{Aut}_\Gamma(k^{(\Gamma)})$. Comme toute Γ-algèbre galoisienne devient isomorphe à $k^{(\Gamma)}$ après une extension galoisienne fini, la théorie de la descente montre que $H^1(k, \Gamma)$ classifie les classes d'isomorphie de Γ-algèbres galoisiennes sur k [115, Th. 18.19].

Exemples 1.1.5

(a) On suppose que $n \in k^\times$ et que k contient une racine primitive n-ième de l'unité ζ_n. Celle-ci produit un isomorphisme $\theta : \mathbf{Z}/n\mathbf{Z} \xrightarrow{\sim} \mu_n(k)$. Étant donné $a \in k^\times$, on considère la k-algèbre étale $k_{a,n} = k[t]/(t^n - a)$.

(b) On suppose que $n = p$ est la caractéristique de k. Soit $a \in k$ et considèrons la k-algèbre étale $k_a = k[t]/(t^p - t - a)$.

1.1.5 Caractères

Soit n un entier ≥ 1. On considère le cas $\Gamma = \mathbf{Z}/n\mathbf{Z}$, on dit qu'une $\mathbf{Z}/n\mathbf{Z}$-algèbre galoisienne sur k est une algèbre galoisienne cyclique de degré n. Elles sont classifiées par le groupe $H^1(k, \mathbf{Z}/n\mathbf{Z})$ des des homomorphismes continus de Γ_k vers $\mathbf{Z}/n\mathbf{Z}$ que l'on nomme aussi caractères de k de degré n.

Étant donné un caractère χ de k de degré n, on note k_χ la $\mathbf{Z}/n\mathbf{Z}$-algèbre galoisienne cyclique associée à k (voir [115, 18.19]), c'est-à-dire la tordue de la $\mathbf{Z}/n\mathbf{Z}$ algèbre galoisienne déployée $k[\mathbf{Z}/n\mathbf{Z}]$ par le caractère χ. De façon plus précise, l'action tordue de $s \in \Gamma_k$ sur $k[\mathbf{Z}/n\mathbf{Z}] = k_s\, e_0 \oplus k_s\, e_1 \oplus \cdots \oplus k_s\, e_{n-1}$ est définie par

$$s \star_\chi \left(x_0 e_0 + \ldots x_{n-1} e_{n-1}\right) = s(x_0) e_{\chi(s)} + \cdots + s(x_{n-1}) e_{n-1+\chi(s)},$$

où l'on travaille bien sûr dans $\mathbf{Z}/n\mathbf{Z}$. Par définition, on a

$$k_\chi = \left\{ x \in k_s[\mathbf{Z}/n\mathbf{Z}] \mid s \star_\chi x = x \ \forall s \in \Gamma_k \right\}.$$

Alors k_χ est un corps si et seulement si χ est surjectif; dans ce cas, la théorie de Galois produit alors une suite exacte $1 \to \mathscr{G}al(k_s/k_\chi) \to \mathscr{G}al(k_s/k) \xrightarrow{\chi} \mathbf{Z}/n\mathbf{Z} \to 1$.

1.1.6 Algèbres simples centrales

Une k-algèbre A (avec unité, associative) de dimension finie est *simple centrale* si $A \neq 0$, $k\, 1_A = C(A) = \{a \in A \mid ab = ba \ \forall b \in A\}$ et si 0 et A sont les seuls idéaux bilatères de A. Les algèbres de matrices sont des algèbres simples centrales; le produit tensoriel de deux algèbres simples centrales est une algèbre simple centrale [86, §2]. De plus la dimension d'une k-algèbre simple centrale A est un carré; on l'appelle le degré de A et on le note $\deg(A)$.

Le théorème de structure de Wedderburn énonce que si A est une algèbre simple centrale, alors $A \cong M_r(D)$ où D est une algèbre simple centrale à division; en outre, la classe d'isomorphie de D est déterminée par A. L'indice de A est le degré de D est noté $\mathrm{ind}_k(A)$.

De façon légèrement abusive,[1] si $K = k_1 \times \cdots \times k_n$ désigne une algèbre étale, on dit qu'une K-algèbre $A = A_1 \times \cdots \times A_n$ est simple centrale si chaque A_i est simple centrale sur k_i; si chaque A_i est de degré d, on convient de dire que A est de degré d.

On note $\mathrm{Br}(k)$ le groupe de Brauer de k; si A est une algèbre simple centrale, on note $[A] \in \mathrm{Br}(k)$ sa classe dans le groupe de Brauer.

1.1.7 Algèbres simples centrales cycliques

Soit n un entier ≥ 1 et $\chi : \Gamma_k \to \mathbf{Z}/n\mathbf{Z}$ un caractère de k, c'est-à-dire un homomorphisme continu de Γ_k vers $\mathbf{Z}/n\mathbf{Z}$ (non nécessairement surjectif). Si $b \in k^\times$, on note (χ, b) la k-algèbre (associative, avec unité) engendrée par k_χ et une indéterminée y soumise aux relations

$$y^n = b, \quad \lambda y = y \sigma(\lambda) \quad \sigma \in \mathbf{Z}/n\mathbf{Z}, \ \lambda \in k_\chi.$$

---

[1]On devrait parler en toute correctitude de K-algèbre d'Azumaya.

Alors (χ, b) est une algèbre simple centrale de degré n [115, 30.A]. En outre, (χ, b) est déployée (i.e. isomorphe à une k-algèbre de matrices) si et seulement si b appartient à $N_{k_\chi/k}(k_\chi^\times)$.

1.2 Groupes algébriques affines

Dans ce livre, on ne travaille qu'avec des groupes algébriques affines. On note $\mathbf{G}_m = \text{Spec}(k[t^{\pm 1}])$ le k-groupe multiplicatif et $\mathbf{G}_a = \text{Spec}(k[t])$ le k-groupe additif.

Soit G un k-groupe algébrique affine. Un caractère est un homomorphisme de k-groupes $G \to \mathbf{G}_m$. Le groupe des caractères de G est un groupe commutatif noté $\widehat{G}(k)$. Si G est lisse et connexe, le théorème de Rosenlicht énonce que $k[G]^\times = k^\times \times \widehat{G}(k)$ [151, th. 3]; en d'autres mots un morphisme de k-variétés $G \to \mathbf{G}_m$ appliquant 1 sur 1 est un homomorphisme.

1.2.1 Groupes diagonalisables et groupes de type multiplicatif

Si M désigne un groupe abélien de type fini, alors l'algèbre de groupe $k[M]$ est munie d'une structure naturelle d'algèbre de Hopf commutative; on note $D(M) = \text{Spec}(k[M])$ le groupe algébrique commutatif affine correspondant. Un k-groupe algébrique G est dit *diagonalisable* s'il est isomorphe à un k-groupe de la forme $D(M)$. On a un isomorphisme naturel $u_M : M \xrightarrow{\sim} \widehat{D(M)}(k)$ (dualité de Cartier), il induit une anti-équivalence de catégories entre la catégorie des groupes abéliens de type fini et la catégorie des k-groupes diagonalisables.

Un k-groupe algébrique affine μ est de type multiplicatif si $\mu_{\overline{k}}$ est un $\overline{k}$-groupe diagonalisable; il revient au même de demander que μ_{k_s} soit diagonalisable. Si μ est de type multiplicatif, alors $\widehat{\mu}(k_s)$ (souvent noté $\widehat{\mu}$) est un module galoisien de type fini (comme $\mathbf{Z}$-module). La dualité de Cartier induit une anti-équivalence de catégories entre la catégorie des modules galoisiens de type fini et la catégorie des k-groupes de type multiplicatif (de type fini). Nous utiliserons à plusieurs reprises le fait suivant « de rigidité ».

Lemme 1.2.1 *Soient μ et μ' des k-groupes de type multiplicatif. Soit K une extension de k telle que $K \otimes_k k_s$ est un corps. Alors les morphismes $\text{Hom}_{k-gp}(\mu, \mu') \to \text{Hom}_{K-gp}(\mu_K, \mu'_K)$ et $\text{Isom}_{k-gp}(\mu, \mu') \to \text{Isom}_{K-gp}(\mu_K, \mu'_K)$ sont des isomorphismes.*

Démonstration Soit K_s une clôture séparable de K contenant $K \otimes_k k_s$. On a un morphisme surjectif $\pi : \mathscr{G}al(K_s/K) \to \mathscr{G}al(K \otimes_k k_s/K) \cong \mathscr{G}al(k_s/k)$. Par dualité de Cartier et descente galoisienne, on a $\text{Hom}_{k-gp}(\mu, \mu') = \text{Hom}_{gp}(\widehat{\mu'}, \widehat{\mu})^{\mathscr{G}al(k_s/k)}$ et de même $\text{Hom}_{K-gp}(\mu_K, \mu'_K) = \text{Hom}_{gp}(\widehat{\mu'}, \widehat{\mu})^{\mathscr{G}al(K_s/K)}$. Ainsi $\text{Hom}_{k-gp}(\mu, \mu') \to \text{Hom}_{K-gp}(\mu_K, \mu'_K)$ est un isomorphisme. Le cas des isomorphismes est identique. ∎

1.2.2 Tores

Un k-tore est un k-groupe de type multiplicatif T tel que $\widehat{T}$ est sans torsion. De façon équivalente, T est un k-tore si et seulement si T_{k_s} est isomorphe à $(\mathbf{G}_{m,k_s})^r$ avec $r \geq 0$.

Un k-tore est *quasi-trivial* s'il est isomorphe à un k-tore $R_{A/k}(\mathbf{G}_m)$ pour une k-algèbre étale A. De façon équivalente, T est quasi-trivial si le module galoisien des caractères $\widehat{T}$ est de permutation.

Remarque 1.2.2 Il faut prendre garde que le k-tore $R_{A/k}(\mathbf{G}_m)$ ne détermine pas en général la k-algèbre étale A. D'après Scott [156], il existe un groupe fini Γ munis de deux sous-groupes Γ_1 et Γ_2 non conjugués tels que les Γ-modules $\mathbf{Z}[\Gamma/\Gamma_1]$ et $\mathbf{Z}[\Gamma/\Gamma_2]$ sont isomorphes. Si Γ_k se surjecte sur Γ, alors il existe des extensions finies séparables de corps k_1/k et k_2/k non isomorphes tels que les tores $R_{k_1/k}(\mathbf{G}_m)$ et $R_{k_2/k}(\mathbf{G}_m)$ soient isomorphes.

Exemple 1.2.3 Il est bien connu que les $\mathbf{Z}/2\mathbf{Z}$-réseaux indécomposables sont $\mathbf{Z}$, $\mathbf{Z}[\mathbf{Z}/2\mathbf{Z}]$ et $\mathbf{Z}[\mathbf{Z}/2\mathbf{Z}]/\mathbf{Z}$ (e.g. [80, lemme 4.8]). Ainsi si k'/k est une extension quadratique, un k-tore T déployé par k'/k est isomorphe à un produit $\mathbf{G}_m^a \times \left(R_{k'/k}(\mathbf{G}_m)\right)^b \times \left(R_{k'/k}^1(\mathbf{G}_m)\right)^c$. En particulier, un k-tore T anisotrope déployé par k'/k est isomorphe à $\left(R_{k'/k}^1(\mathbf{G}_m)\right)^c$; dans ce cas, on a $\widehat{T} \cong \mathbf{Z}^c$ avec action du groupe de Galois $\mathscr{G}al(k'/k)$ par $-id$. La catégorie des k-tore T anisotropes déployés par k'/k est donc équivalente à la catégorie des réseaux; en particulier, toute suite exacte est scindée.

Le fait que les extensions de $R_{k'/k}^1(\mathbf{G}_m) \cong R_{k'/k}(\mathbf{G}_m)/\mathbf{G}_m$ par lui-même soient scindées admet la généralisation suivante.

Lemme 1.2.4 *Soit K une extension galoisienne finie de k. Soit S un k-tore anisotrope déployé par K.*

(1) Toute extension (centrale) de $R_{K/k}(\mathbf{G}_m)/\mathbf{G}_m$ par S est scindée.
(2) Toute extension (centrale) de S par $R_{K/k}^1(\mathbf{G}_m)$ est scindée.

Démonstration

(1) Soit $1 \to S \to E \to R_{K/k}(\mathbf{G}_m)/\mathbf{G}_m \to 1$. Alors le morphisme $R_{K/k}(\mathbf{G}_m) \to R_{K/k}(\mathbf{G}_m)/\mathbf{G}_m$ se relève en un morphisme $u : R_{K/k}(\mathbf{G}_m) \to E$. Comme S est anisotrope, ce morphisme est trivial sur $\mathbf{G}_m$ et définit donc une section de la suite exacte.

(2) C'est la version duale de (1).

∎

1.3 Cohomologie galoisienne

1.3.1 Dimension cohomologique

Si l est un premier, la l-dimension cohomologique de k est définie par

$$\mathrm{cd}_l(k) = \mathrm{Inf}\Big\{q \in \mathbf{N} \mid H^{q+1}(k, M)$$

$$= 0 \text{ pour tout module galoisien fini } M \ l\text{-primaire}\Big\}$$

avec la convention que $\mathrm{Inf}\{\emptyset\} = \infty$. La dimension cohomologique de k est définie par

$$\mathrm{cd}(k) = \mathrm{Inf}\Big\{q \in \mathbf{N} \mid H^{q+1}(k, M) = 0 \text{ pour tout module galoisien fini } M\Big\}.$$

On a $\mathrm{cd}(k) = \mathrm{Sup}\Big\{\mathrm{cd}_l(k), \ l \text{ premier}\Big\}$.

Le cas de $\mathrm{cd}_2(k)$ est spécial puisqu'il est lié aux ordres et aux complétions réelles. On rappelle que le corps k est dit *pythagoricien* si il est de caractéristique $\neq 2$ et si toute somme de carrés de k est un carré de k. Un tel corps est soit quadratiquement clos, soit est formellement réel ce qui équivaut au fait que k admette un ordre (Artin-Schreier, cf. [119, VIII.4]. Si k admet un ordre, alors le cup-produit $(-1) \cup \cdots \cup (-1) \in H^n(k, \mu_2^{\otimes n})$ est non trivial pour tout n et il suit que $\mathrm{cd}_2(k) = \infty$. En particulier, si k est pythagoricien, k est quadratiquement clos ou (de façon a priori non exclusive) $\mathrm{cd}_2(k) = \infty$. Cette digression intervient dans le fait suivant.

Lemme 1.3.1 *On suppose que k n'est pas pythagoricien. Soit Q une k-algèbre de quaternions telle que la forme quadratique $n_Q \perp n_Q$ soit isotrope. Alors il existe une k-algèbre simple centrale A cyclique de degré 4 telle que $A^{\otimes 2}$ est Brauer-équivalente à Q.*

Démonstration On peut supposer que Q est non triviale et que $Q = (\chi, a)$ pour un caractère $\chi : \Gamma_k \to \mathbf{Z}/2\mathbf{Z}$ et $a \in k^\times$. Si χ se relève en un caractère $\chi' : \Gamma_k \to \mathbf{Z}/4\mathbf{Z}$, alors $A = (\chi', a)$ fait l'affaire. Ceci marche donc en caractéristique 2 et en caractéristique $\neq 2$ si -1 est un carré. Il reste à traiter le cas où -1 n'est pas un carré. En vertu de [120, lemma 2.5], l'hypothèse faite sur n_Q entraîne que n_Q devient isotrope sur une extension $k(\sqrt{b})$ où b est une somme de deux carrés. Alors $Q \cong (b, c) = (\chi_b, c)$ et on sait que χ_b se relève en un caractère χ' d'ordre 4 [119, VIII.5.1]. Par suite, $A = (\chi', c)$ fait l'affaire. ∎

1.3.2 Cohomologie galoisienne des groupes unipotents déployés

Un k-groupe unipotent déployé (autre terminologie : k-résoluble) est un k-groupe affine qui est extension successive de $\mathbf{G}_a$. Rappelons le lemme suivant sur la cohomologie galoisienne de ces groupes [153, 1.13].

Lemme 1.3.2 *Soient k un corps quelconque et H un k-groupe affine lisse de type fini. Si U est un k-sous-groupe unipotent déployé distingué de H, alors l'application canonique*

$$H^1(k, H) \xrightarrow{\pi} H^1(k, H/U)$$

est une bijection.

Démonstration Le groupe U admet une suite de composition centrale caractéristique dont les quotients sont des $\mathbf{G}_a^n$ [59, IV.4.3.14]. Il suffit de traiter, par récurrence, le cas où $U = \mathbf{G}_a^n$. Toute k-forme galoisienne U' de $\mathbf{G}_a^n$ est isomorphe à $\mathbf{G}_a^n$ [140, §V.7, prop. b)] et vérifie donc $H^i(k, U') = 0$ pour tout $i > 0$. Si l'on tord U par $a \in Z^1(k_s/k, U(k_s))$ agissant par automorphismes intérieurs de H, on trouve donc $H^i(k, {}_aU) = 0$ et on en déduit l'injectivité de π (cf. [159], prop. 39, cor. 2). Comme U est un sous-groupe invariant abélien de H, on peut le tordre par $c \in Z^1(k_s/k, (H/U)(k_s))$ et, comme $H^2(k, {}_cU) = 0$, on en déduit la surjectivité de π (cf. [159], prop. 41, cor.). ∎

1.4 Cohomologie plate

La cohomologie plate est définie au moyen des foncteurs dérivés mais dans le cas d'un corps et d'un k-groupe algébrique commutatif, elle s'exprime aussi par le procédé de Čech que nous rappelons ici [162, §VI.3], [15, Appendice].

On note $\epsilon^i : \otimes_k^n \overline{k} \to \otimes_k^{n+1} \overline{k}$ le k-morphisme d'algèbres défini par $\epsilon^i(x_1 \otimes \cdots \otimes x_n) = x_1 \otimes \cdots \otimes x_{i-1} \otimes 1 \otimes x_i \otimes \cdots \otimes x_n$. Soit A un k-schéma en groupes commutatif. Alors ϵ^i induit un morphisme de groupes $d^i : A(\otimes_k^n \overline{k}) \to A(\otimes_k^{n+1} \overline{k})$. On obtient alors un complexe

$$0 \to A(\overline{k}) \xrightarrow{d^1-d^2} A(\overline{k} \otimes_k \overline{k}) \xrightarrow{d^1-d^2+d^3} A(\overline{k} \otimes_k \overline{k} \otimes_k \overline{k}) \to \dots$$

et $H^i_{fppf}(k, A)$ est par définition le i-ème groupe de cohomologie de ce complexe. En particulier $H^0_{\mathrm{fppf}}(k, A) = A(k)$ et

$$H^1_{\mathrm{fppf}}(k, A) = \left\{ a \in A(\overline{k} \otimes_k \overline{k}) \mid d^1(a) - d^2(a) + d^3(a) = 0 \right\} / (d^1 - d^2).A(\overline{k}).$$

Si $0 \to A_1 \to A_2 \to A_3 \to 0$ est une suite exacte de k-groupes commutatifs, alors on a une suite exacte longue de cohomologie

$$\cdots \to H^i_{\text{fppf}}(k, A_1) \to H^i_{\text{fppf}}(k, A_2) \to H^i_{\text{fppf}}(k, A_3) \xrightarrow{\delta} H^{i+1}_{\text{fppf}}(k, A_1) \cdots$$

Enfin, on dispose de morphismes $H^i(k, A) \to H^i_{\text{fppf}}(k, A)$, ce sont des isomorphismes si A est lisse sur k [162, VI.3, th. 43].

Par exemple, pour $n \geq 1$, la suite exacte de Kummer $1 \to \mu_n \to \mathbf{G}_m \xrightarrow{\times n} \mathbf{G}_m \to 1$ induit une suite exacte longue

$$\cdots \to H^i_{fppf}(k, \mu_n) \to H^i(k, \mathbf{G}_m) \xrightarrow{\times n} H^i(k, \mathbf{G}_m) \xrightarrow{\delta} H^{i+1}(k, \mu_n) \cdots$$

En particulier, vu que $H^0(k, \mathbf{G}_m) = k^\times$, $H^1(k, \mathbf{G}_m) = 1$ et $H^2(k, \mathbf{G}_m) = \text{Br}(k)$, on a des isomorphismes $k^\times / k^{\times m} \xrightarrow{\sim} H^1_{fppf}(k, \mu_m)$ et $H^2_{fppf}(k, \mu_m) \xrightarrow{\sim} {}_n\text{Br}(k)$.

1.5 Cohomologie étale, torseurs

1.5.1 Torseurs

Si G est un k-groupe algébrique affine et X une k-variété, un G-torseur sur X est une k-variété munie d'une action à droite de G et d'un morphisme G-équivariant $\pi : Y \to X$ de k-variétés de sorte que $Y \times_k G \to Y \times_X Y$, $(y, g) \mapsto (y, y.g)$ est un isomorphisme et tel que π est fidèlement plat. L'ensemble des classes d'isomorphie de G-torseurs sur X est noté $H^1_{\text{fppf}}(X, G)$. Si $X = \text{Spec}(k)$, cet ensemble coïncide avec l'ensemble pointé de cohomologie plate

$$H^1_{\text{fppf}}(k, G) = \left\{ g \in G(\overline{k} \otimes_k \overline{k}) \mid d^1(g) = d^0(g)d^2(g) \right\} / G(\overline{k})$$

où $G(\overline{k})$ agit de la façon suivante $g_0 . g = d^0(g_0)^{-1} g \, d^1(g_0)$. Cette définition et ces énoncés sont des cas particuliers de faits bien plus généraux [138, §III.4].

1.5.2 Tores flasques

Si S est un k-tore, on rappelle que l'on note $\widehat{S}$ le module galoisien des caractères de S et $(\widehat{S})^0 = \text{Hom}(\widehat{S}, \mathbf{Z})$ son dual. Un k-tore S est *flasque* si $H^1(F, (\widehat{S})^0) = 0$ pour toute extension de corps F/k. Les tores quasi-triviaux et leurs facteurs directs sont flasques. D'un point de vue géométrique, les tores flasques satisfont la propriété suivante:

Proposition 1.5.1 (Colliot-Thélène/Sansuc [45, prop. 9]) *Soit S un k-tore flasque. Soit X une k-variété lisse munie d'un ouvert U. Alors l'application de restriction* $H^1(X, S) \to H^1(U, S)$ *est surjective.*

Par ailleurs, on sait que $H^1(k, T) \xrightarrow{\sim} H^1(\mathbf{A}_k^n, T)$ pour tout k-tore T et tout entier $n \geq 0$ en vertu de la suite exacte [47, th. 1.5.1]

$$
\begin{array}{ccccc}
0 \longrightarrow & H^1(k, T) & \longrightarrow & H^1(\mathbf{A}_k^n, T) & \longrightarrow & H^1(\mathbf{A}_{k_s}^n, T) \\
& \cong \Big\uparrow & & & & \cong \Big\uparrow \\
& H^1(k, T(k_s)) & & & & \widehat{T}^0 \otimes \mathrm{Pic}(\mathbf{A}_{k_s}^n) = 0
\end{array}
$$

En particulier, il suit que $H^1(k, S) \xrightarrow{\sim} H^1(U, S)$ pour tout k-tore flasque S et tout ouvert non vide U d'un espace affine $\mathbf{A}_k^n$.

1.6 *R*-équivalence

Par k-foncteur, nous entendons un foncteur $F : k - Alg \to \mathscr{E}ns$ de la catégorie des k-algèbres (commutatives, unitaires) vers la catégorie des ensembles. On dit qu'un k-foncteur est localement de présentation finie s'il commute aux limites inductives filtrantes de k-algèbres, c'est-à-dire si la flèche $\varinjlim_i F(A_i) \to F\left(\varinjlim_i A_i\right)$ est bijective pour tout système inductif $(A_i)_{i \in I}$ de k-algèbres.

Si X est un k-schéma, on sait d'après Grothendieck que X est localement de présentation finie si et seulement si son foncteur des points est localement de présentation finie [172, prop. 31.6.1, TAG 01ZC].

1.6.1 Définition

Nous allons définir selon Manin la notion de R-équivalence pour un k-foncteur F : $k - Alg \to \mathscr{E}ns$.

On note $\mathscr{O}$ l'anneau semi-local de la droite affine en 0 et en 1. On dit que deux éléments $x_0, x_1 \in F(k)$ sont directement R-équivalents s'il existe $x \in F(\mathscr{O})$ satisfaisant $x(0) = x_0$ et $x(1) = x_1$. La R-équivalence sur $F(k)$ est alors la relation d'équivalence engendrée par cette relation élémentaire. On note $F(k)/R$ l'ensemble des classes de $F(k)$ modulo R-équivalence.

Si $h : F \to E$ est un morphisme de k-foncteurs, alors on a une application naturelle $f_* : F(k)/R \to E(k)/R$.

Si G est un k-foncteur en groupes, on note $RG(k)$ l'ensemble des éléments R-équivalents à $1 \in G(k)$. Alors $RG(k)$ un sous-groupe distingué de $G(k)$ et on a une bijection naturelle $G(k)/RG(k) \xrightarrow{\sim} G(k)/R$ qui munit l'ensemble $G(k)/R$ d'une structure naturelle de groupe. De plus deux points de $G(k)$ qui sont R-équivalents le sont directement [75, II.1.1].

Exemples 1.6.1

(a) Si X est un k-schéma, l'ensemble $X(k)$ est muni de la R-équivalence. C'est le cas qui a été considéré par Manin dans son étude des surfaces cubiques [126, §14].
(b) Si G est un k-groupe algébrique, alors $G(k)/R$ est un quotient de $G(k)$. En outre, si k est infini, deux points de $G(k)$ R-équivalents le sont directement et on a $G(k)/R \cong G(k(t))/R$ où $k(t)$ désigne le corps des fractions rationnelles à une variable [75, II.1.1].
(c) Si G est un k-groupe algébrique, alors $B_G(A) = H^1_{\text{fppf}}(A, G)$ définit un k-foncteur. Ce foncteur B_G commute aux limites inductives (Grothendieck/Margaux [127]). On définit alors $RH^1_{\text{fppf}}(k, G)$ comme le sous-ensemble des classes R-équivalentes à $1 \in H^1_{\text{fppf}}(k, G)$.

Proposition 1.6.2 *Soit M un k-groupe de type multiplicatif.*

(1) Soit $1 \to M \xrightarrow{i} S \to E \to 1$ une résolution où S est un k-tore flasque et E un k-tore quasi-trivial (cela existe, voir [46, lemma 0.6]). Alors l'application $H^1_{\text{fppf}}(k, M) \to H^1(k, S)$ induit un isomorphisme $H^1_{\text{fppf}}(k, M)/R \xrightarrow{\sim} H^1(k, S)$ de sorte que $RH^1_{\text{fppf}}(k, M)$ est l'image de l'application caractéristique $\phi : E(k) \to H^1_{\text{fppf}}(k, M)$.

(2) Si M est déployé par une extension métacyclique, alors $H^1_{\text{fppf}}(k, M)/R = 1$.

Rappelons qu'un groupe fini Γ est *métacyclique* si tous ses groupes de Sylow sont cycliques. Cette condition[2] entraîne que Γ est une extension d'un groupe cyclique fini par un groupe cyclique fini [6, 39.3]. Une extension galoisienne k'/k est dite *métacyclique* si son groupe de Galois est métacyclique.

Démonstration

(1) On considère la suite exacte $E(k) \xrightarrow{\phi} H^1_{\text{fppf}}(k, M) \to H^1(k, S) \to H^1(k, E) = 0$. Comme $RE(k) = E(k)$ et que l'application caractéristique se généralise à tout k-schéma, il suit que $\phi(E(k)) \subseteq RH^1_{\text{fppf}}(k, M)$, d'où l'inclusion $\ker(H^1_{\text{fppf}}(k, M) \to H^1(k, S)) \subseteq RH^1_{\text{fppf}}(k, M)$.

Par ailleurs, comme $H^1(k, S) \xrightarrow{\sim} H^1(U, S)$ pour tout ouvert U non vide de $\mathbf{A}^1_k$, il suit que l'application $H^1_{\text{fppf}}(k, M) \to H^1(k, S)$ induit une application $H^1_{\text{fppf}}(k, M)/R \to H^1(k, S)$. En combinant avec les faits précédents, on conclut que l'on a un isomorphisme $H^1_{\text{fppf}}(k, M)/R \xrightarrow{\sim} H^1(k, S)$.

---

[2]Attention, la référence [6] utilise un sens plus faible pour la notion de groupes métacyclique, c'est-à-dire extension de groupes finis cycliques.

(2) Si M est déployé par une extension métacyclique L/k, alors on peut choisir S et E aussi déployés par L. On sait alors que $H^1(k, S) = 0$ d'après Colliot-Thélène et Sansuc [45, cor. 3]. ∎

1.6.2 Deux variantes: la R_0 et la R_1-équivalence

On peut également définir l'ensemble des composantes connexes naïves de la façon suivante.

On dit que deux éléments $x_0, x_1 \in F(k)$ sont directement R_0-équivalents s'il existe $x \in F(k[t])$ satisfaisant $x(0) = x_0$ et $x(1) = x_1$. La R_0-équivalence sur $F(k)$ est alors la relation d'équivalence engendrée par cette relation élémentaire. On note $F(k)/R_0$ l'ensemble des classes de $F(k)$ modulo R-équivalence. Si F est un foncteur en groupes, la relation élémentaire coïncide avec la relation R_0.

Exemple 1.6.3 Si G désigne un k-groupe semi-simple simplement connexe absolument presque k-simple et isotrope, on sait que le groupe $G(k)/R_0$ est isomorphe au groupe de Whitehead de G (Margaux, [128]).

Il est aussi intéressant d'autoriser un pôle supplémentaire. On dit que deux éléments $x_1, x_2 \in F(k)$ sont directement[3] R_1-équivalents s'il existe $x \in F(k[t, t^{-1}])$ tels que $x_1, x_2 \in x(k^\times) \subset F(k)$. La R_1-équivalence sur $F(k)$ est alors la relation d'équivalence engendrée par cette relation élémentaire. On note $F(k)/R_1$ l'ensemble des classes de F modulo R_1-équivalence; si F est un foncteur en groupes, la relation élémentaire coïncide avec la relation R_1. Voici un premier exemple intéressant.

Exemple 1.6.4 Soit n un entier inversible dans k, $n \geq 1$ et considérons le k-foncteur $B_n(F) = H^1(F, \mathrm{PGL}_n)$ des classes d'isomorphie d'algèbres simples centrales de degré n. D'après [84, Th. 11.4], $H^1(\mathbf{G}_{m,k}, \mathrm{PGL}_n)$ est décrit par les classes de couples (A_0, χ) où A_0 désigne une k-algèbre simple centrale de degré n et un caractère $\chi \in \mathrm{Hom}_{ct}(\Gamma_k, \mathbf{Z}/n\mathbf{Z})$ de sorte qu'il existe une sous k-algèbre commutative étale $K \subset A_0$ de degré n satisfaisant $\chi_K = 0$. En outre, la classe dans le groupe de Brauer $\mathrm{Br}(\mathbf{G}_{m,k})$ associée à un couple (A_0, χ) est $[A_0]_{\mathbf{G}_m} + \chi \cup (t)$.

Ainsi si A_0, A_1 désignent des k-algèbres simples centrales de degré n, alors A_0 est directement R_1-équivalent à A_1 si et seulement s'il existe un caractère $\chi \in \mathrm{Hom}_{ct}(\Gamma_k, \mathbf{Z}/n\mathbf{Z})$ et une sous-algèbre étale $K \subset A_0$ de degré n telle que $\chi_K = 0$ et $[A_1] = [A_0] + \chi \cup (a)$ dans $\mathrm{Br}(k)$ pour un scalaire $a \in A^\times$. Ainsi A_1 est déployée par K et K se plonge dans A_1. Examinons les cas particuliers suivants:

(1) Si $A_0 = M_n(K)$, alors les k-algèbres directement R_1-équivalentes à A_0 sont les k-algèbres simples centrales cycliques de degré n.

---

[3]Noter que la relation est triviale si k est le corps à deux éléments.

(2) Si n est premier et $A_0 = M_n(K)$, alors A_1 est R_1-équivalente à A_0 si et seulement si A_1 est directement R_1-équivalente à A_0 et si et seulement si A_1 est cyclique.

On peut alors raffiner légèrement la Proposition 1.6.2.(2).

Lemme 1.6.5 *Soit M un k-groupe de type multiplicatif.*

(1) Soit $\alpha \in H^1_{\mathrm{fppf}}(k, M)$. Alors $\alpha \in R_1 H^1_{\mathrm{fppf}}(k, M)$ si et seulement s'il existe un entier $n \geq 1$ et un plongement $\iota : \mu_n \to M$ telle que $\alpha \in \mathrm{Im}\big(H^1_{\mathrm{fppf}}(k, \mu_n) \to H^1_{\mathrm{fppf}}(k, M)\big)$.

(2) On suppose que M est un k-tore déployé par une extension cyclique de degré premier. Alors $R_1 H^1_{\mathrm{fppf}}(k, M) = H^1_{\mathrm{fppf}}(k, M)$.

Démonstration Soit $1 \to M \to S \to E \to 1$ une résolution flasque de M.

(1) On suppose que $\alpha \in R_1 H^1_{\mathrm{fppf}}(k, M)$. Alors il existe une classe $\gamma \in H^1_{\mathrm{fppf}}(\mathbf{G}_m, M)$ et $t_0 \in k^\times$ telle que $\gamma(1) = 0$ et $\gamma(t_0) = \alpha$. Comme $H^1(k, S) \xrightarrow{\sim} H^1(\mathbf{G}_{m,k}, S)$ (§1.2.2), il suit que l'image de γ dans $H^1(\mathbf{G}_{m,k}, S)$ est nulle et γ provient par l'application caractéristique $\varphi : E(\mathbf{G}_m) \to H^1(\mathbf{G}_{m,k}, M)$ d'une classe $x \in E(\mathbf{G}_m)$ qui satisfait $x(1) = 1$. En d'autres mots, il existe un homomorphisme $f : \mathbf{G}_m \to E$ tel que γ est la classe du M-torseur S' déduit par « pull-back » du M-torseur S sur E. Le k-schéma S' est muni d'une structure de k-groupe multiplicatif et s'insère dans une suite exacte $1 \to M \to S' \to \mathbf{G}_m \to 1$. La classe d'une telle extension étant de torsion, il existe un entier n tel que le « pull-back » de cette extension par le morphisme $f_n : \mathbf{G}_m \xrightarrow{\times n} \mathbf{G}_m$ est l'extension triviale. En d'autres mots, il existe un homomorphisme $\widetilde{f_n} : \mathbf{G}_m \to S'$ relevant f_n et on a un diagramme commutatif exact de k-groupes de type multiplicatif

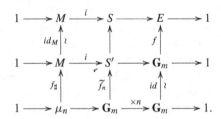

Quitte à effectuer le quotient par $\ker(f_\sharp)$ dans la suite du bas, on peut supposer que $f_\sharp$ est un k-plongement. Ainsi $[x] \in H^1_{\mathrm{fppf}}(\mathbf{G}_{m,k}, M)$ est l'image de $(t) \in k[t^{\pm 1}]/k[t^{\pm 1}]^{\times n} \cong H^1_{\mathrm{fppf}}(\mathbf{G}_{m,k}, \mu_n)$ par $f_{\sharp,*} : H^1_{\mathrm{fppf}}(\mathbf{G}_{m,k}, \mu_n) \to H^1_{\mathrm{fppf}}(\mathbf{G}_{m,k}, M)$. On conclut que $\alpha = \gamma(t_0) = x(t_0) = f_{\sharp,*}((t))(t_0) \in R_1 H^1_{\mathrm{fppf}}(k, M)$. La réciproque est évidente.

(2) On suppose que le tore M est déployé par une extension cyclique k'/k de degré p premier. On peut supposer que les tores de la résolution flasque $1 \to M \to S \to E \to 1$ sont aussi déployés par k'/k. Ainsi le k-tore quasi-trivial E est un produit de $\mathbf{G}_m$ et de $R_{k'/k}(\mathbf{G}_m)$. Comme les facteurs $R_{k'/k}(\mathbf{G}_m)$ se relèvent à S, on peut supposer que E est un k-tore déployé. Comme on vient de le voir, il suit que l'image de l'application caractéristique $\varphi : E(k) \to H^1_{\mathrm{fppf}}(k, M)$ est incluse dans $R_1 H^1_{\mathrm{fppf}}(k, M)$. Par ailleurs, l'hypothèse entraîne que φ est surjective (Prop. 1.6.2.(2)), ce qui permet de conclure que $R_1 H^1_{\mathrm{fppf}}(k, M) = H^1_{\mathrm{fppf}}(k, M)$. ∎

1.6.3 Un exemple

Soient L/k une extension quadradrique étale et K une k-algèbre étale de degré $n \geq 1$. On considère le k-tore

$$T = \ker \left(R_{L/k}\big(R^1_{K \otimes_k L/L}(\mathbf{G}_m)\big) \xrightarrow{N_{L/k}} R^1_{K/k}(\mathbf{G}_m) \right)$$

qui est isomorphe au conoyau de $R^1_{K/k}(\mathbf{G}_m) \to R_{L/k}\big(R^1_{K \otimes_k L/L}(\mathbf{G}_m)\big)$. On considère le diagramme commutatif

$$
\begin{array}{ccccccccc}
1 & \longrightarrow & R^1_{K/k}(\mathbf{G}_m) & \longrightarrow & R_{L/k}\big(R^1_{K \otimes_k L/L}(\mathbf{G}_m)\big) & \longrightarrow & T & \longrightarrow & 1 \\
& & \uparrow & & \uparrow & & \uparrow & & \\
1 & \longrightarrow & \mu_2 & \longrightarrow & R_{L/k}(\mu_2) & \longrightarrow & \mu_2 & \longrightarrow & 1;
\end{array}
$$

il définit un plongement $i : \mu_2 \hookrightarrow T$.

Lemme 1.6.6 *On suppose que $K \otimes_k L \cong K \times K$. Alors $i_* : k^\times/(k^\times)^2 \to H^1(k, T)$ est surjectif. En particulier, on a $R_1 H^1(k, T) = H^1(k, T)$.*

Démonstration On considère la suite de cohomologie

$$H^1\big(k, R_{L/k}\big(R^1_{K \otimes_k L/L}(\mathbf{G}_m)\big)\big) \longrightarrow H^1(k, T) \longrightarrow H^2(k, R^1_{K/k}(\mathbf{G}_m))$$

$$\longrightarrow H^2\big(k, R_{L/k}\big(R^1_{K \otimes_k L/L}(\mathbf{G}_m)\big)\big).$$

Le premier s'identifie à $L^\times/N_{L \otimes K/L}((K \otimes_k L)^\times)$, le troisième à $\mathrm{coker}\big(\mathrm{Br}(K) \to \mathrm{Br}(k)\big)$ et le quatrième à $\mathrm{coker}\big(\mathrm{Br}(K \otimes_k L) \to \mathrm{Br}(L)\big)$. L'hypothèse implique que la restriction $\mathrm{Br}(K) \to \mathrm{Br}(K \otimes_k L)$ est injective. Par une chasse au diagramme il vient que $L^\times/N_{L \otimes K/L}((K \otimes L)^\times) \to H^1(k, T)$ est surjective. Le diagramme commutatif

$$L^{\times}/N_{L\otimes K/L}((K\otimes_k L)^{\times}) \cong H^1\Big(k,\, R_{L/k}\big(R^1_{K/k}(\mathbf{G}_m)\big)\Big) \longrightarrow H^1(k,\, T) \longrightarrow 0$$

$$\Big\uparrow$$

$$H^1\Big(k,\, R_{L/k}\big(\mu_2\big)\Big) \longrightarrow H^1(k,\, \mu_2)$$

$$\cong\Big\uparrow \qquad\qquad\qquad\qquad\qquad \cong\Big\uparrow$$

$$L^{\times}/(L^{\times})^{\times 2} \xrightarrow{\quad N_{L/k}\quad} k^{\times}/(k^{\times})^2$$

permet de conclure à la surjectivité de i_*.   ∎

Chapitre 2
Groupes réductifs

Nous rappelons tout d'abord les notions de la base de la théorie des groupes réductifs que l'on trouve dans les livres de Borel [19], Springer [165], Malle-Testerman [125] ainsi que leur cohomologie galoisienne.

2.1 Définitions

2.1.1 Groupes unipotents et résolubles

Un k-groupe algébrique affine G est *résoluble* s'il possède une suite de composition à quotients commutatifs. Cette propriété est stable par sous-groupe, quotient et extension, en outre, elle est insensible à toute extension de corps [59, IV.2.7].

Le k-groupe algébrique affine G est *unipotent* si $G_{\overline{k}}$ admet une suite de composition dont les quotients successifs sont des sous-groupes algébriques de $\mathbf{G}_{a,\overline{k}}$. Un k-groupe unipotent est résoluble, cette propriété est insensible à toute extension de corps [60, XVII.2.2] et elle est stable par sous-groupe, quotient et extension.

2.1.2 Radicaux

Soit G un k-groupe algébrique affine lisse et connexe. On rappelle qu'il admet le k-sous-groupe dérivé DG qui est lisse connexe et qui est caractérisé par le fait que $DG(F) = [G(F), G(F)]$ pour tout k-corps F algébriquement clos [59, II.5.4.8]. Le quotient $G_{ab} = G/DG$ est appelé l'abélianisé de G.

© Springer Nature Switzerland AG 2019
P. Gille, *Groupes algébriques semi-simples en dimension cohomologique* ≤2, Lecture Notes in Mathematics 2238,
https://doi.org/10.1007/978-3-030-17272-5_2

Le k-groupe G admet un plus grand k-sous-groupe connexe lisse résoluble (resp. unipotent) distingué, il est noté $R_k(G)$ (resp. $R_{u,k}(G)$) [53, A.1.15]; il faut prendre garde que ces constructions ne commutent pas aux extensions de corps (elles commutent cependant dans le cas d'une extension séparable). Un k-groupe affine lisse et connexe est *réductif* (resp. semi-simple) si $R_{u,\overline{k}}(G_{\overline{k}}) = 1$ (resp. $R_{\overline{k}}(G_{\overline{k}}) = 1$). Etant donné une suite exacte de k-groupes affines lisses et connexes $1 \to G_1 \to G_2 \to G_3 \to 1$, G_2 est réductif (resp. semi-simple) si et seulement si G_1 et G_3 sont réductifs (resp. semi-simples).

Le k-groupe semi-simple G est *presque simple* si G n'admet pas de k-sous-groupe algébrique connexe lisse distingué non trivial; G est *absolument presque simple* si $G_{\overline{k}}$ est presque simple.

Soit G un groupe réductif. On sait que G_{ab} est un k-tore algébrique noté $\mathrm{corad}(G)$; il est appelé le tore coradical de G [60, XXII.4.3]. Le lemme de Rosenlicht indique que

$$(\widehat{\mathrm{corad}(G)})(\overline{k}) = \mathrm{Hom}_{\overline{k}-gp}(G_{\overline{k}}, \mathbf{G}_{m,\overline{k}}) = \ker\left(\overline{k}[G]^\times \xrightarrow{1_G^*} \overline{k}^\times\right).$$

Le radical $R_k(G)$ est un k-tore et sa construction commmute aux extensions de corps; il est appelé le tore radical de G et est noté $\mathrm{rad}(G)$. Le quotient $G/R_k(G)$ est semi-simple, il est noté G^{ss} et est appelé le semi-simplifié de G. On a un diagramme commutatif exact

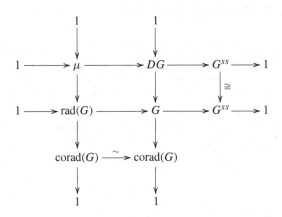

où μ est un k-groupe de type multiplicatif fini. En particulier, $\mathrm{rad}(G) \to \mathrm{corad}(G)$ et $DG \to G^{ss}$ sont des isogénies et DG est semi-simple.

Lemme 2.1.1 *Soit* $1 \to G_1 \to G_2 \to G_3 \to 1$ *une suite exacte de k-groupes réductifs. On note* v *le noyau de* $\mathrm{corad}(G_1) \to \mathrm{corad}(G_2)$. *Alors* v *est un k-groupe fini de type multiplicatif et la suite*

$$1 \to \mathrm{corad}(G_1)/v \to \mathrm{corad}(G_2) \to \mathrm{corad}(G_3) \to 1$$

est exacte.

Démonstration On dispose d'un complexe $1 \to \mathrm{corad}(G_1) \to \mathrm{corad}(G_2) \to \mathrm{corad}(G_3) \to 1$. La surjectivité de $\mathrm{corad}(G_2) \to \mathrm{corad}(G_3)$ est évidente. D'après [153, 6.1.1], on a une suite exacte

$$0 \to \widehat{\mathrm{corad}(G_3)}(\overline{k}) \to \widehat{\mathrm{corad}(G_2)}(\overline{k}) \to \widehat{\mathrm{corad}(G_1)}(\overline{k}) \to \mathrm{Pic}(G_{3,\overline{k}}).$$

Comme $\mathrm{Pic}(G_{3,\overline{k}})$ est fini [153, lem. 6.9.(i)], il suit que $\widehat{\nu}(\overline{k})$ est fini, donc ν est un k-groupe fini de type multiplicatif. La suite de modules galoisiens $0 \to \widehat{\mathrm{corad}(G_3)} \to \widehat{\mathrm{corad}(G_2)} \to \ker\big(\widehat{\mathrm{corad}(G_1)} \to \widehat{\nu}\big) \to 0$ est exacte d'où celle de $1 \to \mathrm{corad}(G_1)/\nu \to \mathrm{corad}(G_2) \to \mathrm{corad}(G_3) \to 1$ par dualité de Cartier. ∎

2.1.3 Sous-groupes paraboliques

Définition 2.1.2 Soit G un k-groupe affine lisse et connexe. Un k-sous-groupe P de G est *parabolique* s'il est lisse et connexe et si la variété quotient G/P est propre.

Si G est réductif, cela correspond à la définition usuelle. De plus, cette définition est insensible à toute extension de corps.

Lemme 2.1.3 *Soient G un k-groupe affine lisse et connexe muni d'un k-sous-groupe unipotent lisse U, connexe et distingué de G. On note $\pi : G \to G/U$ le quotient. Alors tout k-sous-groupe parabolique de G contient U et il y a une correspondance naturelle*

$$\Big\{ k\text{-sous-groupes paraboliques de } G/U \Big\}$$
$$\longleftrightarrow \Big\{ k\text{-sous-groupes paraboliques de } G \Big\}.$$

Elle applique un sous-groupe parabolique Q de G/U sur $\pi^{-1}(Q)$ et inversement un k-sous-groupe parabolique P de G sur P/U.

Démonstration Pour la première étape, il est loisible de supposer k algébriquement clos. Alors U est déployé, c'est-à-dire extension successive de $\mathbf{G}_a$ [59, IV.4.3.4] Soit P un k-sous-groupe parabolique de G. On considère l'action de U sur la variété propre G/P. Le théorème de point fixe de Rosenlicht implique qu'il existe un k-point fixe pour cette action [59, IV.4.3.2]. Ainsi il existe $g \in G(k)$ tel que $[gP]$ est fixe par U. De façon équivalente ${}^g U$ fixe $[P]$ mais comme U est distingué dans G, on a que ${}^g U = U$ fixe $[P]$, d'où $U \subset P$. Comme $G/P = (G/U)/(P/U)$, il suit que P/U est un k-sous-groupe parabolique de G/U et la correspondance est immédiate. ∎

2.1.4 Sous-groupes de Borel, couples de Killing

Définition 2.1.4 Soit G un k-groupe affine lisse et connexe.

(1) Un k-sous-groupe B de G est *de Borel* si $B_{\overline{k}}$ est lisse, résoluble et connexe et est maximal pour ces propriétés dans $G_{\overline{k}}$.
(2) Un couple de Killing est une paire (B, T) où B est un k-sous-groupe de Borel de G et T un k-tore maximal de B (et donc de G).

Si B est un sous-groupe de Borel de G, alors B est un sous-groupe parabolique de G et c'est même un k-sous-groupe parabolique minimal de G [19, §11.2].

Si G est réductif, on dit que G est *déployé* (resp. *quasi-déployé*) si G admet un k-tore maximal qui est déployé (resp. un k-sous-groupe de Borel). Si G est déployé, alors chaque k-tore maximal déployé de G se complète en un couple de Killing (*ibid*, th. 18.7). Ainsi *déployé* entraîne *quasi-déployé*.

2.1.5 Systèmes de racines relatifs

D'après Borel-Tits [22], les k-tores déployés maximaux de G sont $G(k)$-conjugués. Soit $S \subset G$ un k-tore déployé maximal, son rang est appelé le k-rang de G. Si S est non trivial (resp. trivial), on dit que G est *isotrope* (resp. *anisotrope*). Si S est non central (resp. central) dans G, on dit que G est réductible (resp. irréductible).

Dire que S est réductible est équivalent au fait que l'ensemble des racines $\Phi(G, S)$ de S pour la représentation adjointe de G est non vide. Dans ce cas, $\Phi(G, S)$ est un système de racines appelé le système de racines relatif de G par rapport à S. Le k-groupe $C_G(S)$ est un sous-groupe de Levi d'un k-parabolique minimal P de G et le couple $(P, C_G(S))$ est unique à $G(k)$-conjugaison près. Le k-groupe $DC_G(S)$ est semi-simple, anisotrope et est appelé le noyau anisotrope de G.

Son type s'identifie graphiquement de la façon suivante. On plonge S dans un k-tore maximal T. Comme T_{k_s} est déployé, on dispose du système de racines absolu $\Phi(G_{k_s}, T_{k_s})$ et on note Δ le diagramme de Dynkin correspondant.

Alors P_{k_s} est un k_s-parabolique de G_{k_s} et sa classe de conjugaison est encodée par une partie I de Δ (avec la convention croissante, i.e. $G_\Delta = G$) dont le complémentaire $\Delta \setminus I$ est indiqué graphiquement par $\odot$. L'ensemble I est alors le diagramme de Dynkin absolu du k-groupe semi-simple $DC_G(S)$.

Exemple 2.1.5 Soit q une forme quadratique régulière de dimension $2n \geq 4$ et d'indice de Witt $r = 1$. Alors le k-groupe $G = \mathrm{SO}(q)$ est semi-simple de k-rang 1. Son diagramme de Dynkin absolu est D_n et son *noyau anisotrope* est de type D_{n-1} et est illustré de la façon suivante:

Ce diagramme est noté $^1D^{(1)}_{n,1}$ par Tits [175]. Les tables sont reproduites en appendice.

2.2 Classification par la cohomologie galoisienne

2.2.1 L'invariant *

Soit G un k-groupe semi-simple simplement connexe. Il existe un unique k-groupe semi-simple déployé G^d tel que $G^d_{k_s} \xrightarrow{\sim} G_{k_s}$. Soit (B^d, T^d) un couple de Killing pour G^d et notons Δ le diagramme de Dynkin associé. On a une suite exacte (scindée) de k-groupes $1 \to G^d_{ad} \to \mathrm{Aut}(G^d) \xrightarrow{\pi} \mathrm{Aut}(\Delta) \to 1$ où $\mathrm{Aut}(\Delta)$ est un groupe fini [60, XXIV.3.10]. Le yoga des k-formes montre que l'ensemble pointé $H^1(k, \mathrm{Aut}(G^d))$ classifie les k-formes de G. On dispose donc d'une application

$$\pi_* : H^1(k, \mathrm{Aut}(G^d)) \to H^1(k, \mathrm{Aut}(\Delta)) = \mathrm{Hom}_{ct}(\Gamma_k, \mathrm{Aut}(\Delta))/\mathrm{Aut}(\Delta).$$

La classe $\pi_*[G] \in H^1(k, \mathrm{Aut}(\Delta))$ est appelée l'invariant * de G.

Exemple 2.2.1 Si Δ est connexe, on a $\mathrm{Aut}(\Delta) = 1, \mathbf{Z}/2\mathbf{Z}$ ou S_3, ce dernier cas étant exclusif au type D_4. Si $\mathrm{Aut}(\Delta) = \mathbf{Z}/2\mathbf{Z}$ (resp. S_3), l'invariant * est la donnée d'une classe d'isomorphie d'une k-algèbre étale quadratique (resp. cubique).

L'ensemble pointé $H^1(k, \mathrm{Aut}(G^d))$ contient l'ensemble des classes d'isomorphie $H^1_{qd}(k, \mathrm{Aut}(G^d))$ des k-formes quasi-déployées de G. Suivant [60, XXIV.3.11], cette application induit une bijection $H^1_{qd}(k, \mathrm{Aut}(G^d)) \xrightarrow{\sim} H^1(k, \mathrm{Aut}(\Delta))$. En particulier, une k-forme quasi-déployée de G^d est déterminée, à isomorphisme près, par son invariant *.

2.2.2 Formes intérieures et fortement intérieures

Soit G un k-groupe semi-simple simplement connexe. Il existe un unique k-groupe semi-simple déployé G^d tel que $G^d_{k_s} \xrightarrow{\sim} G_{k_s}$. Il existe un k-groupe semi-simple quasi-déployé G^q tel que G est une k-forme intérieure de G^q, cela signifie qu'il existe un 1-cocycle $z \in Z^1(\Gamma_k, (G^q/C(G^q))(k_s))$ tel que $G \cong {}_zG^q$. Le k-groupe G^q est unique à isomorphisme (non unique) près; de façon plus précise, G et G^q ont même invariant *.

Si $[z]$ appartient à l'image de $H^1(k, G^q) \to H^1(k, (G^q/C(G^q)))$, on dit que G est une *forme fortement intérieure* de sa forme quasi-déployée.

Si G^q est déployé, on dit que G est une forme intérieure; si de plus G est une forme fortement intérieure de G^q, on dit simplement que G est une forme fortement intérieure.

2.2.3 Cohomologie galoisienne et sous-groupes paraboliques

Soit G un k-groupe réductif et P un k-sous-groupe parabolique. Le théorème de Borel-Tits énonce que $G(k)$ agit de façon transitive sur $(G/P)(k)$ et que l'application $H^1(k, P) \rightarrow H^1(k, G)$ est injective [22, th. 4.13]; de plus l'image de $H^1(k, P)$ dans $H^1(k, G)$ correspond aux classes $[z] \in H^1(k, G)$ telles que le groupe tordu $_zG$ admette un k-sous-groupe parabolique qui est k_s-conjugué à P.

Soit M un k-sous-groupe de Levi de P. Alors $P = R_u(P) \rtimes M$ et le lemme 1.3.2 indique que l'application $H^1(k, M) \rightarrow H^1(k, P)$ est bijective. Le complément suivant est bien connu.

Lemme 2.2.2 *On suppose que G est semi-simple simplement connexe.*

(1) Le k-groupe DM est semi-simple simplement connexe et $\operatorname{corad}(M) = M/DM$ *est un k-tore quasi-trivial. En particulier, l'application $H^1(k, DM) \rightarrow H^1(k, M)$ est surjective.*

(2) L'application $H^1(k, DM) \rightarrow H^1(k, M)$ est surjective. En outre l'image de $H^1(k, DM)$ dans $H^1(k, G)$ consiste en les classes $[z] \in H^1(k, G)$ telles que le groupe tordu $_zG$ admette un k-sous-groupe parabolique qui est k_s-conjugué à P.

Démonstration

(1) Pour la simple connexité de DM, voir [165, Ex. 8.4.6.(5)]. Pour le fait que $\operatorname{corad}(M)$ est quasi-trivial, nous renvoyons à [49, lemma 5.6].

(2) Ainsi on a $H^1(k, \operatorname{corad}(M)) = 1$ d'où la surjectivité de $H^1(k, DM) \rightarrow H^1(k, M) \cong H^1(k, M)$. ∎

2.2.4 Classes de Tits

On suppose que $G = {}_zG^q$. Inversement il existe une classe unique $\nu_G = [a] \in H^1(k, G_{ad})$ telle que $G^q \cong {}_aG$ [115, 31.6]. On note $z^{op} \in Z^1(k, {}_zG^q_{ad})$ le cocycle opposé à z, il est défini par $\sigma \mapsto z_\sigma^{-1} \in {}_zG(k_s)$. On a $G^q \cong {}_{z^{op}}\big({}_zG^q\big)$. Par suite, l'image de ν_G par l'application $H^1(k, G_{ad}) \xrightarrow{\sim} H^1(k, {}_zG^q_{ad})$ est $[z^{op}]$.

Remarque 2.2.3 Il est déroutant à première vue de voir que la classe $[z^{op}]$ est unique, mais pas $[z]$.

On considère la suite exacte centrale

$$1 \to C(G) \to G \to G_{ad} \to 1$$

de k-groupes algébriques pour la topologie plate (§1.4). Elle donne lieu à une suite exacte d'ensembles pointés

$$1 \to C(G)(k) \to G(k) \to G_{ad}(k) \xrightarrow{\psi_G}$$

$$H^1_{\text{fppf}}(k, C(G)) \to H^1_{\text{fppf}}(k, G) \to H^1_{\text{fppf}}(k, G_{ad}) \xrightarrow{\delta_G} H^2_{\text{fppf}}(k, C(G)).$$

L'homomorphisme φ_G est appelé l'application caractéristique et l'application δ_G la flèche de bord. Puisque G (resp. G_{ad}) est lisse, la cohomologie plate de G (resp. G_{ad}) coïncide avec la cohomologie galoisienne [60, XXIV.8], i.e. on a une bijection $H^1(k, G) \xrightarrow{\sim} H^1_{\text{fppf}}(k, G)$. Suivant [115, 31.6], on définit la classe de Tits de G par la formule suivante

$$t_G = -\delta_G(\nu_G) \in H^2_{\text{fppf}}(k, C(G)).$$

Comme G^q_{ad} agit trivialement sur $C(G^q)$, on a une identification $C(G) = C(G^q)$ et la bijection de torsion τ_z s'insère dans le diagramme commutatif suivant [87, IV.4.2]

$$
\begin{array}{ccc}
H^1(k, G_{ad}) & \xrightarrow{\delta_G} & H^2_{\text{fppf}}(k, C(G)) \\
{\scriptstyle\wr}\downarrow{\scriptstyle\tau_z} & {\scriptstyle ?+\delta_{G^q}([z])} & \downarrow{\scriptstyle\wr} \\
H^1(k, G^q_{ad}) & \xrightarrow{\delta_{G_{ad}}} & H^2_{\text{fppf}}(k, C(G^q))
\end{array}
$$

Par suite on a $t_G = \delta_{G^q}([z])$ ce qui était la définition originale de Tits [176, §1]. En particulier, la classe de Tits est l'unique obstruction à ce que G soit une forme fortement intérieure de sa forme quasi-déployée.

Lemme 2.2.4 *Soit G un k-groupe semi-simple simplement connexe satisfaisant $H^1(k, G) = 1$.*

1. *Le bord $H^1(k, G_{ad}) \to H^2_{\text{fppf}}(k, C(G))$ a un noyau trivial.*
2. *Soit G' une k-forme intérieure de G. Alors G et G' sont isomorphes si et seulement si $t_{G'} = t_G$.*

Démonstration

(1) C'est une conséquence immédiate de la suite exacte d'ensembles pointés [87, §IV.4]

$$1 \to C(G)(k) \to G(k) \to G_{ad}(k) \xrightarrow{\varphi_G} \cdots$$

$$H^1_{\text{fppf}}(k, C(G)) \to H^1_{\text{fppf}}(k, G) \to H^1_{\text{fppf}}(k, G_{ad}) \xrightarrow{\partial_{G'}} H^2_{\text{fppf}}(k, C(G)).$$

(2) Le sens direct est évident et n'utilise pas l'hypothèse $H^1(k, G) = 1$. Pour la réciproque, on écrit $G' = {}_aG$ où a désigne un 1-cocycle galoisien à valeurs dans $G_{ad}(k_s)$. Ainsi $G = {}_zG^q$ et $G' = {}_{z'}G^q$ où $z'_s = z_s a_s$ pour tout $s \in \Gamma_k$. On a en particulier des identifications $C(G') = C(G) = C(G^q)$. On a vu que $t_G = \delta_{G^q}([z])$ et que $t_{G'} = \delta_{G^q}([z'])$. L'hypothèse $t_G = t_{G'}$ entraîne donc que $\delta_{G^q}([z']) = \delta_{G^q}([z])$. On utilise de nouveau le diagramme commutatif

$$
\begin{array}{ccc}
H^1(k, G_{ad}) & \xrightarrow{\partial_G} & H^2_{\text{fppf}}(k, C(G)) \\
\wr \downarrow {\tau_z} & & \wr \downarrow {? - \partial_G([z])} \\
H^1(k, G^q_{ad}) & \xrightarrow{\partial_{G^q}} & H^2_{\text{fppf}}(k, C(G^q)).
\end{array}
$$

Comme $\tau_z[a] = [z']$, il suit que $\delta_{G^q}([a]) = 1$. Le (1) implique que $[a] = 1 \in H^1(k, G_{ad})$ ce qui permet de conclure que G' est isomorphe à G. ∎

2.3   Sous-groupes réductifs de rang maximal

Soit G un k-groupe réductif.

2.3.1   *Sous-groupes maximaux*

Un k-sous-groupe algébrique *lisse* H de G est *maximal* si $H \subsetneq G$ et si pour tout k-sous-groupe H' de G lisse satisfaisant $H \subseteq H' \subseteq G$, on a $H = H'$ ou $H' = G$.

Théorème 2.3.1 *Soit H un k-sous-groupe algébrique lisse de G qui est un sous-groupe maximal. Alors H est un k-sous-groupe parabolique ou H^0 est réductif.*

En caractéristique nulle, ce résultat est du à Morozov. En caractéristique libre, il est du à Borel-Tits [23, cor. 3.3].

Si H est un k-sous-groupe réductif de rang maximal de G, alors on peut comparer les systèmes de racines de G et H en prenant un k-tore maximal T de H. Alors $\Phi(H_{k_s}, T_{k_s})$ est une partie symétrique de $\Phi(G_{k_s}, T_{k_s})$.

On dit que H est *non exotique* si $\Phi(H_{k_s}, T_{k_s})$ est une partie close de $\Phi(G_{k_s}, T_{k_s})$ et *exotique* dans le cas contraire. Le cas exotique n'apparaît qu'en caractéristique 2 et 3, voir [146, §2]. Nous reviendrons sur les sous-groupes réductifs maximaux non exotiques au §3.1.2.

2.3.2 Construction de $G_{S,T}$

Soient G un k-groupe semi-simple et T un k-tore maximal de G. Nous allons associer à chaque sous-tore S de T un k-sous-groupe réductif $G_{S,T}$ de G contenant T.

Dans ce but, on considère le système de racines $R = \Phi(G_{k_s}, T_{k_s})$ dans l'espace vectoriel $V = \widehat{T}(k_s) \otimes_{\mathbf{Z}} \mathbf{R}$; V est muni d'un produit scalaire canonique $\langle\,,\,\rangle$. On a une décomposition

$$\mathscr{L}ie(G_{k_s}) = \mathscr{L}ie(T_{k_s}) \oplus \bigoplus_{\alpha \in R} k_s\, \mathfrak{u}_\alpha$$

et des sous-groupes radiciels U_α de G_{k_s} tels que $\mathscr{L}ie(U_\alpha) = \mathfrak{u}_\alpha$ pour tout $\alpha \in R$.

Le sous-ensemble des racines $\Phi(C_G(S)_{k_s}, T_{k_s})$ de $\Phi(G_{k_s}, T_{k_s})$ engendre un sous-espace vectoriel V_S de V. On note $R' = V_S^{\perp} \cap R$ et V' le sous-espace vectoriel de V engendré par R'.

D'après [25, VI.1.1, corollaire à la proposition 4], R' est un système de racines dans V'. Comme R' est une partie close de R, on sait d'après [60, XX.5.4.2, XX.5.4.7] qu'il existe un unique k-sous-groupe lisse connexe $(G_{S,T})_{k_s}$ de G_{k_s} contenant T_{k_s} et d'algèbre de Lie

$$\mathscr{L}ie(T) \oplus \bigoplus_{\alpha \in R'} \mathfrak{u}_\alpha \subseteq \mathscr{L}ie(G_{k_s}).$$

Comme R' est symétrique, $(G_{S,T})_{k_s}$ est réductif (*ibid*, XX.5.10.1) et ce groupe est engendré par T et les sous-groupes radiciels attachés aux racines de R'.

L'unicité montre que cette construction se descend à k et donne lieu à un k-sous-groupe réductif $G_{S,T}$ de G. On a donc montré le

Lemme 2.3.2 *Il existe un unique k-sous-groupe réductif $G_{S,T}$ de G satisfaisant les conditions suivantes:*

(i) $T \subseteq G_{S,T}$;

(ii) $\Phi\big((G_{S,T})_{k_s}, T_{k_s}\big) = \Big\{ \alpha \in \Phi(G_{k_s}, T_{k_s}) \mid \langle \alpha, \beta \rangle = 0 \ \forall \beta \in \Phi(C_G(S)_{k_s}, T_{k_s}) \Big\}.$

Lemme 2.3.3 *Soient S_1, S_2 deux sous-tores de T.*

(1) Le k-groupe $DG_{S,T}$ commute à $DC_G(S)$.
(2) Si $S_1 \subseteq S_2$, on a $G_{S_1,T} \subseteq G_{S_2,T}$.

Démonstration On peut supposer que $k = k_s$.

(1) Si $\alpha \in R'$ et $\beta \in \Phi(C_G(S), T)$, on a $\langle \alpha, \beta \rangle = 0$, donc U_α et U_β commutent. Comme $DZ_{G,T}$ est engendré par les U_α et $DC_G(S)$ par les U_β, on conclut que $DG_{S,T}$ commute à $DC_G(S)$.
(2) On note R'_1 (resp. R'_2) les racines de $G_{S_1,T}$ (resp. $G_{S_2,T}$). On a $C_G(S_2) \subseteq C_G(S_1)$, d'où $\Phi(C_G(S_2)) \subseteq \Phi(C_G(S_1))$ et $R'_1 \subseteq R'_2$. Il vient $G_{S_1,T} \subseteq G_{S_2,T}$. ∎

Remarque 2.3.4 Cette construction se généralise de façon convenable au cas d'un schéma en groupes réductifs.

2.3.3 Intersection de groupes paraboliques

Nous n'avons pas trouvé dans la littérature une référence pour le fait suivant.

Lemme 2.3.5 *Soient G un k-groupe algébrique réductif et T un k-tore maximal de G. Soient $P_1, \ldots, P_n$ des k-sous-groupes paraboliques de G contenant T et on note M_i l'unique k-sous-groupe de Levi de P_i contenant T pour $i = 1, \ldots, n$. On pose $H = \bigcap_{i=1,\ldots,n} P_i$ et $M = \bigcap_{i=1,\ldots,n} M_i$. Alors H et M sont lisses et connexes et on a*

$$\mathscr{L}ie(H) = \bigcap_{i=1,\ldots,n} \mathscr{L}ie(P_i), \quad \mathscr{L}ie(M) = \bigcap_{i=1,\ldots,n} \mathscr{L}ie(M_i).$$

Démonstration On peut supposer le corps k algébriquement clos. Notant $T_i = \mathrm{rad}(M_i)$ le tore radical de M_i, on sait que $M_i = C_G(T_i)$ pour $i = 1, \ldots, n$. Par suite, M est le centralisateur dans G du sous-tore S de T engendré par les T_i, il est donc lisse et connexe [60, XIX.1.3]. En outre, $\mathscr{L}ie(M) = \mathscr{L}ie(G)^S$ (*ibid*, 1.9), d'où $Lie(M) = \bigcap_{i=1,\ldots,n} \mathscr{L}ie(M_i)$.

Pour la lissité de H, on va utiliser un résultat de Borel–Tits en écrivant $P_i = G_{\psi_i}$, c'est-à-dire que P_i est le sous-groupe de G associé au sous-système de racines parabolique ψ_i de $\Phi(G, T)$. Comme les ψ_i sont clos et convexes, $\psi_1 \cap \cdots \cap \psi_r$ est clos et convexe de sorte que $G_{\psi_1 \cap \cdots \cap \psi_n}$ est connexe [22, prop. 3.22.b]. Par une récurrence immédiate sur le (a) de cette référence, on obtient que $H = G_{\psi_1 \cap \cdots \cap \psi_n}$. Ainsi H est lisse et cette même référence indique que $\mathscr{L}ie(H) = \bigcap_{i=1,\ldots,n} \mathscr{L}ie(P_i)$. ∎

2.4 Résolutions flasques

Un k-groupe réductif G est *quasi-trivial* si DG est semi-simple simplement connexe et si le quotient G/DG est un tore quasi-trivial.

Une résolution flasque d'un k-groupe réductif G est une suite exacte $1 \to S \to G' \to G \to 1$ où S est un k-tore flasque et G' est un k-groupe réductif quasi-trivial. D'après Colliot-Thélène [42], un k-groupe réductif G admet une résolution flasque, le cas des tores est traité dans la référence [45].

Pour un k-groupe de type multiplicatif μ, il existe une autre sorte de résolution flasque de la forme $1 \to \mu \to S \to E \to 1$ où S est un k-tore flasque et E un k-tore quasi-trivial [46, prop. 1.3].

Notes

La plupart des concepts développés ici s'étendent aux schémas en groupes réductifs, voir [60, XXIV] et [82].

Chapitre 3
Sous-groupes des groupes algébriques, déploiement

On étudie une classe importante de sous-groupes multiplicatifs d'un groupe réductif à savoir la classe des sous-groupes toraux. Leurs centralisateurs donnent lieu à des sous-groupes réductifs de rang maximal qui permettent de nombreuses réductions dans l'étude des tores maximaux et de la cohomologie galoisienne·d'un groupe réductif.

3.1 Plongements de sous-groupes de type multiplicatif et leurs centralisateurs

3.1.1 Lissité des centralisateurs, sous-groupes toraux

Proposition 3.1.1 *Soit M un k-groupe algébrique affine agissant sur un k-groupe algébrique affine G. On note H le k-sous-groupe de G des points fixes sous M, i.e. $H = G^M$. On suppose que M est linéairement réductif, (i.e. la catégorie $\mathrm{Rep}_k(M)$ des représentations linéaires de dimension finie est semi-simple).*

(1) L'espace homogène G/H est un k-schéma affine;
(2) Si G est lisse, alors H est lisse;
(3) Si G est réductif, alors H^0 est réductif;
(4) Si M est un k-sous-groupe fermé de G et agit par automorphismes intérieurs sur G, alors $C_G(M)^0 = N_G(M)^0$. En outre, si G est réductif, $N_G(M)^0$ est réductif.

Démonstration Pour (2), voir [59, II.5.2.8] ou [53, A.8.10]. Pour les autres assertions, voir [150, prop. 10.1.5]. ∎

© Springer Nature Switzerland AG 2019
P. Gille, *Groupes algébriques semi-simples en dimension cohomologique ≤2*, Lecture Notes in Mathematics 2238,
https://doi.org/10.1007/978-3-030-17272-5_3

En particulier, les groupes de type multiplicatif sont linéairement réductifs [59, III.6.6.3], donc la proposition vaut dans le cas où M est un k-groupe de type multiplicatif.

Lemme 3.1.2 *Soient G un k-groupe réductif et $\mu \hookrightarrow G$ un k-sous-groupe de type multiplicatif. On pose $H = C_G(\mu)$.*

(1) Les assertions suivantes sont équivalentes:

    (i) il existe un k-tore T de G contenant μ;

    (ii) $\mu \subseteq H^0$;

    (iii) $\mathrm{rg}(H^0) = \mathrm{rg}(G)$.

(2) On suppose que μ est k-plongeable dans un k-sous-groupe de Borel B de G. Alors il existe un k-tore maximal T de B contenant μ.

Démonstration

(1) $(i) \implies (ii)$: On suppose qu'il existe un k-sous-tore T de G contenant μ. On a $T \subset H = C_G(\mu)$. Comme T est connexe, on a $T \subset H^0$, d'où $\mu \subset H^0$.

    $(ii) \implies (iii)$: On suppose que $\mu \subset H^0$. D'après la Proposition 3.1.1, H^0 est un k-groupe réductif. Comme H commute à μ, on a *a fortiori* $\mu \subset C(H^0)$. Soit T un k-tore maximal de H^0. Comme $C(H^0) \subset T$, il suit que $\mu \subset T$. Soit maintenant E un k-tore maximal de G contenant T, alors $\mu \subset E$ et $E \subset H^0 = C_{H^0}(\mu)$. Ainsi $\mathrm{rg}(H^0) = \mathrm{rg}(G)$.

    $(iii) \implies (i)$: évident.

(2) On pose $L = (B^\mu)^0$, c'est un k-groupe lisse et connexe. On note Y la k-variété des couples de Killing de G et X la k-variété des sous-groupes de Borel de G [60, XXII.5.8.3]. On dispose d'un morphisme lisse $\pi : Y \to X$, qui est μ-équivariant. Comme μ est de type multiplicatif, le morphisme induit $\pi^\mu : Y^\mu \to X^\mu$ est lisse [53, prop. A.8.2.10.(2)]. Le k-groupe B définit un point $x \in X^\mu(k)$ et on veut montrer que $(\pi^\mu)^{-1}(x)$ a un k-point. C'est le cas si k est séparablement clos ce qui montre en particulier que $\mathrm{rg}(L) = \mathrm{rg}(B)$. D'après Grothendieck [60, XIV.1.1], L admet un k-tore maximal, donc T est un k-tore maximal de B contenant μ. ∎

Comme la condition (1)(ii) est insensible à toute extension de corps, il en est de même de (1)(i), on dit alors que le k-sous-groupe μ de G est *toral*. C'est le cas notamment si μ est un sous-groupe fini de $\mathbf{G}_m$.

Proposition 3.1.3 (Serre, cf. [146, prop. 6.2]) *Soit n un entier, $n \geq 1$. Soit G un k-groupe réductif et $f : \mu_n \to G$ un monomorphisme de k-groupes. Alors μ_n est toral.* ∎

On s'intéresse maintenant aux centralisateurs.

Lemme 3.1.4 *Soient G un k-groupe réductif et T un k-tore maximal de G. Soit $\mu \subset T$ un k-sous-groupe (de type multiplicatif). On note $H = C_G(\mu)$ et $N = N_G(T)$.*

(1) L'homomorphisme de k-groupes

$$N_H(T)/T \to H/H^0$$

est surjectif.

*(2) Soit $\pi : G \to G'$ un quotient central de G. On pose $H' = C_{G'}(\mu)$. Alors $\pi :$
$H \to H'$ est surjectif et induit un morphisme surjectif $H/H^0 \xrightarrow{\sim} H'/(H')^0$.
En particulier si H est connexe, H' est connexe.*

Démonstration

(1) Les deux k-groupes considérés sont finis étales, il suffit donc de montrer qu'il est surjectif sur les points dans le cas k est algébriquement clos. Soit $h \in H(k)$. Alors $h^{-1}Th$ est un k-tore déployé maximal de H^0, donc il existe $h_0 \in H^0(k)$ satisfaisant $h_0^{-1}Th_0$. Ainsi $hh_0^{-1} \in (H \cap N)(k)$, donc le morphisme $N_H(T)(k) \to (H/H^0)(k)$ est surjectif.

(2) On peut supposer que k est algébriquenent clos. Étant donné $g' \in G'(k)$, il se relève en $g \in G(k)$. Dire que g' commute avec μ est la même chose que de dire que g commute avec μ. Donc $g \in H(k)$. Ainsi π est surjectif. ∎

L'énoncé suivant est une généralisation partielle du théorème de connexité de Springer-Steinberg [166, th. 5.8].

Théorème 3.1.5 *Soit n un entier, $n \geq 1$. Soient G un k-groupe réductif tel que DG est semi-simple simplement connexe et $f : \mu_n \to G$ un homomorphisme de k-groupes. Alors $C_G(\mu_n)$ est un k-groupe réductif de même rang que G.*

Démonstration On peut évidemment supposer que k est algébriquement clos et que f est un monomorphisme. Pour le cas G semi-simple simplement connexe, la référence pour la connexité et le rang de $H = C_G(\mu_n)$ est [146, prop. 6.4].

Second cas $f(\mu_n) \subset DG$. Soit S le tore coradical de G. Alors $G = DG.S$ et $C_G(\mu_n) = C_{DG}(\mu_n).S$. Il suit que $C_G(\mu_n)$ est un k-groupe réductif de même rang que G.

Cas général On considère le tore coradical $T := G/DG$. On utilise maintenant le morphisme surjectif de tores $S \to T$. Alors il existe un entier $m \geq 1$ tel que le composé $f_m : \mu_{mn} \to \mu_n \xrightarrow{f} G \to T$ se relève en un homomorphisme $\widetilde{f} : \mu_{mn} \to S$. Remplacer f par $f_m \widetilde{f}^{-1}$ ne change pas le centralisateur de même que la multiplication par un homomorphisme central. Ainsi on est ramené au cas précédent ce qui permet de conclure que $C_G(\mu_n)$ est un k-groupe réductif de rang maximal.

3.1.2 Coordonnées de Kac

Dans cette sous-section, on considère un k-groupe semi-simple simplement connexe déployé G que l'on suppose presque simple. Soit (B, T) un couple de Killing de G;

il définit une base Δ du système de racines $\Phi(G, T)$. On note $W = N_G(T)/T$ le groupe de Weyl. Pour chaque $\alpha \in \Phi(G, T)$, on dispose des k-sous-groupes $U_{\pm\alpha}$.

On note α_0 l'opposé de la plus grande racine de $\Phi(G, T)$ et $\widetilde{\Delta} = \Delta \cup \{\alpha_0\}$ le diagramme de Dynkin complété de k. On a la relation fondamentale

$$\alpha_0 + \sum_{\alpha \in \Delta} c_\alpha \alpha = 0.$$

On note (α^*) la base duale de Δ dans $\widehat{T}^0 \otimes_{\mathbf{Z}} \mathbf{Q}$ et on définit le point $\theta_\alpha = \frac{\alpha^*}{c_\alpha} \in \widehat{T}^0 \otimes_{\mathbf{Z}} \mathbf{Q}$ pour chaque $\alpha \in \Delta$. On note $\theta_{\alpha_0} = 0 \in \widehat{T}^0 \otimes_{\mathbf{Z}} \mathbf{Q}$. On sait que

$$F = \left\{ v = \sum_{\alpha \in \Delta} v_\alpha \theta_\alpha \quad v_\alpha \in \mathbf{Q} \cap [0, 1[\right\}$$

est un domaine fondamental pour l'action du groupe de Weyl affine $\widetilde{W} = \widehat{T}^0 \rtimes W$ sur $\widehat{T}^0 \otimes_{\mathbf{Z}} \mathbf{Q}$. Les coordonnées de Kac sont les coordonnées barycentriques sur F, c'est-à-dire que tout point x de F s'ecrit de façon unique comme le barycentre pondéré

$$x = \sum_{\alpha \in \widetilde{\Delta}} x_\alpha \theta_\alpha$$

avec $x_\alpha \in \mathbf{Q}_{\geq 0}$ et $\sum_{\alpha \in \widetilde{\Delta}} x_\alpha = 1$.

Pour l'étude des homomorphismes de groupes $\mu_n \to G$, il est commode d'introduire le k-groupe affine $_\infty\mu = \varprojlim_{n \geq 1} \mu_n$. C'est un k-groupe diagonalisable (non algébrique) de dual $\mathbf{Q}/\mathbf{Z}$. On a $\mathrm{Hom}_{k-gp}(_\infty\mu, G) \xrightarrow{\sim} \varprojlim_n \mathrm{Hom}_{k-gp}(\mu_n, G)$ si bien que la connaissance de $\mathrm{Hom}_{k-gp}(_\infty\mu, G)$ donne celle de $\varinjlim_n \mathrm{Hom}_{k-gp}(\mu_n, G)$ pour tout $n \geq 1$. On considère les isomorphismes

$$\mathrm{Hom}_{k-gp}(_\infty\mu, T) \xrightarrow{\sim} \mathrm{Hom}_{gp}(\widehat{T}, \mathbf{Q}/\mathbf{Z}) \xrightarrow{\sim} (\widehat{T}^0 \otimes_{\mathbf{Z}} \mathbf{Q})/\widehat{T}^0$$

où la première est la dualité de Cartier. Ainsi à chaque élément $x = \sum_{\alpha \in \widetilde{\Delta}} x_\alpha \theta_\alpha$ avec $\sum_{\alpha \in \widetilde{\Delta}} x_\alpha = 1$ et $x_\alpha \geq 0$ pour chaque α, on associe un homomorphisme $f_x : {_\infty\mu} \to T \to G$.

Théorème 3.1.6 *Soit $f : {_\infty\mu} \to G$ un homomorphisme de k-groupes.*

(1) Si le centralisateur G_f de $f(_\infty\mu)$ est déployé, alors il existe un unique $x \in F$ tel que f est $G(k)$-conjugué à f_x.

(2) Si k est séparablement clos, alors il existe un unique $x \in F$ tel que f est $G(k)$-conjugué à f_x.

Suivant le Théorème 3.1.5, le centralisateur G_f de $f(\infty\mu)$ est un groupe réductif. Il est donc déployé si k est séparablement clos, donc (1) entraîne (2). Dans la suite, on note G_x le centralisateur de f_x pour $x \in F$.

Démonstration Soit T' un k-tore maximal déployé de G_f. Il existe $g \in G(k)$ tel que $T' = {}^g T$, donc ${}^g f = f_x$ pour $x \in F$. Montrons l'unicité. Soient $x, y \in F$ tel que f_x et f_y sont $G(k)$-conjugués. Alors il existe $g \in G(k)$ tel que $f_x = {}^g f_y$. Alors T et ${}^g T$ sont deux k-tores déployés maximaux de G_x, donc ils sont $G_x(k)$-conjugués. Sans perte de généralité, on peut donc supposer que $T = {}^g T$. Ainsi $g \in N_G(T)$ et agit sur $(\widehat{T}^0 \otimes_{\mathbf{Z}} \mathbf{Q})/\widehat{T}^0$ à travers son image w dans le groupe W. De $f_x = {}^g f_y$, il vient $x = wy$ dans $(\widehat{T}^0 \otimes_{\mathbf{Z}} \mathbf{Q})/\widehat{T}^0$, d'où $x \in \widetilde{W}y$ dans $\widehat{T}^0 \otimes_{\mathbf{Z}} \mathbf{Q}$. Comme F est un domaine fondamental pour l'action de $\widetilde{W}$ sur $\widehat{T}^0 \otimes_{\mathbf{Z}} \mathbf{Q}$, on conclut que $x = y$. ∎

On s'intéresse maintenant aux centralisateurs. Soit $x \in F$ et considérons les centralisateurs G_x, $G_{ad,x}$, $\mathrm{Aut}(G)_x$ de $f_x : \infty\mu \to G$ respectivement dans G, le groupe adjoint G_{ad} et le groupe des automorphismes $\mathrm{Aut}(G)$.

Proposition 3.1.7 *On note $\Delta_x = \{\alpha \in \widetilde{\Delta}, \mid x_\alpha = 0\}$.*

(1) G_x est le k-sous-groupe de G engendré par T et les $U_{\pm\alpha}$ pour α parcourant Δ_x. De plus, Δ_x est une base de $\Phi(G_x, T)$.

(2) On a $C(G_x) = \ker\left(T \xrightarrow{\prod \alpha} \prod_{\alpha \in \Delta_x} \mathbf{G}_m\right)$ et $G_x = C_G(C(G_x))$.

(3) On a $G_{ad,x} = G_x/C(G)$ et une suite exacte

$$1 \to G_{ad,x} \to \mathrm{Aut}(G)_x \to \mathrm{Aut}(\Phi(G,T), \Delta)_x \to 1$$

où $\mathrm{Aut}(\Phi(G,T), \Delta)_x$ désigne le centralisateur de x pour l'action de $\mathrm{Aut}(\Phi(G,T))$ sur $\widehat{T}^0$. En outre cette suite admet un scindage à valeurs dans $\mathrm{Aut}(G, B, T)$.

Démonstration On pose $\Phi = \Phi(G, T)$ et considère la décomposition de l'algèbre de Lie $\mathscr{L}ie(G) = \mathscr{L}ie(T) \oplus \bigoplus_{\alpha \in \Phi} \mathfrak{u}_\alpha$ où $\mathfrak{u}_\alpha = \mathscr{L}ie(U_\alpha)$.

(1) Le k-sous-groupe G_x est déterminé par son algèbre de Lie $\mathscr{L}ie(G_x) = \mathscr{L}ie(G)^{f(\infty\mu)} = \mathfrak{t} \oplus \bigoplus_{\alpha \in \Phi_x} \mathfrak{u}_\alpha$ où

$$\Phi_x = \{\beta \in \Phi, \beta \circ f_x = 0\}.$$

Soit $\beta = \sum_{\alpha \in \Delta} n_\alpha \alpha \in \Phi$. Alors $\beta \in \Phi_x$ si et seulement si

$$\widehat{\beta \circ f_x} = \left(\sum_{\alpha \in \Delta} x_\alpha \theta_\alpha, \sum_{\alpha \in \Delta} n_\alpha \alpha\right) = \left(\sum_{\alpha \in \Delta} x_\alpha \frac{\alpha^*}{c_\alpha}, \sum_{\alpha \in \Delta} n_\alpha \alpha\right)$$

$$= \sum_{\alpha \in \Delta} x_\alpha \frac{n_\alpha}{c_\alpha} = 0 \in \mathbf{Q}/\mathbf{Z}.$$

On distingue deux cas.

Cas 1 $x_{\alpha_0} > 0$. Si $\beta \in \Phi_+$, vu que $n_\alpha \le c_\alpha$ et $\sum_{\alpha \in \Delta} x_\alpha = 1 - x_{\alpha_0} < 1$, on a $\sum_{\alpha \in \Delta} x_\alpha \frac{n_\alpha}{c_\alpha} = 0 \in \mathbf{Q}/\mathbf{Z}$ si et seulement si β est une somme à coefficients positifs entiers d'éléments de Δ_x. De même, un élément de Φ_- qui appartient à Φ_x est une somme à coefficients entiers ≤ 0 d'éléments de Δ_x.

Cas 2 $x_{\alpha_0} = 0$. Vu que $-\alpha_0 = \sum_{\alpha \in \Delta} c_\alpha \alpha$, on a $\widehat{\beta \circ f_x} = \sum_{\alpha \in \Delta} x_\alpha \frac{c_\alpha}{c_\alpha} = 1 = 0 \in \mathbf{Q}/\mathbf{Z}$ donc $-\alpha_0 \in \Phi_x$. On a donc $\Delta_x \subset \Phi_x$. Si $\beta \in \Phi^+$, on réécrit l'expression ci-dessus en

$$\widehat{\beta \circ f_x} = \sum_{\alpha \in \Delta} x_\alpha \frac{n_\alpha - c_\alpha}{c_\alpha} \in \mathbf{Q}/\mathbf{Z}.$$

Si $\beta \in \Phi^+ \setminus \{-\beta_0\}$, l'expression ci-dessus montre que $\beta \in \Phi_x$ si et seulement si $\beta + \alpha_0$ est une somme à coefficients ≥ 0 d'éléments de $\Delta_x \cap \Delta$. L'énoncé analogue vaut pour Φ_-, donc on conclut que Δ_x est une base du système de racines Φ_x.

(2) Le centre du k-groupe réductif G_x est le noyau des racines de Φ_x [60, XIX.1.10]. Comme Δ_x est une base de Φ_x, il suit que $C(G_x) = \ker\left(T \xrightarrow{\prod \alpha} \prod_{\alpha \in \Delta_x} \mathbf{G}_m\right)$. On a $f(\mu_n) \subset C(G_x)$, d'où $G_x \subseteq C_G\big(C(G_x)\big) \subseteq C_G\big(f(\mu_n)\big) = G_x$. Il résulte que $G_x = C_G\big(C(G_x)\big)$.

(3) Le fait que $G_{x,ad} = G_x/C(G)$ suit du Lemme 3.1.4.(2). Puisque $\operatorname{Aut}(\Phi(G, T), \Delta)$ est isomorphe au quotient $\operatorname{Aut}(\Phi(G, T))/W$ [60, XXI.6.7.2], on dispose d'une suite exacte de k-groupes lisses $1 \to G_{ad} \to \operatorname{Aut}(G) \xrightarrow{\pi} \operatorname{Aut}(\Phi, \Delta) \to 1$. Il suffit donc de montrer que $\operatorname{Aut}(G)_x(k)$ s'applique sur $\operatorname{Aut}(\Phi, \Delta)_x$ dans $\operatorname{Aut}(\Phi, \Delta)$.

Soit donc $h \in \operatorname{Aut}(G)_x(k)$. En considérant une nouvelle fois le k-tore maximal $^h T$ de G_x, on peut, quitte à conjuguer par un élément de $G_x(k)$, supposer que $h \in \operatorname{Aut}(G, T)_x(k)$. Comme $\operatorname{Aut}(G, T)/T \xrightarrow{\sim} \operatorname{Aut}(\Phi)$, il suit que h donne lieu à un élement $\widetilde{w}$ tel que $\widetilde{w}x = x$ dans $\big(\widehat{T}^0 \otimes_{\mathbf{Z}} \mathbf{Q}\big)/\widehat{T}^0$. Ainsi il existe $\widetilde{w}_a \in \widehat{T}^0 \rtimes \operatorname{Aut}(\Phi)$ tel que

$$\widetilde{w}_a x = x.$$

On écrit $\widetilde{w}_a = w_a d$ avec $w_a \in \widetilde{W}$ et $d \in \operatorname{Aut}(\Phi, \Delta)$. Il vient

$$\widetilde{w}_a x = d^{-1} x$$

Le point est que le groupe $\operatorname{Aut}(\Phi, \Delta)$ stabilise F donc $d^{-1}x \in F$. Comme F est un domaine fondamental pour l'action du groupe de Weyl affine $\widetilde{W}$ sur $\widehat{T}^0 \otimes_{\mathbf{Z}} \mathbf{Q}$, on obtient que $\widetilde{w}_a = 1$ et $x = d^{-1}x$. Or d est l'image de h suivant π, on a bien $\pi(h) \in \operatorname{Aut}(\Phi, \Delta)_x$.

On se donne une section $s : \mathrm{Aut}(\Phi, \Delta) \to \mathrm{Aut}(G, B, T) \to \mathrm{Aut}(G)$. Si $d \in \mathrm{Aut}(\Phi, \Delta)_x$, alors $x = s(d).x$ et la section s induit une section $s_x : \mathrm{Aut}(\Phi, \Delta)_x \to \mathrm{Aut}(G, B, T)_x \subset \mathrm{Aut}(G, B, T)$. ∎

Remarque 3.1.8 Les choix de sections de $\mathrm{Aut}(G) \to \mathrm{Aut}(\Delta)$ dépendent du choix d'un épinglage [60, XXIV.1.5].

Dans ce contexte, la description de Borel/de Siebenthal [20] de certains sous-groupes réductifs maximaux de G prend la forme suivante.

Proposition 3.1.9 (Borel/de Siebenthal)

(1) Soit $x \in F$. Le k-sous-groupe G_x de G est maximal parmi les sous-groupes réductifs non exotiques de G (§2.3.1) de G si et seulement si x est de l'un des deux types suivants:

> *(i) $x_{\alpha_0} = x_1$, $x_\alpha = 1 - x_1$ pour $x_1 \in]0, 1[\cap \mathbf{Q}$ pour un certain $\alpha \in \Delta$ et $x_\beta = 0$ pour $\beta \in \Delta \setminus \{\alpha\}$. et $\alpha \in \Delta$ satisfaisant $c_\alpha = 1$;*
> *(ii) $x_\alpha = \frac{1}{c_\alpha}$ pour un certain $\alpha \in \Delta$ tel que c_α est premier et $x_\beta = 0$ pour $\beta \in \widetilde{\Delta} \setminus \{\alpha\}$.*

Dans le cas (i), il s'agit du k-sous-groupe de Levi contenant T. du sous-groupe parabolique standard de G de type $\Delta \setminus \{\alpha\}$. Dans le cas (ii), H est semi-simple de type $\widetilde{\Delta} \setminus \{\alpha\}$.

(2) Soit H un sous-groupe réductif de G maximal parmi les sous-groupes réductifs non exotiques contenant T. alors H est $N_G(T)(k)$-conjugué à G_x pour x de type (i) ou (ii).

Rappelons que dans l'assertion (2), *non exotique* signifie que $\Phi(H, T)$ est une partie *close* de $\Phi(G, T)$, On a besoin bien sûr d'un énoncé correspondant pour les systèmes de racines.

Lemme 3.1.10 ([28, VI.4, exercice 4]) *Soit R une partie close symétrique de $\Phi = \Phi(G, T)$. Alors la partie R est maximale (parmi les parties closes symétriques) dans $\Phi = \Phi(G, T)$ si et seulement si:*

(1) si R n'engendre pas $\widehat{T} \otimes_{\mathbf{Z}} \mathbf{Q}$, alors il existe (un unique) $\alpha \in \Delta$ tel que R est W-conjugué à la partie close de Φ engendrée par $\Delta \setminus \{\alpha\}$ et $c_\alpha = 1$.
(2) Si R engendre $\widehat{T} \otimes_{\mathbf{Z}} \mathbf{Q}$, alors il existe (un unique) $x \in F$ de type (ii) tel que R est W-conjugué à la partie symétrique close engendrée par Δ_x. ∎

Nous passons maintenant à la démonstration de la Proposition 3.1.9.

Démonstration

(1) Le k-sous-groupe G_x de G est maximal parmi les sous-groupes réductifs *non exotiques* de G si et seulement $\Phi(G_x, T)$ est partie close symétrique maximale de $\Phi(G, T)$. Le Lemme 3.1.10 indique que cette condition est équivalente à ce que l'élément x soit de type (i) ou (ii).

(2) Soit H un sous-groupe réductif de G maximal parmi les sous-groupes réductifs *non exotiques* contenant T. Alors $\Phi(H, T)$ est une partie close symétrique maximale de $\Phi(G, T)$; le Lemme 3.1.10 indique qu'il existe x de type (i) ou (ii) et $w \in W$ tel que $\Phi(H, T) = {}^w\Phi(G_x, T)$. Soit $n_w \in N_G(T)(k)$ un relevé de w. Alors $\Phi(H, T) = \Phi({}^{n_w}G_x, T)$ d'où $H = {}^{n_w}G_x$ ∎

Remarque 3.1.11 En petite caractéristique, il existe des sous-groupes exotiques et la classification des groupes sous-groupes réductifs maximaux de G contenant T est plus complexe [146]. Ceci étant, en caractéristique $\neq 2, 3$, la Proposition 3.1.9 donne la classification des sous-groupes réductifs maximaux de G contenant T En caractéristique 2, cette classification vaut pour les types distincts de B_n, C_n, F_4, G_2 et en caractéristique 3 pour tous les types excepté G_2.

3.1.3 Points fixes sur la variété des couples de Killing

Lemme 3.1.12 *Soient G un k-groupe réductif et $\mu \hookrightarrow G$ un k-sous-groupe diagonalisable toral de G. On suppose qu'il existe un k-tore maximal déployé T de G contenant μ. On pose $G' = C_G(\mu)^0$; on note B un sous-groupe de Borel de G contenant T. On note Y la variété (affine) des k-sous-groupes de Killing de G [60, XXII.5.8.3]. On note $W' = N_{G'}(T)/T$ et $W = N_G(T)/T$. Pour chaque $w \in W$, on note z_w le k-point $n_w.y_0$ de $G/T \xrightarrow{\sim} Y$, où $y_0 = [(B, T)]$ désigne le k-point privilégié de Y.*

Les G'-orbites sur $(G/T)^\mu \cong Y^\mu$ sont les $G'.z_w$ pour w parcourant $W'\backslash W$. En particulier, on a

$$\bigsqcup_{[w] \in W'\backslash W} G'.z_w = (G/T)^\mu = Y^\mu.$$

De plus l'action du groupe $N_{G'}(T)$ préserve chaque terme de cette décomposition.

Démonstration Il est évidemment loisible de supposer k algébriquement clos. Soit B un sous-groupe de Borel de G contenant T. Il définit le point $1 = [(B, T)]$ de $Y^\mu(k)$. Alors l'orbite $G \to Y$, $g \mapsto g.1$ induit un G-isomorphisme. Pour la suite, il est loisible de supposer k-algébriquement clos. Pour chaque $w \in W$, le stabilisateur de z_w dans G' est T, ainsi les orbites $G'.z_w$ sont lisses de dimension $\dim(G') - \dim_k(T)$. Ainsi deux orbites $G'.z_{w_1}$ et $G'.z_{w_2}$ sont soit identiques, soit disjointes. Si $z_{w_1} \in G'.z_{w_2}$, alors il existe $g' \in G'$ tel que $[n_{w_1}T] = [g'n_{w_2}T]$. Par suite $n_{w_1}^{-1}g'n_{w_2} \in T(k)$ de sorte que $g' \in N_{G'}(T)(k)$ et $w_1 = w'w_2$ avec $w' \in W'$. Ainsi $G'.z_{w_1} = G'.z_{w_2}$ si et seulement si $w_1 \in W'w_2$. On a donc une immersion $\iota : \bigsqcup_{[w] \in W'\backslash W} G'.z_w \to (G/T)^\mu$ entre variétés lisses.

Soit $z = [gT] \in (G/T)^\mu(k)$ avec $g \in G(k)$. Alors ${}^gT$ est un sous-tore maximal de $G' = C_G(\mu)^0$ donc il existe $g' \in G'(k)$ tel que ${}^gT = {}^{g'}T$. Ainsi $g'^{-1}g \in N_G(T)(k)$ donc $z = g'z_w$ pour $w \in W$. Ainsi $z \in G'z_w$. Ceci montre que l'immersion ι est un isomorphisme. Cette décomposition est clairement préservée par $N_{G'}(T)$. ∎

Lemme 3.1.13 *Soit G un k-groupe réductif et $\mu \hookrightarrow G$ un k-sous-groupe diagonalisable toral de G. On suppose que $C_G(\mu)$ est connexe et on pose $G' = C_G(\mu)$. On note Y la variété des couples de Killing de G.*

(1) Si G est une forme intérieure, alors les composantes connexes de $Y_{k_s}^{\mu}$ se descendent sur k.

(2) Si G est semi-simple simplement connexe absolument presque k-simple et $\mu = \mu_n$, alors au moins une composante connexe de $Y_{k_s}^{\mu}$ se descend à k.

Démonstration

(1) Soit T un k-tore maximal de G'. Soit G_0 la forme déployée de G munie d'un k-tore déployé maximal T_0. On pose $W_0 = N_{G_0}(T_0)$, $W_0' = N_{G_0'}(T_0)/T_0$. Par ailleurs il existe un k_s-isomorphisme $\phi : (G_0, T_0)_{k_s} \xrightarrow{\sim} (G, T)_{k_s}$ tel que le 1-cocycle $z_\sigma = \phi^{-1}\sigma(\phi)$ appartient à $G_{0,ad}(k_s)$. On note $\mu_{0,k_s} = \phi^{-1}(\mu_{k_s})$, c'est un k_s-sous-groupe de type multiplicatif de T_{0,k_s}, il admet donc une unique k-forme $\mu_0 \subset T_0$. Ainsi ϕ est un k_s-isomorphisme $\phi : (G_0, T_0, \mu_0)_{k_s} \xrightarrow{\sim} (G, T, \mu)_{k_s}$ induisant un k-isomorphisme $\mu_0 \xrightarrow{\sim} \mu$. Par descente galoisienne, ϕ induit un k-isomorphisme $({}_zG_0, {}_zT_0, {}_z\mu_0) \xrightarrow{\sim} (G, T, \mu)$ et le cocycle z est à valeurs dans $C_{G_{0,ad}}(\mu_0)$. Ce cocycle z induit un homomorphisme $\psi : \Gamma_k \to W_0' \subset W_0$.

Le Lemme 3.1.12 appliqué à μ_0 et G_0 montre que l'ensemble des composantes connexes de $Y_0^{\mu_0}$ est paramétré par $W_0' \backslash W_0$ de façon $C_{G_{0,ad}}(\mu_0)$-équivariante. Une composante $Z_0 \subset Y_0$ attachée à $w_0 \in W_0$ se descend à Y si et seulement si $[w_0] \in W_0' \backslash W_0$ est fixe par l'action du groupe de Galois Γ_k, c'est-à-dire si

$$\psi(\sigma)w_0 \in W_0' w_0 \quad \forall \sigma \in \Gamma_k.$$

Or ψ est à valeurs dans W_0', donc toutes les composantes sont définies sur k.

(2) On a $\mu = \mu_n$. Soit G_0 la forme déployée de G munie d'un k-tore déployé maximal T_0. On pose $W_0 = N_{G_0}(T_0)$, $W_0' = N_{G_0'}(T_0)/T_0$. Par ailleurs il existe un k_s-isomorphisme $\phi : (G_0, T_0)_{k_s} \xrightarrow{\sim} (G, T)_{k_s}$ tel que le 1-cocycle $z_\sigma = \phi^{-1}\sigma(\phi)$ appartient à $G_{0,ad}(k_s)$. On note $\mu_{0,k_s} = \phi^{-1}(\mu_{k_s})$, c'est un k_s-sous-groupe de type multiplicatif de T_{0,k_s}, il admet donc une unique k-forme $\mu_0 \subset T_0$. Suivant le Théorème 3.1.6, ce plongement définit un point x de $(\widehat{T_0})^0 \otimes_{\mathbf{Z}} \mathbf{Q}/\widehat{T_0}$.

Ainsi ϕ est un k_s-isomorphisme $\phi : (G_0, T_0, \mu_0)_{k_s} \xrightarrow{\sim} (G, T, \mu)_{k_s}$ induisant un k-isomorphisme $\mu_0 \xrightarrow{\sim} \mu$. Par descente galoisienne, ϕ induit un k-isomorphisme $({}_zG_0, {}_zT_0, {}_z\mu_0) \xrightarrow{\sim} (G, T, \mu)$ et le cocycle z est à valeurs dans $\mathrm{Aut}(G_0, T_0)_x$.

La Proposition 3.1.7.(2) montre que $\text{Aut}(G_0, T_0)_x(k_s) = N_{G'_0}(T_0)(k_s)$. $\text{Aut}(G_0, B_0, T_0)_x(k_s)$ donc la composante $G_{0,x}x.1 \subset Y_0^{\mu_0}$ est préservée par l'action de $\text{Aut}(G_0, T_0)_x$. Par torsion par z, on conclut que $Y_{k_s}^\mu$ admet une composante connexe qui se descend à k. ∎

Remarques 3.1.14 Le Lemme 3.1.13.(1) est faux sans l'hypothèse de forme intérieure. On considère le groupe unitaire $G = U(n)$ sur le corps $\mathbf{R}$ des nombres réels avec $n \geq 2$. Le tore diagonal $T = \left(R_{\mathbf{C}/\mathbf{R}}^1(\mathbf{G}_m)\right)^n$ est un tore maximal et il est le centralisateur de ${}_2T = \mu_2^n$. On note Y la variété des couples de Killing de G et supposons que $(Y)_{\mathbf{C}}^{2T}$ admette une composante connexe Z définie sur $\mathbf{R}$. Alors $T_{\mathbf{R}(Z)} = C_G({}_2T)_{\mathbf{R}(Z)}$ est un tore maximal d'un $\mathbf{R}(Z)$-sous-groupe de Borel de G. Or $T_{\mathbf{R}(Z)}$ est anisotrope (puisque -1 n'est pas un carré dans $\mathbf{R}(Z)$), il s'agit d'une contradiction.

Le Lemme 3.1.13.(1) est aussi faux sans l'hypothèse de connexité du centralisateur. En effet supposons que k admette une extension de corps quadratique séparable K/k; on note $\sigma : K \to K$ la conjugaison. On considère le tore maximal $T = R_{K/k}(\mathbf{G}_m)/\mathbf{G}_m$ de $G = \text{PGL}_2 \cong \text{PGL}(K)$ et on note B un K-sous-groupe de Borel de G_K contenant T_K. Alors $\mu = {}_2T$ est isomorphe à μ_2, on a $T = C_G(\mu)^0$ et $C_G(\mu) = T \rtimes \mathbf{Z}/2\mathbf{Z}$. Ainsi $Y^\mu(k_s)$ consiste en les couples de Killing (B, T) et $(\sigma(B), T)$. La k-variété Y^μ est donc isomorphe à $\text{Spec}(K)$, elle est donc connexe sans être géometriquement connexe.

Proposition 3.1.15 *Soient G un k-groupe réductif et $\mu \hookrightarrow G$ un k-sous-groupe diagonalisable toral. On suppose que le centralisateur $G' = C_G(\mu)$ est connexe et on note G'^q sa forme quasi-déployée. Soit (B^q, T^q) (resp. (B'^q, T'^q)) un couple de Killing de G^q (resp. de G'^q). On fait l'une des hypothèses suivantes:*

(i) G est une forme intérieure;

(ii) G est semi-simple simplement connexe absolument presque k-simple et $\mu = \mu_n$,

Alors les k-tores T^q et T'^q sont isomorphes. En particulier, si G est semi-simple adjoint (ou simplement connexe, ou plus généralement quasi-trivial), T'^q est un k-tore quasi-trivial.

Démonstration

(1) Le Lemme 3.1.13 montre que Y^μ admet une sous G'-variété homogène géométriquement connexe Z. Alors $Y^\mu(k(Z)) \neq \emptyset$ et les $k(Z)$-tores $T_{k(Z)}^q$ et $T_{k(Z)}'^q$ sont isomorphes. Par « rigidité » (Lemme 1.2.1), les k-tores T^q et T'^q sont isomorphes. ∎

Dans le cas très particulier ci-dessous, la proposition peut être établie à moindre frais.

Lemme 3.1.16 *Soient G un groupe réductif et G' un sous-groupe réductif ayant même rang semi-simple que G. On note G^q (G'^q) la forme quasi-déployée de G*

*(resp. G'). Soit (B^q, T^q) un couple de Killing (resp. (B'^q, T'^q)) de G^q (resp. G'^q).
Alors les tores T'^q et T^q sont isomorphes.*

Démonstration Par « rigidité »   (Lemme 1.2.1), on peut remplacer k par une extension régulière et en particulier supposer que G et G' sont quasi-déployés. Soit S' un k-tore déployé maximal de G'. Alors S' est contenu dans un k-tore déployé maximal S de G. Alors $T = C_G(S)$ est un k-tore maximal de G et de même $T' = C_G(S')$ est un k-tore maximal de G'. Or $T \subset T'$, donc $T = T'$.   ∎

3.2   Existence de sous-groupes, méthode de Harder

Soit G un k-groupe réductif. Soit L/k une extension galoisienne de corps de groupe $\Gamma = \mathscr{G}al(L/k) = \{1, \sigma_2, \ldots, \sigma_n\}$.

3.2.1   Intersection générique de sous-groupes paraboliques

Soient $X_1, \ldots, X_n$ des L-variétés de sous-groupes paraboliques supposées géométriquement connexes. On pose $X = X_1 \times_L X_2 \times_L \cdots \times_L X_n$. Pour chaque $j = 1, \ldots, n$, on note $\mathfrak{P}_j \to X_j$ le sous-groupe parabolique universel de $G \times_k X_j$. On forme alors le X-sous-schéma en groupes de $G \times_k X$

$$\mathfrak{J} = (\mathfrak{P}_1 \times_{X_1} X) \times_X (\mathfrak{P}_2 \times_{X_2} X) \times_X \cdots \times_X (\mathfrak{P}_n \times_{X_n} X).$$

Lemme 3.2.1 *On suppose que $\mathfrak{J}_{L(X)}$ est réductif.*

(1) Il existe un ouvert dense U de X tel que $\mathfrak{J} \times_X U$ est réductif de même type que $\mathfrak{J}_{L(X)}$.

(2) Si k est infini et $X(L) \neq \emptyset$, alors il existe $[P_1] \in X_1(L), \ldots, [P_n] \in X_n(L)$ tels que le L-groupe $J = P_1 \cap P_2 \cdots \cap P_n$ soit réductif de même type que $\mathfrak{J}_{L(X)}$.

Démonstration

(1) Tout d'abord, il existe un ouvert dense V de X sur lequel $\mathfrak{J}$ est lisse [90, IV$_2$.6.8.7]. Ensuite, encore par propriété de limites [51, cor. 3.1.11], il existe un ouvert dense $U \subset V$ sur lequel J est réductif. Comme U est connexe, $\mathfrak{J} \times_X U$ est réductif de même type que $\mathfrak{J}_{L(X)}$.

(2) Le point est que X est une variété k-rationnelle [19, th. 21.20] de sorte que $U(k)$ est Zariski-dense dans X. En prenant la fibre de $\mathfrak{J}$ en un point $u \in U(k)$, on obtient $[P_1] \in X_1(L), \ldots, [P_n] \in X_n(L)$ tels que $J = P_1 \cap P_2 \cdots \cap P_n$ soit réductif de même type que $\mathfrak{J}_{L(X)}$.   ∎

Remarque 3.2.2 Dans le lemme, on a $\mathrm{codim}_{G_L}(J) \leq \mathrm{codim}_{G_L}(P_1) + \cdots + \mathrm{codim}_{G_L}(P_n)$, c'est-à-dire une borne inférieure pour la dimension de $\mathfrak{J}_{L(X)}$.

Nous allons étudier le cas d'une « intersection transversale ».

Lemme 3.2.3 *On suppose qu'il existe une extension de corps F/L et des groupes paraboliques $[P_1] \in X_1(F), \cdots, [P_n] \in X_n(F)$ tels que*

$$\dim(G) - \dim\Big(\mathscr{L}ie(P_1) \cap \mathscr{L}ie(P_2) \cap \cdots \cap \mathscr{L}ie(P_n)\Big)$$

$$= \operatorname{codim}_{G_F}(P_1) + \cdots + \operatorname{codim}_{G_F}(P_n).$$

Alors $\mathfrak{J}_{L(X)}$ est lisse de dimension $\dim(G) - \operatorname{codim}_{G_L}(P_1) - \cdots - \operatorname{codim}_{G_L}(P_n)$. Si de plus $P_1 \cap \cdots \cap P_n$ est réductif, alors $\mathfrak{J}_{k(X)}$ est réductif de même type que $P_1 \cap \cdots \cap P_n$.

L'hypothèse du lemme signifie que $P_1, \ldots, P_n$ s'intersectent de façon transversale, c'est la raison pour laquelle cette condition est appelée dans la suite « condition de transversalité ».

Démonstration On considère le F-morphisme d'orbite

$$f : G_F \to X = X_1 \times_F X_2 \cdots \times_F X_n, \quad g \mapsto (g.[P_1], g.[P_2], \ldots, g.[P_n]).$$

Sa différentielle à l'origine est le morphisme naturel

$$D : \mathscr{L}ie(G_F) \to \mathscr{L}ie(G_F)/\mathscr{L}ie(P_1) \oplus \cdots \oplus \mathscr{L}ie(G_F)/\mathscr{L}ie(P_n),$$

dont le noyau est $\mathscr{L}ie(P_1) \cap \mathscr{L}ie(P_2) \cap \cdots \cap \mathscr{L}ie(P_n)$. Notre hypothèse implique que D est un isomorphisme. Ainsi f est étale au voisinage de l'origine; il existe un voisinage ouvert W de G_F tel que $f(W)$ est ouvert dans X. Par suite, $\mathfrak{J}$ est lisse au dessous de $f(W)$ et en particulier $\mathfrak{J}_{k(X)}$ est lisse de dimension $\dim(G) - \operatorname{codim}_{G_L}(P_1) - \cdots - \operatorname{codim}_{G_L}(P_n)$.

On suppose de plus que $P_1 \cap \cdots \cap P_n$ est réductif. Le point est que $P_1 \cap \cdots \cap P_n$ est la spécialisation de $\mathfrak{J} \to X$ au F-point $x = f(1)$. Comme la propriété « réductif » est ouverte [60, XIX.2.6], il suit que $\mathfrak{J}$ est réductif de même type que $P_1 \cap \cdots \cap P_n$ au voisinage de x. On conclut que $\mathfrak{J}_{k(X)}$ est réductif de même type que $P_1 \cap \cdots \cap P_n$. ∎

3.2.2 Descente d'intersection transversale de sous-groupes paraboliques

Soit maintenant Y une variété de L-sous-groupes paraboliques de G supposée géométriquement connexe. On pose $Z = R_{L/k}(Y)$ et on a une décomposition

$$Z \times_k L \xrightarrow{\sim} Y \times_L {}^{\sigma_2}Y \times_L \cdots \times_k {}^{\sigma_n}Y .$$

On note $\mathfrak{P} \to Y$ le sous-groupe parabolique universel de $G \times_k Y$. Le $Z \times_k L$-sous-schéma en groupes de $G \times_k Z_L$

$$(\mathfrak{P} \times_Y Z_L) \times_{Z_L} ({}^{\sigma_2}\mathfrak{P} \times_{{}^{\sigma_2}Y} Z_L) \times_{Z_L} \cdots \times_{Z_L} ({}^{\sigma_n}\mathfrak{P} \times_{{}^{\sigma_n}Y} Z_L)$$

se descend en un sous Z-schéma en groupes $\mathfrak{H}$ de $G \times_k Z$.

Lemme 3.2.4 *On suppose qu'il existe une extension F de L et des F-paraboliques $[P_1], \ldots, [P_n] \in Y(F)$ tels que $\dim(G) - \dim\big(\mathscr{L}ie(P_1) \cap \mathscr{L}ie(P_2) \cap \cdots \cap \mathscr{L}ic(P_n)\big) = n\dim(Y)$.*

(1) $\mathfrak{H}_{k(Z)}$ est lisse de dimension $\dim(G) - n\dim(Y)$.
(2) On suppose que $P_1 \cap \cdots \cap P_n$ est réductif.

> *(i) Il existe un ouvert dense V de Z sur lequel $\mathfrak{H}$ est réductif de même type que $P_1 \cap \cdots \cap P_n$.*
> *(ii) Si k est infini et $Y(L) \neq \emptyset$, alors il existe $[P] \in Y(L)$ et un sous k-groupe réductif H de G tel que $H_L = P \cap {}^{\sigma_2}P \cdots \cap {}^{\sigma_n}P$. En outre, H est de même type que $P_1 \cap \cdots \cap P_n$.*

Démonstration On fait le le lien avec le paragraphe précédent en posant $X_1 = Y$, ..., $X_2 = {}^{\sigma_2}Y$, ..., $X_n = {}^{\sigma_n}Y$ et $X = X_1 \times_L X_2 \times_L \cdots \times_L X_n$. Alors $Z_L = X$ et $\mathfrak{H} \times_k L = \mathfrak{J}$.

(1) D'après le Lemme 3.2.3, $\mathfrak{J}_{L(X)}$ est lisse de dimension $\dim(G) - n\dim(Y)$, donc $\mathfrak{H}_{k(Z)}$ est lisse de dimension $\dim(G) - n\dim(Y)$.
(2) (i) Si $P_1 \cap \cdots \cap P_n$ est réductif, le Lemme 3.2.3 montre que $\mathfrak{J}_{L(X)}$ est réductif de même type que $P_1 \cap \cdots \cap P_n$. Il en est donc de même de $\mathfrak{H}/k(X)$.
  (ii) La méthode est la même qu'au Lemme 3.2.1. ∎

Remarques 3.2.5

(a) Dans le lemme, on a $\mathrm{codim}_G(H) \leq n\,\mathrm{codim}_{G_L}(P) = n\dim(Y)$. Notant $\Phi(G)$ (resp. $\Phi(P_{\mathrm{réd}})$) le système de racines absolu de G (resp. de $P_{\mathrm{réd}}$), la décomposition de Bruhat montre que $\dim(Y) = \frac{\sharp\Phi(G) - \sharp\Phi(P_{\mathrm{réd}})}{2}$. Par suite, on a l'inégalité $\mathrm{codim}_G(H) \leq \frac{n}{2}\big(\sharp\Phi(G) - \sharp\Phi(P_{\mathrm{réd}})\big)$.
(b) Noter que l'hypothèse de transversalité du lemme est de nature géométrique et peut donc se vérifier sur la clôture algébrique de L.

3.2.3 L'exemple du groupe linéaire

Par cette méthode, on obtient le fait suivant sur les algèbres simples centrales.

Proposition 3.2.6 *Soient A une algèbre simple centrale de degré n et L/k une extension finie de corps séparable de degré n. Alors les assertions suivantes sont équivalentes :*

(i) $A \otimes_k L$ est déployée;

(ii) Le k-groupe $\mathrm{GL}_1(A)$ admet un k-tore maximal T isomorphe à $R_{L/k}(\mathbf{G}_m)$.

Démonstration On commence par le cas $A = M_n(k)$. Alors (i) vaut et (ii) aussi. En effet, le choix d'une k-base de L donne lieu à un isomorphisme $\mathrm{GL}_n \cong \mathrm{GL}(L)$; la multiplication de L produit un plongement $R_{L/k}(\mathbf{G}_m) \hookrightarrow \mathrm{GL}(L)$ de $R_{L/k}(\mathbf{G}_m)$ comme tore maximal. Ce premier cas permet d'écarter le cas d'un corps fini. On suppose donc k infini dans la suite.

On prend comme variété Y/L la variété de Severi–Brauer de $A \otimes_k L$ dont on va montrer que la condition de transversalité est satisfaite. Cela se vérifie dans le cas déployé auquel cas $G = \mathrm{GL}_n$ et on prend pour P_i le stabilisateur de la droite $k.e_i$ pour $i = 1, \ldots, n$. Alors $P_1 \cap \cdots \cap P_n$ est le k-tore diagonal maximal $(\mathbf{G}_m)^n$ de G; on a $\mathscr{L}ie((\mathbf{G}_m)^n) = \mathscr{L}ie(P_1) \cap \cdots \cap \mathscr{L}ie(P_n)$ qui est de dimension $n = n^2 - n(n-1) = \dim(G) - n \dim(Y)$.

$(i) \implies (ii)$. Si A_L est déployée, alors $G_L \cong \mathrm{GL}_{n,L}$ et $Y(L) \neq \emptyset$. Le Lemme 3.2.4 montre qu'il existe $[P] \in Y(L)$ et un k-tore T de dimension n satisfaisant

$T = P \cap {}^{\sigma_2}P \cdots \cap {}^{\sigma_n}P$. Par descente, on a un isomorphisme $\widehat{P} \oplus \cdots \oplus \widehat{({}^{\sigma_n}P)} \xrightarrow{\sim} \widehat{T}_L$. Vu que Γ agit par permutation sur ces facteurs, on a en fait un isomorphisme de Γ-modules $\mathbf{Z}[\Gamma] \xrightarrow{\sim} \widehat{T}$.

$(ii) \implies (i)$. Soit T un k-tore maximal de $\mathrm{GL}_1(A)$ isomorphe à $R_{L/k}(\mathbf{G}_m)$. Alors T_L est déployé et par suite, L/k déploie $\mathrm{GL}_1(A)$. Ainsi $Y(L) \neq \emptyset$ et le théorème de Châtelet permet de conclure que L/k déploie A. ∎

Remarque 3.2.7 Noter que (i) est équivalent à l'existence d'un plongement de L dans A [14, IV.1.14].

3.2.4 Cas quadratique

On suppose ici que L/k est quadratique; on note $\Gamma = \{1, \sigma\}$. Nous généralisons et précisons un lemme de Platonov-Rapinchuk [149, lemma 6.17' p. 383] appelé communément « quadratic trick ».

Soient G un k-groupe réductif et Y une L-variété de sous-groupes paraboliques de G_L géométriquement intègre et auto-opposée. On pose $Z = R_{L/k}(Y)$. L'ouvert V_L de $Z_L \cong Y_L \times^\sigma Y_L$ formé des sous-groupes paraboliques opposés [60, XXVI.4.3.4] se descend en un ouvert V de Z. On appelle V l'ouvert de « transversalité » de $Z = R_{L/k}(Y)$. Le k-groupe G agit sur V et en fait un espace homogène en vertu de l'énoncé suivant.

Lemme 3.2.8 *On suppose le corps k infini.*

(1) $Y(L) \neq \emptyset$ si et seulement si $V(k) \neq \emptyset$.

(2) Soit $v \in V(k)$. Alors le stabilisateur G_v est un k-groupe réductif de G et $(G_v)_L = P \cap {}^\sigma P$ pour un L-parabolique de G. En outre $(G_v)_L$ est un L-sous-groupe de Levi de P (resp ${}^\sigma P$).

(3) Soit $v \in V(k)$. L'application $H^1(L/k, G_v) \to H^1(L/k, G)$ est surjective.

(4) Soit $v \in V(k)$. Si Y est une variété de sous-groupes paraboliques de co-rang 1, alors $C(G_v)$ est isomorphe à $R^1_{L/k}(\mathbf{G}_m)$.

Démonstration On va utiliser l'inclusion $V(k) \subset Z(k) = Y(L)$ et que son image consiste en les $y \in Y(L)$ tels que P_y et ${}^\sigma P_y$ sont des L-paraboliques opposés.

(1) Si $V(k) \neq \emptyset$, on a $Y(L) \neq \emptyset$. Réciproquement on suppose que $Z(k) = Y(L) \neq \emptyset$. La k-variété lisse Z est alors k-rationnelle, donc $Z(k)$ est Zariski dense dans Z. On conclut que $V(k) \neq \emptyset$.

(2) On associe à $v \in V(k)$ son image $y \in Y(L)$. Celle-ci définit un L-sous-groupe parabolique $P_y = \mathrm{Stab}_{G_L}(y)$; on a $G_v \subset P_y$ et $G_v \subset P_y \cap^\sigma P_y$. En étendant les scalaires à L, on constate que $G_v = P_y \cap^\sigma P_y$ et que $G_{v,L}$ est un L-sous-groupe de Levi de P_y.

(3) Un 1-cocycle de Γ dans $G(L)$ est la donnée d'un élément $g \in G(L)$ satisfaisant l'identité $g\,\sigma(g) = 1$. Comme $G(L)$ est dense dans $R_{L/k}(G)$, quitte à remplacer g par un 1-cocycle cohomologue $h^{-1}\,g\,\sigma(h)$, on peut supposer que g appartient à la grosse cellule $R_u(P_y)(L) \times G_u(L) \times^\sigma R_u(P_y)(L) \hookrightarrow G(L)$. Par suite, il existe $m \in G_u(L)$, $u_1, u_2 \in R_u(P)(L)$ tels que $g = u_1\,m\,\sigma(u_2)$. On a $g = g^{-\sigma} = u_2^{-1}\,m^{-\sigma}\,u_1^{-\sigma}$; par unicité de la décomposition de Bruhat, on obtient $u_1 = u_2^{-1}$. Ainsi $g = u_2^{-1}\,m\,\sigma(u_2)$ est cohomologue au 1-cocycle défini par m.

(4) Notre hypothèse entraîne que $C(G_v)_L$ est un tore déployé de rang 1. Ainsi le centre $C(G_v)$ est un k-tore de rang 1 déployé par L/k, on dispose donc d'un isomorphisme unique $C(G_v)_L \cong \mathbf{G}_{m,L}$. On a donc une décomposition $\mathbf{G}_{m,L}$-équivariante $\mathscr{L}ie(G_L) = \mathscr{L}ie(G_{v,L}) \oplus \mathscr{L}ie(G_L)_{>0} \oplus \mathscr{L}ie(G_L)_{<0}$ qui, à permutation des deux derniers facteurs près, est la décomposition $\mathscr{L}ie(G_L) = \mathscr{L}ie(G_{u,L}) \oplus \mathscr{L}ie(R_u(P_y)) \oplus {}^\sigma \mathscr{L}ie(R_u(P_y))$. Ceci montre que Γ permute $\mathscr{L}ie(G_L)_{>0}$ et $\mathscr{L}ie(G_L)_{<0}$. Le k-groupe $C(M)$ n'est donc pas déployé et il est donc isomorphe à $R^1_{L/k}(\mathbf{G}_m)$. ∎

Remarques 3.2.9

(a) Si G est semi-simple simplement connexe, le k-groupe semi-simple DM est aussi simplement connexe.

(b) Si -1 appartient au groupe de Weyl de la forme déployée de G, alors toute classe de conjugaison de sous-groupe parabolique de G est auto-opposée. Ceci s'applique si G est de type A_n, B_n, C_n, D_{2n}, E_7, E_8, F_4, G_2.

Lemme 3.2.10 *On suppose que k est infini et que $V(k) \neq \emptyset$. L'invariant $*$ de DG_v ne dépend pas du choix de $v \in V(k)$.*

Démonstration L'idée est d'étendre cette construction à l'ouvert de transversalité V de $Z = R_{L/k}(Y_L)$ afin d'estimer la variation de G_v en fonction de v.

On note $\mathfrak{P}$ le W_L sous-schéma en groupes paraboliques naturel de $G \times_k W_L$. Alors $^{\sigma}\mathfrak{P}/W_L$ est opposé à $\mathfrak{P}$ si bien que l'intersection $\mathfrak{P} \times_{W_L} {}^{\sigma}\mathfrak{P}$ se descend un V-schéma en groupes réductifs $\mathfrak{M}$ tel que $\mathfrak{M} \times_V V_L$ est un sous-groupe de Levi de $\mathfrak{P}$. On observe que $\mathfrak{M}_{L(W)}$ est isomorphe à $G_{v_0,L(W)}$. En particulier, l'invariant $*$ (et la classe de Tits) de $\mathfrak{M}_{L(W)}$ coïncident avec ceux de $G_{v_0,L}$.

L'invariant de Tits de $D(\mathfrak{M})$ est un élément de $H^1(V, \mathrm{Autext}(DM_0))$ où DM_0 désigne la k-forme de Chevalley de DM et $\mathrm{Autext}(DM_0))$ désigne le k-groupe (fini constant) des automorphismes extérieurs de DM_0. Comme $H^1(V_{k_s}, \mathrm{Autext}(DM_0))$ s'injecte dans $H^1(V_{k_s}, \mathrm{Autext}(DM_0))$, il suit que l'invariant de Tits de $\mathfrak{M} \times_V V_{k_s}$ est trivial. On a une suite exacte d'ensembles pointés [82, fin de §2.2]

$$1 \to H^1(k, \mathrm{Autext}(DM_0)) \to H^1(V, \mathrm{Autext}(DM_0)) \to H^1(V_{k_s}, \mathrm{Autext}(DM_0)),$$

donc l'invariant de Tits de V est constant, c'est-à-dire provient d'une classe de $H^1(k, \mathrm{Autext}(DM_0))$. Par spécialisation en $v_0 \in V(k)$, on obtient bien que l'invariant de Tits de $D(\mathfrak{M})$ coïncide avec celui de DG_{v_0}. $\blacksquare$

3.2.5 Cas cubique

On suppose que Γ est cyclique d'ordre 3; on note $\Gamma = \{1, \sigma, \sigma^2\}$.

Proposition 3.2.11 *On suppose que k est infini. On suppose que G est de type D_4 (resp. E_6). Soit Y la variété des k-sous-groupes paraboliques respectivement de type*

(1) il existe $[P] \in Y(L)$ et un k-groupe réductif M de G de type $T_2.A_2$ (resp. $T_2.D_4$) tel que $M_L = P \cap {}^{\sigma}P \cap {}^{\sigma^2}P$.
(2) On note $S' = \mathrm{corad}(M)$. On a un isomorphisme naturel $S' \xrightarrow{\sim} R^1_{L/k}(\mathbf{G}_m)$.
(3) Si G_L est déployé, alors M (et G) contient un k-tore maximal déployé par L/k.

Démonstration

(1) Nous explicitons le cas trialitaire et indiquerons à la fin ce qui change pour E_6. Nous allons vérifier la condition de transversalité en considérant le cas G déployé sur un corps algébriquement clos. On se donne donc un couple de

Killing (B, T) de G et on considère le système de racines associé $\Phi(G, T)$. L'algèbre de Lie $\mathscr{L}ie(G)$ se décompose en

$$\mathscr{L}ie(G) = \mathscr{L}ie(T) \oplus \bigoplus_{\alpha \in R} \mathfrak{u}_\alpha.$$

Le choix de B donne lieu à une base $\Delta = \{\alpha_1, \alpha_2, \alpha_3, \alpha_4\}$ avec bien entendu les conventions de numérotation du diagramme de l'énoncé.

On note u l'unique automorphisme d'ordre 3 de $\Phi(G, T)$ satisfaisant $u(\alpha_1) = \alpha_3$ et $u(\alpha_3) = \alpha_4$ (voir les tables de [28]). Cet élément se relève en un élément v d'ordre 3 de $\mathrm{Aut}(G, T)(k)$. Soit P_1 le k-groupe parabolique contenant B associé à la partie $\alpha_2, \alpha_3, \alpha_4$ de Δ. On pose $P_2 = v(P_1)$ et $P_3 = v(P_2)$. On pose $H = P_1 \cap P_2 \cap P_3$. D'après le Lemme 2.3.5, H est lisse et connexe. En outre $\mathscr{L}ie(H) = \mathscr{L}ie(P_1) \cap \mathscr{L}ie(P_2) \cap \mathscr{L}ie(P_3)$. Par suite

$$\mathscr{L}ie(H) = \mathscr{L}ie(T) \oplus \bigoplus_{\alpha \in R} \mathfrak{u}_\alpha$$

où $R = \Phi(P_1, T) \cap \Phi(P_2, T) \cap \Phi(P_3, T)$. Un calcul montre que R est le sous-système de type A_2 de base $\alpha_2, \alpha_1 + \alpha_3 + \alpha_4$.

Dans le cas de E_6, la construction est la même à ceci près que P_1 est associé à la partie $\{\alpha_2, \alpha_3, \alpha_4, \alpha_5, \alpha_6\}$ et que v est l'automorphisme d'ordre 3 de $\Phi(G, T)$ défini par le fait qu'il permute de façon cyclique les facteurs du sous-système $A_2 \times A_2 \times A_2$ (dont une base est $\alpha_1, \alpha_2, \alpha_6, \alpha_5, \alpha_2, \alpha_0, \alpha_0$ désignant la racine minimale).

(2) On a $M_L = P \cap {}^\sigma P \cap {}^{\sigma^2} P$ et on considère le morphisme

$$M_L \to \mathrm{corad}(P) \times \mathrm{corad}({}^\sigma P) \times \mathrm{corad}({}^{\sigma^2} P) \xrightarrow{\sim} \mathbf{G}_{m,L}^3.$$

Ce morphisme se descend en un k-morphisme $q : M \to R_{L/k}(\mathbf{G}_m)$. On observe que le noyau de q est DM et donc que l'image de q est un k-sous-tore de rang 2 de $R_{L/k}(\mathbf{G}_m)$ qui est Γ-invariant. La seule possibilité est le tore normique $R^1_{L/k}(\mathbf{G}_m)$.

(3) On suppose que G_L est déployé. Alors M_L est déployé et DM est un k-groupe semi-simple (simplement connexe) de type A_2 (resp. D_4) déployé par L/k. Commençons par le type D_4. Alors DM est intérieur et il existe une k-algèbre simple centrale A de degré 3 telle que $DM \cong \mathrm{SL}_1(A)$. Vu que DM_L est déployé, A est déployé par L et la Proposition 3.2.6 indique que DM admet un k-tore isomorphe à $R^1_{L/k}(\mathbf{G}_m)$. Ainsi $M = S.DM$ admet un k-tore isogène à $R^1_{L/k}(\mathbf{G}_m)^2$. On conclut que M admet un k-tore maximal déployé par L/k.

Ce fait montre donc qu'un k-groupe de type D_4 déployé par L/k admet un k-tore maximal déployé par L/k. Ceci permet d'appliquer le raisonnement précédent au cas E_6. ∎

3.2.6 Le cas parfait

Lemme 3.2.12 *On suppose k parfait et G irréductible. Soient P un L-sous-groupe parabolique de G_L et H/k l'unique k-sous-groupe de G tel que $H_L = P \cap {}^{\sigma_2}P \cdots \cap {}^{\sigma_n}P$. Alors H^0_{red} est un k-groupe réductif. En outre, $\dim(H) \geq \dim(G) - n\operatorname{codim}(P)$.*

Ici H_{red} désigne le sous-schéma réduit de H, c'est bien un sous-groupe puisque k est parfait [60, VI$_A$.0.2].

Démonstration Le k-groupe H^0_{red} est lisse, on note U son radical unipotent. Si U est non trivial, on sait d'après Borel-Tits [23, th. 2.5] que U normalise un k-sous-groupe parabolique propre $P(U)$, ce qui contredit l'irréductibilité. Ainsi H^0_{red} est réductif.   ∎

3.2.7 Construction de sous-groupes par la cohomologie galoisienne

Le principe est le suivant. Étant donné un k-sous-groupe H d'un k-groupe algébrique affine lisse G, on se donne $[z] \in H^1(k, G)$. D'après [159, III.2.2, lemme 1], les assertions suivantes sont équivalentes:

(i) $[z] \in \operatorname{Im}\big(H^1(k, N_G(H)) \to H^1(k, G)\big)$;
(ii) le k-groupe tordu $_zG$ admet un k-sous-groupe H' qui est $G(k_s)$-conjugué à H.

Le sens $(i) \implies (ii)$ est le sens facile. En effet supposant que z est à valeurs dans $N_G(H)(k_s)$, $_zG$ admet le k-sous-groupe $_zH$. Une façon de produire des sous-groupes des groupes tordus passe donc par l'analyse de la réduction des classes de $H^1(k, G)$ à des sous-groupes convenables.

D'après Grothendieck, on sait que G admet un k-tore maximal T [60, XIV.1]. Comme il en est de même de tous les tordus de G et que les k_s-tores maximaux de G sont conjugués [53, A.2.10] la discussion précédente indique que l'application $H^1(k, N_G(T)) \to H^1(k, G)$ est surjective. Le fait suivant est bien connu dans le cas déployé.

Lemme 3.2.13 *Sous les hypothèses précédentes, on se donne un k-sous-groupe lisse H de G contenant T. On considère les groupes de Weyl $W_G(T) = N_G(T)/T$ (resp. $W_H(T) = N_H(T)/T$).*

(1) Si $W_H(T) = W_G(T)$, alors l'application $H^1(k, H) \to H^1(k, G)$ est surjective.
(2) Soit p un nombre premier ne divisant pas l'ordre de l'ensemble fini $W_G(T)(k_s)/W_H(T)(k_s)$. Si k est p-spécial, alors l'application $H^1(k, H) \to H^1(k, G)$ est surjective.

Démonstration Dans les deux cas, il suffit de montrer que $H^1(k, N_H(T)) \to H^1(k, N_G(T))$ est surjectif.

(1) Si $W_H(T) = W_G(T)$, alors $N_H(T) = N_G(T)$ et l'énoncé est évident.

(2) Soit E un $N_G(T)$-torseur et notons $F = E/T$ le $W_G(T)$-torseur associé. On considère la k-variété $E/N_H(T) \cong F/W_H(T)$. L'ensemble $F(k_s)/W_G(T)(k_s)$ est un ensemble fini d'ordre premier à p muni d'une action du pro-p-groupe $\mathscr{G}al(k_s/k)$. Par suite, cette action admet un point fixe d'où $(E/N_H(T))(k) \cong (F/W_G(T))(k) \neq \emptyset$. Ceci montre que le $N_G(T)$-torseur E admet une réduction à $N_H(T)$ en vertu de [159, §I.5, prop. 37]. ∎

Lemme 3.2.14 *Soit G un k-groupe semi-simple de type F_4 muni d'un k-tore maximal T. Notons H le sous-groupe de G engendré par T et les sous-groupes radiciels associés aux racines longues (à la manière du §2.3.2).*

(1) H est semi-simple simplement connexe de type D_4. En outre les morphismes $N_G(H)/C(H) \rightarrow \mathrm{Aut}(H)$ et $N_G(H)/H \rightarrow \mathrm{Autext}(H)$ sont des isomorphismes.

(2) Le k-groupe $W_H(T)$ est distingué dans $W_G(T)$ et $W_G(T)/W_H(T) \xrightarrow{\sim} \mathrm{Autext}(H)$.

(3) L'application $H^1(k, N_G(H,T)) \rightarrow H^1(k, G)$ est surjective.

(4) Le k-groupe H est une forme fortement intérieure de sa forme quasi-déployée.

Démonstration

(1) Par définition, H_{k_s} est l'unique k_s-sous-groupe lisse et connexe de G_{k_s} contenant T_{k_s} telle que

$$\mathscr{L}ie(H_{k_s}) = \mathscr{L}ie(T_{k_s}) \oplus \bigoplus_{\alpha \in \Phi(G_{k_s}, T_{k_s})_>} k_s\, u_\alpha$$

où $\Phi(G_{k_s}, T_{k_s})_>$ désigne le sous-ensemble des racines longues de $\Phi(G_{k_s}, T_{k_s})$. Comme ce sous-système est symétrique, H est réductif. De plus ce sous-système est de type D_4, donc en particulier de rang 4. Ainsi H est semi-simple de type D_4. Il est bien connu que le sous-réseau engendré par les racines longues dans celui des racines est d'indice 4. Ainsi $\Phi(G_{k_s}, T_{k_s})_>$ engendre un sous-réseau de $\widehat{T}(k_s)$ d'indice 4 et H_{k_s} est simplement connexe. Il résulte que H est semi-simple simplement connexe de type D_4.

Le morphisme $N_G(H)/C(H) \rightarrow \mathrm{Aut}(H)$ (resp. $N_G(H)/H \rightarrow \mathrm{Autext}(H)$) est un monomorphisme et il suffit de montrer que $N_G(H)/H \rightarrow \mathrm{Autext}(H)$ est surjectif. Le point est que $N_G(T) = N_G(H,T)$ et on peut donc considérer le composé $N_G(T)/T \rightarrow N_G(H)/H \rightarrow \mathrm{Autext}(H)$. Son noyau est $N_H(T)/T$ et on a donc une suite exacte $1 \rightarrow N_H(T)/T \rightarrow N_G(T)/T \rightarrow \mathrm{Autext}(H)$. Comme $(N_H(T)/T)(k_s)$ est d'indice 6 dans $(N_G(T)/T)(k_s)$ et que $\mathrm{Autext}(H)(k_s) \cong S_3$, le morphisme $N_G(T)/T \rightarrow \mathrm{Autext}(H)$ est surjectif. On conclut que $N_G(H)/H \rightarrow \mathrm{Autext}(H)$ est surjectif.

(2) On vient de voir que l'on a une suite exacte $1 \rightarrow W_H(T) \rightarrow W_G(T) \rightarrow \mathrm{Autext}(H) \rightarrow 1$.

(3) Celà suit du fait $N_G(T) = N_G(H,T)$.

(4) On note G_0 la forme déployée de G munie d'un k-tore maximal déployé T_0. Comme (G, T) est une k-forme de (G_0, T_0), on peut supposer que $(G, T) = ({}_zG_0, {}_zT_0)$ où z est un 1-cocycle à valeurs dans $N_{G_0}(T_0)(k_s) = \mathrm{Aut}(G_0, T_0)(k_s)$. On note H_0 le k-sous-groupe de G_0 associé à T_0 et on a $N_{G_0}(T_0) = N_{G_0}(H_0, T_0) = H_0 \rtimes S_3$. On a $H = {}_zH_0$. En décomposant $H^1(k, H_0 \rtimes S_3)$, on conclut que H est une k-forme intérieure de sa forme quasi-déployée. ∎

Un autre avatar est l'énoncé suivant.

Lemme 3.2.15 *On suppose que le corps k est 3-spécial. Soit G_0 le k-groupe déployé semi-simple simplement connexe de type E_7. On note H_0 le k-sous-groupe semi-simple simplement connexe déployé de type E_6 de G obtenu en enlevant la racine α_7.*

(1) L'application $H^1(k, H_0) \to H^1(k, G_0)$ est surjective.

(2) Si $[z] \in H^1(k, G_0)$, alors le k-groupe ${}_zG_0$ contient une forme fortement intérieure de type E_6.

Démonstration

(1) Le k-groupe H_0 est le groupe dérivé d'un sous-groupe de Levi L_0 d'un k-parabolique de type $\{\alpha_7\}$. Le groupe de Weyl $N_{L_0}(T_0)/T_0$ contient $N_{H_0}(T_0)/T_0 = W(E_6)$ dont l'indice dans $N_{G_0}(T_0)/T_0 = W(E_7)$ est $2^3 7$ qui est premier à 3. Le Lemme 3.2.13 implique que $H^1(k, L_0) \to H^1(k, G_0)$ est surjectif. Or $L_0/H_0 \cong \mathbf{G}_m$, donc $H^1(k, H_0) \to H^1(k, L_0)$ est surjectif. Il résulte que $H^1(k, H_0) \to H^1(k, G_0)$ est surjectif.

(2) C'est une conséquence immédiate. ∎

3.3   Déploiement des groupes semi-simples

Il est naturel de s'intéresser aux extensions déployantes des groupes semi-simples, thème initié par J. Tits [178]. On procède en deux temps en commençant par les formes fortement intérieures des groupes semi-simples simplement connexes.

Proposition 3.3.1 *Soit G un k-groupe semi-simple simplement connexe absolument presque k-simple qui est une forme fortement intérieure de sa forme déployée. On note X le type de G.*

1. Si G est de type G_2, alors G est déployé par une extension quadratique séparable.

2. Si $X = B_n$ ou D_n ($n \geq 1$), alors G est déployé par une extension galoisienne multiquadratique.

3. Si $X = F_4$, E_6 alors G est déployé par une extension galoisienne résoluble de degré $2^\alpha 3^\beta$.

Démonstration

(1) Soit G un k-groupe de type G_2, alors $G = \mathrm{Aut}(C)$ pour une algèbre d'octonions C. Comme C est déployée par une extension quadratique séparable (car admet une sous-algèbre de quaternions), il en est de même de G.

(2) On commence par le cas de D_n où $G = \mathrm{Spin}(\phi)$ pour une forme quadratique régulière ϕ de dimension $2n$. On considère sa classe $[\phi]$ dans le groupe de Witt quadratique $I_q(k)$ engendré par les formes quadratiques non dégénées de dimension paire [63, §8]. En vertu de *loc. cit*, §9.6, $I_q(k)$ est engendré par les formes $b\langle 1, a\rangle$ (resp. $b[1, a]$) en caractéristique $\neq 2$ (resp. caractéristique 2) pour $b \in k^\times$ et $a \in k^\times$ (resp. k). Soit K l'extension séparable multiquadratique maximale de k. Alors $I_q(k) \to I_q(K)$ est triviale, en particulier ϕ_K est hyperbolique.

Dans le cas de B_n, on a $G = \mathrm{Spin}(\psi)$ où ψ est une forme quadratique non singulière de dimension $2n + 1 \geq 5$. Si k est de caractéristique $\neq 2$, il est clair par diagonalisation que q_K est isométrique à la forme standard $\psi_0 = x_0^2 + x_1 y_1 + \cdots + x_n y_n$. $2n + 1$. On se place donc dans le cas de caractéristique 2. Alors $\psi = \langle a\rangle \perp \varphi_1 \perp \cdots \perp \varphi_n$ où les φ_i sont des formes régulières binaires [63, Prop. 7.32]. On conclut que $\psi_K = \langle a\rangle_K \oplus \mathbf{H}^n = a\psi_0$, donc G_K est déployé.

(3) On note F/k le compositum des extensions résolubles de degré $2^\alpha 3^\beta$. Soit G un k-groupe fortement intérieur de type F_4 (resp. E_6). D'après Tits [178, lemme 1], G admet un k-sous-groupe semi-simple H de type $A_2 \times A_2$ (resp. F_4). Dans le cas de F_4, H_F est déployé (de rang 4), donc G est déployé. Dans le cas de E_6, alors H_F est déployé, donc le k-rang de G est ≥ 4. Suivant les tables de Tits, le noyau anisotrope de G_F est soit trivial, soit de type D_4, soit de type $A_2 \times A_2$. Les deux derniers cas ne sont pas possibles sur le corps F, donc G est déployé. ∎

Remarque 3.3.2 Les cas de A_n et C_n sont omis car toute forme fortement intérieure est déployée.

L'étape suivante utilise la conséquence importante suivante du théorème de Merkurjev–Suslin.

Proposition 3.3.3 *Soit l un nombre premier. Soit A une k-algèbre simple centrale l-primaire. On suppose que $\mu_l(k) = \mu_l(k_s)$. Alors A est déployée par une extension galoisienne l-primaire (i.e. le groupe de Galois est un l-groupe).*

Démonstration Si l est inversible dans k, il s'agit de [163, II.1]. Si $l = p$ est la caractéristique du corps k, on sait que A est Brauer-équivalente à une k-algèbre cyclique [86, th. 9.1.8], donc est déployée par une extension cyclique p-primaire. ∎

Proposition 3.3.4 (Tits, [178]) *Soit G un k-groupe semi-simple absolument presque k-simple qui est une forme intérieure. On note X le type de G.*

1. *Si $X = B_n$ ($n \geq 2$), C_n ($n \geq 2$), resp. $X = D_n$ ($n \geq 2$) non trialitaire, alors G est déployé par une extension galoisienne 2-primaire et il en est de même de tout G-torseur.*

2. *Si $X = E_6$ ou E_7, alors G est déployé par une extension galoisienne résoluble de degré $2^\alpha 3^\beta$ et il en est de même de tout G-torseur.*

Démonstration Le cas des torseurs résulte de celui des groupes en vertu du Lemme 3.4.2 ci-après. On note K_2 (resp. K_6) le compositum des extensions galoisiennes de degré 2^α (resp. $2^\alpha 3^\beta$). On veut montrer que G_{K_2} (resp. G_{K_6}) est déployé dans le cas (1) (resp. (2)).

(1) La classe de Tits t_G de G est un élément de $H^2_{\text{fppf}}(k, \mu_2)$, $H^2_{\text{fppf}}(k, \mu_2 \times \mu_2)$ ou $H^2_{\text{fppf}}(k, \mu_4)$. La Proposition 3.3.3 indique que $t_{G.K_2} = 0$. Ainsi G_{K_2} est une forme fortement intérieure et la Proposition 3.3.1 permet de conclure que G_{K_2} est déployé.

(2) Dans le cas de E_6, La classe de Tits t_G de G est un élément de $H^2_{\text{fppf}}(k, \mu_3)$. La Proposition 3.3.3 indique que $t_{G,K_6} = 0$. Ainsi G_{K_6} est une forme fortement intérieure et la Proposition 3.3.1 permet de conclure que G_{K_6} est déployé.

Dans le cas de E_7, la classe de Tits t_G de G est un élément de $H^2_{\text{fppf}}(k, \mu_2)$. Ainsi G_{K_2} est une forme fortement intérieure et a fortiori G_{K_6}. D'après [178, lemme 1], G_{K_6} admet un K_6-sous-groupe de type E_6. Celui-ci est donc déployé donc le K_6-rang de G est ≥ 6. Ainsi le noyau anisotrope de G_{K_6} est de rang ≤ 1, il est donc trivial et G_{K_6} est déployé. ∎

Le cas de type E_8 est discuté dans [178] et au §9.3.2.

3.4 Quasi-déploiement et 0-cycles de degré 1

Soit q une forme quadratique non-singulière. Un résultat fondamental est que l'indice de Witt de q est insensible aux extensions finies de degré impair (Springer, [155, §2, th. 5.3]). En particulier, la propriété d'avoir un indice de Witt maximal est insensible aux extensions finies impaires; en d'autres mots, le k-groupe algébrique semi-simple $SO(q)$ est quasi-déployé si et seulement si c'est le cas après une extension finie de degré impair de k. Ce fait se généralise en dehors du type E_8.

Théorème 3.4.1 *Soit G un k-groupe semi-simple sans quotient de type E_8. Soient $k_1, \ldots, k_r$ des extensions finies de k telles que $\text{pgcd}([k_1 : k], \ldots, [k_r : k]) = 1$. Alors G est quasi-déployé si et seulement si G_{k_i} est quasi-déployé pour $i = 1, \ldots, r$.*

La démonstration n'est pas uniforme et rassemble plusieurs contributions, notamment [10, 68]. Notons que la version "déployée" de ce résultat vaut aussi dans le cas absolument presque simple ($\neq E_8$) [75, th. C]. Nous rappelons que le k-groupe semi-simple G est isomorphe à un tordu intérieur d'un k-groupe semi-simple quasi-déployé G^q et qu'un tel G^q est unique à isomorphisme près.

Notant G_{ad}^q le quotient adjoint G de G^q, cela signifie qu'il existe un cocycle galoisien $z : \mathscr{G}al(k_s/k) \to G_{ad}^q(k_s)$ tel que G est isomorphe à $_zG^q$. Nous notons $\pi : G^{sc,q} \to G_{ad}^q$ le revêtement universel de G^q. Alors $_zG^{sc,q}$ est le revêtement universel de $_zG^q \cong G$.

Lemme 3.4.2 *Les assertions suivantes sont équivalentes:*

(i) G est quasi-déployé;
(ii) $[z] = 1 \in H^1(k, G_{ad}^q)$;
    Si de plus $[z] = \pi_*[z^{sc}]$ pour un 1-cocycle $z^{sc} : \mathscr{G}al(k_s/k) \to G^{sc,q}(k_s)$, c'est aussi équivalent à
(iii) $[z^{sc}] = 1 \in H^1(k, G^{sc,q})$.

Démonstration La classe d'isomorphie de G est déterminée par l'image de $[z]$ par l'application $H^1(k, G_{ad}^q) \to H^1(k, \mathrm{Aut}(G^q))$. Cette application a un noyau trivial car la suite exacte de k-groupes $1 \to G_{ad}^q \to \mathrm{Aut}(G^q) \to \mathrm{Autext}(G^q) \to 1$ est scindée ([60, XXIV.3.10] ou [115, 31.4]). Ceci implique $(ii) \Longrightarrow (i)$. Le sens opposé $(i) \Longrightarrow (ii)$ est trivial.

Nous supposons maintenant que z se relève en un 1-cocycle z^{sc}. L'implication $(iii) \Longrightarrow (ii)$ est triviale. Pour le sens $(ii) \Longrightarrow (iii)$, le point est que l'application $H^1(k, G^{sc,q}) \to H^1(k, G^q)$ a un noyau trivial [75, lemme III.2.6] et nous rappelons cet argument. Soit $T^{sc,q}$ un k-tore maximal d'un k-sous-groupe de Borel de $G^{sc,q}$. On sait que $T^{sc,q}$ est un k-tore quasi-trivial [60, XXVI.3.13] et par suite $H^1(k, T^{sc,q}) = 1$. Le k-tore $T^{sc,q}$ contient le centre $C(G^{sc,q})$ de $G^{sc,q}$ donc l'application $H^1_{\mathrm{fppf}}(k, C(G^{sc,q})) \to H^1(k, G^{sc,q})$ factorise par $1 = H^1(k, T^{sc,q})$, donc est triviale. Cela établit la trivialité du noyau de $H^1(k, G^{sc,q}) \to H^1(k, G^q)$. ∎

Nous passons à la démonstration du Théorème 3.4.1.

Démonstration Soit X la k-variété des sous-groupes de Borel de G [60, XXII.5.8.3]. Alors G est quasi-déployé si et seulement si X a un k-point. Nous devons donc montrer que si X a un 0-cycle de degré 1, alors X a un k-point.

Sans perte de généralité, on peut supposer que G est simplement connexe de sorte que l'on a une décomposition $G \xrightarrow{\sim} \prod_{j=1,\dots,s} R_{l_j/k}(G_j)$ où chaque G_j est un l_j-groupe semi-simple simplement connexe absolument simple défini sur une extension finie l_j/k séparable. La variété X des sous-groupes de Borel de G est isomorphe au produit $\prod_{j=1,\dots,s} R_{l_j/k}(X_j)$ où X_j est la l_j-variété des sous-groupes de Borel de G_j.

Réduction au cas absolument presque simple. Notre hypothèse est que $X(k_i) \neq \emptyset$ pour $i = 1,\dots,r$ d'où $X_j(k_i \otimes_k l_j) \neq \emptyset$ pour $i = 1,\dots,r$ et $j = 1,\dots,s$. Chaque l_j/k étant séparable, $k_i \otimes_k l_j$ est une k_i-algèbre étale pour $i = 1,\dots,r$; il suit que X_j possède un 0-cycle de degré 1. Si on sait traiter le cas de chaque X_j, on a alors $X_j(k_j) \neq \emptyset$ d'où $X(k) \neq \emptyset$.

Nous supposons désormais que G est absolument presque simple et notons G_0 sa forme de Chevalley sur $\mathbf{Z}$, i.e. G est une forme tordue de $G_0 \times_{\mathbf{Z}} k$.

Réduction au cas de caractéristique nulle. Si k est de caractéristique $p > 0$, soit O un anneau de Cohen pour le corps k, i.e. O est un anneau complet de valuation discrète dont le corps de fractions K est de caractéristique nulle et dont p est une uniformisante [27, IX.41]. La classe d'isomorphie de G est donnée par une classe $\gamma \in H^1(k, \mathrm{Aut}(G_0))$. Comme le $\mathbf{Z}$-schéma en groupes $\mathrm{Aut}(G_0)$ est affine lisse [60, XXIV.1.3], on peut utiliser le lemme de Hensel $H^1(O, \mathrm{Aut}(G_0)) \xrightarrow{\sim} H^1(k, \mathrm{Aut}(G_0))$ [60, XXIV.8.1]. Ceci entraîne que G se relève en un O-schéma en groupes $\mathfrak{G}$ semi-simple simplement connexe. Soit $\mathfrak{X}$ le O-schéma des sous-groupes de Borel de $\mathfrak{G}$ (*ibid*, XXII.5.8.3), il est lisse et projectif. Pour $i = 1, .., r$, soit K_i l'extension non ramifiée de K de corps résiduel k_i. Soit O_i son anneau de valuation et considérons les applications

$$\mathfrak{X}(K_i) = \mathfrak{X}(O_i) \twoheadrightarrow X(k_i).$$

L'égalité de gauche vient de la projectivité et la surjectivité à droite suit du lemme de Hensel. Par suite on a $\mathfrak{X}(K_i) \neq \emptyset$ pour $i = 1, \ldots, r$. Comme $[K_i : K] = [k_i : k]$ pour $i = 1, .., r$, il suit que la K-variété $\mathfrak{X}_K$ possède un 0-cycle de degré 1. En admettant connu le résultat dans le cas de caractéristique nulle, nous avons $\mathfrak{X}(K) = \mathfrak{X}(O) \neq \emptyset$ d'où $X(k) \neq \emptyset$.

Nous pouvons supposer dans la suite que k est de caractéristique nulle. Soit μ le centre de G et notons $t_G \in H^2(k, \mu)$ la classe de Tits de G [115, §31]. Comme la classe de Tits d'un groupe quasi-déployé est triviale, l'argument classique de restriction-corestriction montre que $t_G = 0$. En d'autres mots, G est une forme fortement intérieure de G^q. Ceala signifie qu'il existe un cocycle galoisien z à valeurs dans $G^q(k_s)$ tel que $G \cong {}_z G^q$. Le Lemme 3.4.2 montre que notre problème se traduit en la question de Serre [158, §2.4] sur la trivialité du noyau de l'application naturelle

$$H^1(k, G^q) \rightarrow \prod_{i=1,\ldots,r} H^1(k_i, G^q).$$

Ce noyau est trivial dans notre cas d'après Black [17, Th. 0.4], ce qui achève la démonstration. ∎

On peut associer à G un ensemble finis de nombres premiers $S(G)$ (cf. table 4.1 au chapitre suivant). Comme le k-groupe algébrique semi-simple G se déploie après une extension finie de corps dont les facteurs premiers appartiennent à $S(G)$ [178], on obtient le raffinement suivant.

Corollaire 3.4.3 *Soit G un k-groupe semi-simple sans quotient de type E_8. Soient $k_1, \ldots, k_r$ des extensions finies de corps de k tel que $\mathrm{pgcd}([k_1 : k], \ldots, [k_r : k])$ est premier à $S(G)$. Alors G est quasi-déployé si et seulement si G_{k_i} est quasi-déployé pour $i = 1, \ldots, r$.*

Remarque 3.4.4 Le cas général est discuté dans au §9.3.1.

Le Lemme 3.4.2 combiné au corollaire a la conséquence suivante.

Corollaire 3.4.5 *Soit G un k-groupe semi-simple simplement connexe sans quotient de type E_8. Soient $k_1, \ldots, k_r$ des extensions finies de corps de k tel que pgcd($[k_1 : k], \ldots, [k_r : k]$) est premier à $S(G)$. Alors les applications*

$$H^1(k, G) \to \prod_{i=1,\ldots,r} H^1(k_i, G) \quad et$$

$$H^1(k, G_{ad}) \to \prod_{i=1,\ldots,r} H^1(k_i, G_{ad})$$

ont des noyaux triviaux.

Notes

Nous avons utilisé librement au §3.2.7 une technique de réduction des torseurs dans une situation d'espaces « préhomogènes ». Nous l'avons apprise dans l'article de Tits [178] et cette technique a été développée par Garibaldi [69, §9.3].

Chapitre 4
Dimension cohomologique séparable

Soit k un corps. On note $p \geq 1$ son exposant caractéristique. On note k_s une clôture séparable de k et $\Gamma_k = \mathscr{G}al(k_s/k)$ le groupe de Galois absolu de k.

Si $p = 1$, la dimension cohomologique séparable de k est la dimension cohomologique de k, mais si $p > 1$, la p-dimension cohomologique n'est pas un invariant intéressant, en effet $\mathrm{cd}_p(k) = 0$ si $\Gamma_k^{(p)} = 1$ et $\mathrm{cd}_p(k) = 1$ sinon [159, II.2.2]. On est amené à définir la p-dimension cohomologique séparable en utilisant les groupes de cohomologie galoisienne « modifiés » $H_p^{q+1}(k)$ de Kato.

Le point le plus important est la caractérisation des corps de dimension cohomologique séparable ≤ 1 et ≤ 2 et le lien avec des cas particuliers des conjectures I et II de Serre d'annulation en cohomologie galoisienne.

4.1 Groupes de normes séparables, cas des variétés de Severi-Brauer

Définition 4.1.1 Soit X un k-schéma de type fini.

(1) On définit le groupe de normes de X, noté $N_X(k)$, comme le sous-groupe de $k^\times$ engendré par les $N_{k'/k}\big((k')^\times\big)$ où k' parcourt les extensions finies de corps de k telles que $X(k') \neq \emptyset$.

(2) On définit le groupe de normes séparable de X, noté $N_X^{\mathrm{sép}}(k)$ comme le sous-groupe de $k^\times$ engendré par les $N_{k'/k}\big((k')^\times\big)$ où k' parcourt les extensions finies de corps séparables de k telles que $X(k') \neq \emptyset$.

On a l'inclusion $N_X^{\mathrm{sép}}(k) \subseteq N_X(k)$ et on retient que si $X(k) \neq \emptyset$, alors $N_X^{\mathrm{sép}}(k) = N_X(k) = k^\times$. Si L est une extension de corps de k, on note abusivement $N_X^{\mathrm{sép}}(L) = N_{X_L}^{\mathrm{sép}}(L)$.

© Springer Nature Switzerland AG 2019

P. Gille, *Groupes algébriques semi-simples en dimension cohomologique ≤2*, Lecture Notes in Mathematics 2238, https://doi.org/10.1007/978-3-030-17272-5_4

Le lemme suivant indique que la notion de groupe de norme séparable d'un k-schéma généralise le groupe de normes usuel d'une extension séparable.

Lemme 4.1.2 *Soit A une k-algèbre étale sur k et posons $X = \mathrm{Spec}(A)$. Alors on a $N_{A/k}(A^\times) = N_X^{\mathrm{s\acute{e}p}}(k) = N_X(k)$.*

Démonstration Soit k'/k une extension de corps finie satisfaisant $X(k') \neq \emptyset$, i.e. le morphisme de k'-algèbres $k' \to A \otimes_k k'$ admet une rétraction ou de façon équivalente il existe un isomorphisme $A \otimes_k k' \cong k' \times B$ où B est une k'-algèbre. Alors on a les inclusions

$$N_{k'/k}\big((k')^\times)\big) \subseteq N_{k'/k}\Big(N_{A\otimes_k k'/k'}\big((A \otimes_k k')^\times\big)\Big) \subseteq N_{A/k}(A^\times).$$

En prenant toutes les extensions k'/k satisfaisant $X(k') \neq \emptyset$, on obtient l'inclusion $N_X(k) \subseteq N_{A/k}(A^\times)$. Dans l'autre sens, on décompose $A = k_1 \times \cdots \times k_r$ en produit d'extensions finies séparables de corps; on a $N_{A/k}(A^\times) = N_{k_1/k}(k_1^\times) \cdots N_{k_r/k}(k_r^\times)$. Pour chaque i, on a $X(k_i) \neq \emptyset$, d'où $N_{k_i/k}(k_i^\times) \subseteq N_X^{\mathrm{s\acute{e}p}}(k) \subset N_X(k)$. On conclut que $N_{A/k}(A^\times) = N_X^{\mathrm{s\acute{e}p}}(k) = N_X(k)$. ∎

Nous allons inscrire la construction des groupes de normes dans un contexte plus large, à savoir celui des fonctions de détermination. On note • l'ensemble à un élément et $2^\bullet = \{\emptyset, \bullet\}$ l'ensemble des parties de l'ensemble à un élément •.

Définition 4.1.3 (Karpenko-Merkurjev [108]) Une fonction de détermination pour le corps k est une fonction $D : k\text{-Corps} \to 2^\bullet$ qui satisfait les deux règles suivantes:

(1) Pour tout morphisme $E \to E'$ de k-corps, $D(E) = \bullet \implies D(E') = \bullet$;
(2) (Continuité) Pour chaque limite inductive filtrante $K = \varinjlim_{\alpha \in I} k_\alpha$ de k-corps telle que $D(K) = \bullet$, il existe un indice α tel que $D(k_\alpha) = \bullet$.

Si D est une fonction de détermination sur k et K est une extension de corps de k, alors la restriction D_K de D aux extensions de K est une fonction de détermination sur K.

Si D et D' sont deux fonctions de détermination sur k, on dit que D est plus fine que D' et on écrit $D \leq D'$ si pour tout k-corps E, on a $D(E) = \bullet \implies D'(E) = \bullet$. La relation $\leq$ est une relation d'équivalence.

Si X est un k-schéma de type fini, on pose $D_X(E) = \emptyset$ si $X(E) = \emptyset$ et $D_X(E) = \bullet$ sinon; alors D_X est une fonction de détermination sur k. En outre, si $f : X \to Y$ désigne un morphisme entre k-schémas de type fini, alors on a $D_X \leq D_Y$.

Si $D_1, \ldots, D_n$ sont des fonctions de détermination sur k, alors $D = D_1 \wedge D_2 \wedge \cdots \wedge D_n$ défini par $D(E) = \bigcap_{i=1,\ldots,n} D_i(E)$ est une fonction de détermination sur k.

Exemples 4.1.4

(a) Soient G/k un groupe algébrique affine et X un k-torseur sous G dont on note $\gamma \in H^1_{\mathrm{fppf}}(k, G)$ la classe. Si F désigne une extension de k, on a $X(F) \neq \emptyset$ si et seulement si $\gamma_F = 1 \in H^1_{\mathrm{fppf}}(F, G)$. Ainsi la fonction de détermination ne dépend que de la classe γ. En d'autres mots, on peut associer à γ la fonction de détermination D_γ définie par $D_\gamma(F) = \bullet$ ssi $\gamma_F = 1 \in H^1_{\mathrm{fppf}}(F, G)$.

(b) Plus généralement, si M est un module galoisien sur k et $\gamma \in H^i(k, M)$ est une classe de cohomologie galoisienne ($i \geq 1$), on définit la fonction de détermination D_γ par $D_\gamma(F) = \bullet$ ssi $\gamma_F = 0 \in H^i(F, M)$. La condition de continuité est satisfaite puisque la cohomologie galoisienne commute aux limites inductives de corps [159, I.2.3, prop. 8].

(c) Si μ désigne un k-groupe algébrique de type multiplicatif, alors il existe une suite exacte $1 \to \mu \to T \to T' \to$ où T et T' sont des tores algébriques. Pour les k-groupes lisses T et T', la cohomologie plate coïncide avec la cohomologie galoisienne et en particulier commute aux limites inductives de corps. Par l'argument de décalage traditionnel, il suit que la cohomologie plate de μ commute aux limites inductives de corps. Etant donné $\gamma \in H^i_{\mathrm{fppf}}(k, \mu)$ ($i \geq 1$), on peut donc associer la fonction de détermination D_γ par $D_\gamma(F) = \bullet$ ssi $\gamma_F = 0 \in H^i_{\mathrm{fppf}}(F, \mu)$.

Dans ce livre, nous travaillons principalement avec des groupes de normes séparables et nous laissons au lecteur le soin de formuler le cas échéant des sorites analogues pour les groupes de normes incluant toutes les extensions finies.

Définition 4.1.5 Soit D une fonction de détermination sur k. Le *groupe de normes séparable* $\mathrm{N}^{\mathrm{sép}}_D(k)$ est le sous-groupe de $k^\times$ engendré par les $\mathrm{N}_{k'/k}\big((k')^\times\big)$ où k' parcourt les extensions finies de corps séparables de k telles que $D(k') = \bullet$.

Dans le cas de D_X, on retrouve bien sûr que $N^{\mathrm{sép}}_X(k) = N^{\mathrm{sép}}_{D_X}(k)$. De plus, si $D \leq D'$ sont des fonctions de détermination sur k, on a $N^{\mathrm{sép}}_D(k) \subseteq N^{\mathrm{sép}}_{D'}(k)$. Enfin, si K est une extension de k, on emploie abusivement la notation $N^{\mathrm{sép}}_D(K) = N^{\mathrm{sép}}_{D_K}(K)$.

Lemme 4.1.6 *Soit D une fonction de détermination sur k.*

(1) Soit $K = \varinjlim\limits_{\alpha \in I} k_\alpha$ une limite inductive filtrante de k-corps. Alors
$$\varinjlim\limits_{\alpha \in I} N^{\mathrm{sép}}_D(k_\alpha) = N^{\mathrm{sép}}_D(K).$$

(2) Soit L/k une extension finie séparable de corps. Alors $\mathrm{N}_{L/k}\big(\mathrm{N}^{\mathrm{sép}}_D(L)\big) \subseteq \mathrm{N}^{\mathrm{sép}}_D(k)$.

(3) On suppose qu'il existe des extensions finies séparables $k_1, \ldots, k_n$ de k telles que $D(k_i) = \bullet$ pour $i = 1, \ldots, n$. Alors $k^{\times d} \subseteq \mathrm{N}^{\mathrm{sép}}_D(k)$ où $d = \mathrm{pgcd}([k_1 : k], \ldots, [k_n : k])$.

(4) Soit E une autre fonction de détermination sur k et supposons que $D \leq E$. On suppose que $N_E^{\text{sép}}(k) = k^{\times}$ et que pour toute extension finie séparable L/k satisfaisant $E(L) = \bullet$, on a $N_D^{\text{sép}}(L) = L^{\times}$. Alors $N_D^{\text{sép}}(k) = k^{\times}$.

(5) On suppose que $D = D_1 \wedge \cdots \wedge D_n$ où les D_i sont des fonctions de détermination satisfaisant $N_{D_i}^{\text{sép}}(L) = L^{\times}$ pour toute extension finie de corps séparable L/k et pour tout $i = 1, \ldots, n$. Alors $N_D^{\text{sép}}(k) = k^{\times}$.

Démonstration

(1) Le morphisme naturel $\varinjlim\limits_{\alpha \in I} N_D^{\text{sép}}(k_\alpha) \rightarrow N_D^{\text{sép}}(K)$ est injectif, montrons sa surjectivité. Soit $x \in N_D^{\text{sép}}(K)$. Alors il existe des extensions finies de corps séparables $K_1, \ldots, K_n$ de K et des éléments $x_j \in K_j^{\times}$ tels que $x = \prod\limits_{j=1,\ldots,n} N_{K_j/K}(x_j)$ et $D(K_j) = \bullet$ pour $j = 1, \ldots, n$. Il existe un indice α_0 tel que $K_j = K \otimes_{k_{\alpha_0}} k_j$, $x_j \in 1 \otimes k_j$, où k_j est une extension finie séparable de k_{α_0} pour $j = 1, \ldots, n$. Vu que $K_j = \varinjlim\limits_{\alpha \in I} k_\alpha \otimes_{k_{\alpha_0}} k_j$, la propriété de continuité montre qu'il existe $\alpha_1 \geq \alpha_0$ tel que $D(k_{\alpha_1} \otimes_{k_{\alpha_0}} k_j) = \bullet$. Alors $x = N_{K_1/K}(x_1) \ldots N_{K_n/K}(x_n) \in N_D^{\text{sép}}(k_{\alpha_1})$.

(2) Soit E/L une extension finie séparable de corps satisfaisant $D(E) = \bullet$. Alors E/k est séparable et $N_{E/K}(E^{\times}) \subseteq N_D^{\text{sép}}(k)$. Or on a $N_{E/L}\big(N_{E/L}(E^{\times})\big) = N_{E/K}(E^{\times})$, d'où $N_{L/k}\big(N_{E/L}(E^{\times})\big) \subseteq N_D^{\text{sép}}(k)$. En prenant toutes les extensions finies séparables E/L satisfaisant $D(E) = \bullet$, on obtient $N_{L/k}\big(N_D^{\text{sép}}(L)\big) \subseteq N_D^{\text{sép}}(k)$.

(3) On suppose qu'il existe des extensions finies séparables $k_1, \ldots, k_r$ de k telles que $D(k_i) = \bullet$ pour $i = 1, \ldots, r$ et p.g.c.d.$([k_1 : k], \ldots, [k_r : k]) = 1$. Il existe alors des entiers $a_1, \ldots, a_r$ satisfaisant $1 = a_1[k_1 : k] + a_2[k_2 : k] + \cdots + a_r[k_r : k]$. Etant donné $x \in k^{\times}$, on écrit

$$x = x^{a_1[k_1:k]} \times x^{a_2[k_2:k]} \cdots \times x^{a_r[k_r:k]} = N_{k_1/k}(x)^{a_1} \times \cdots \times N_{k_r/k}(x)^{a_r}.$$

Comme $N_{k_i/k}(k_i^{\times})$ est un sous-groupe de $N_D^{\text{sép}}(k)$ pour $i = 1, \ldots, n$, on conclut que $x \in N_D^{\text{sép}}(k)$.

(4) Soit E une autre fonction de détermination sur k telle que $D \leq E$ et satisfaisant $N_E^{\text{sép}}(k) = k^{\times}$ et telle que pour toute extension finie séparable L/k satisfaisant $E(L) = \bullet$, on a $N_D^{\text{sép}}(L) = L^{\times}$.

Soit $x \in k^{\times}$, comme $x \in N_E^{\text{sép}}(k)$, il existe des extensions finies séparables $k_1, \ldots, k_r$ de k telles que $E(k_i) = \bullet$ pour $i = 1, \ldots, r$ et des scalaires $x_i \in k_i^{\times}$ satisfaisant $x = N_{k_1/k}(x_1) \times \cdots \times N_{k_r/k}(x_r)$. Pour chaque i, on a $x_i \in N_D(k_i)$ donc il existe des extensions finies séparables de corps $k_{i,1}, \ldots, k_{i,m_i}$ de k_i satisfaisant $D(k_{i,j}) = \bullet$ pour tout j et des scalaires $x_{i,1}, \ldots, x_{i,m_i}$ tels que $x_i = N_{k_{i,1}/k}(x_{i,1}) \times \cdots \times N_{k_{i,1}/k}(x_{i,m_i})$. En utilisant la formule de composition des normes, il vient

$$x = \prod_{i=1,\dots,r} \prod_{j=1,\dots,m_j} N_{k_{i,j}/k}(x_{i,j}).$$

Comme les $k_{i,j}$ sont des extensions finies séparables de corps satisfaisant $D(k_{i,j}) = \bullet$, on conclut que $x \in N_D^{\text{sép}}(k)$.

(5) Par récurrence, on est ramené au cas de $D_1 \wedge D_2$. En appliquant 4) à $D = D_1 \wedge D_2$ et D_2, il vient $N_{D_1 \wedge D_2}^{\text{sép}}(k) = k^\times$. ∎

On étudie maintenant la localisation en un nombre premier l; on rappelle que la notation $k^{(l)}$ désigne une extension séparable maximale de degré premier à l de k (§1.1.1).

Lemme 4.1.7 *Soit D une fonction de détermination sur k et soit l un nombre premier.*

(1) Si $N_D(k^{(l)}) = (k^{(l)})^\times$, alors pour tout entier $n \geq 1$, on a $N_D(k) \cdot k^{\times l^n} = k^\times$.

(2) Si $N_D(k^{(l)}) = (k^{(l)})^\times$ pour tout premier l, alors $N_D(k) = k^\times$.

Démonstration

(1) Soit $n \geq 1$ un entier. Soit $x \in k^\times$. En écrivant $k^{(l)}$ comme la limite inductive de ses sous-corps finis sur k, le Lemme 4.1.6.(1) montre qu'il existe une sous-extension $K \subset k^{(l)}$, séparable de degré fini sur k telle que $x \in N_D^{\text{sép}}(K)$. On écrit $x^{[K:k]} = N_{K/k}(x)$. Le lemme 4.1.6.(2) indique que $x^{[K:k]} \in N_D(k)$. Comme $[K:k]$ est premier à l, on conclut que $x \in N_D^{\text{sép}}(k) \cdot k^{l^n}$.

(2) Soit $x \in k^\times$. En reprenant (1), on voit qu'il existe pour chaque premier l, une extension séparable finie k_l de degré premier à l telle que $x \in N_D^{\text{sép}}(k_l^\times)$. Les degrés $[k_l : k]$ pour l parcourant l'ensemble des nombres premiers sont donc premiers entre eux dans leur ensemble; il existe donc une relation de Bezout $1 = d_1[k_{l_1} : k] + \cdots + d_r[k_{l_m} : k]$. On écrit

$$x = x^{d_1[k_{l_1}:k]} \times \cdots \times x^{d_r[k_{l_m}:k]} = N_{k_{l_1}/k}(x)^{d_1} \times \cdots \times N_{k_{l_m}/k}(x)^{d_m}.$$

Pour chaque i, on a $x \in N_D^{\text{sép}}(k_{l_i}^\times)$ donc $N_{k_{l_i}/k}(x) \in N_D^{\text{sép}}(k)$ d'après le Lemme 4.1.6.(2). L'expression ci-dessus permet de conclure que $x \in N_D^{\text{sép}}(k)$. ∎

Soit A une algèbre simple centrale. On dispose de l'homomorphisme de norme réduite Nrd : $A^\times \to k^\times$ [86, §2.6]. La théorie des déterminants non commutatifs de Dieudonné montre que $\text{Nrd}(\text{GL}_n(A)) = \text{Nrd}(A^\times)$ pour tout entier $n \geq 1$ [86, 2.8.10] Ainsi si B est une algèbre simple centrale Brauer équivalente à A, on a $\text{Nrd}(A^\times) = \text{Nrd}(B^\times)$. Le groupe des normes réduites admet la caractérisation suivante.

Proposition 4.1.8 *Soient A une algèbre simple centrale et X/k la variété de Severi-Brauer associée à A. Alors* $\mathrm{Nrd}(A^\times) = \mathrm{N}_X^{\mathrm{s\acute{e}p}}(k) = \mathrm{N}_X(k)$.

Rappelons que d'après le théorème de Châtelet [86, §5.1], la variété de Severi-Brauer X satisfait la propriété suivante: pour tout corps F/k, on a $X(F) \neq \emptyset$ si et seulement si la F-algèbre simple centrale $A \otimes_k F$ est déployée, c'est-à-dire est isomorphe à une algèbre de matrices.

Démonstration Si A est isomorphe à une algèbre de matrices et X à un espace projectif, les trois groupes sont $k^\times$. Cette remarque nous permet de supposer que le corps de base k est infini.

On commence par le cas où A est à division. Pour établir l'inclusion $\mathrm{Nrd}(A^\times) \subseteq \mathrm{N}_X^{\mathrm{s\acute{e}p}}(k)$, on considère l'ouvert U de $G = \mathrm{GL}_1(A)$ des éléments semi-simples réguliers de G (i.e. dont le polynôme caractéristique réduit a des racines distinctes dans $\bar{k}$). Etant donné $a \in A^\times$, la k-variété $aU \cap U$ est k-rationnelle et admet donc des k-points rationnels. Ainsi $a = a_1 a_2^{-1}$ avec $a_1, a_2 \in U(k)$ et on peut supposer que a est semi-simple régulier. Alors $k[a]$ est un sous-corps commutatif maximal de A et déploie donc A [86, 4.5.3]. Ainsi $X(k[a]) \neq \emptyset$, d'où $\mathrm{Nrd}_A(a) = \mathrm{N}_{k[a]/k}(a)$ appartient à $\mathrm{N}_X^{\mathrm{s\acute{e}p}}(k)$.

Dans le cas général, le théorème de Wedderburn produit une décomposition $A \cong M_r(D)$ où D est une k-algèbre simple centrale à division. Notant Y la variété de Severi-Brauer de D, on a $\mathrm{N}_Y^{\mathrm{s\acute{e}p}}(k) = \mathrm{N}_X^{\mathrm{s\acute{e}p}}(k)$. On utilise maintenant le fait $\mathrm{Nrd}(D^\times) = \mathrm{Nrd}(A^\times)$; l'inclusion $\mathrm{Nrd}(D^\times) \subseteq \mathrm{N}_Y^{\mathrm{s\acute{e}p}}(k)$ produit l'inclusion $\mathrm{Nrd}(A^\times) \subseteq \mathrm{N}_X^{\mathrm{s\acute{e}p}}(k) \subseteq \mathrm{N}_X(k)$.

Pour l'autre sens, soit k'/k une extension finie de corps déployant A. Alors il existe une k-algèbre simple centrale B Brauer équivalente à A telle que B contienne k' et $[k' : k]^2 = \dim_k(B)$ [14, IV.1.12]. Comme la restriction de Nrd_B à k' est $\mathrm{N}_{k'/k}$, on obtient l'inclusion $\mathrm{N}_{k'/k}\big((k')^\times\big) \subseteq \mathrm{Nrd}_B(B^\times) = \mathrm{Nrd}_A(A^\times)$. ∎

Remarque 4.1.9 Un autre exemple est celui d'une quadrique projective $X = \{q = 0\}$ pour une forme quadratique q régulière de dimension paire et représentant 1. Alors $\mathrm{N}_X(k)$ est le groupe des normes spinorielles de q, c'est-à-dire le sous-groupe de $k^\times$ engendré par les valeurs non nulles de q [48, §2].

4.2　Rappels de cohomologie galoisienne

Si $m \geq 1$ désigne un entier inversible dans k, on note μ_m le faisceau galoisien des racines m-ièmes de l'unité. Si $i \in \mathbf{Z}_{\geq 0}$, on note $\mathbf{Z}/m\mathbf{Z}(i) = \mu_m^{\otimes i}$ le produit tensoriel i-fois.

Si m' désigne un multiple de m premier à p, on a un morphisme injectif $\mathbf{Z}/m\mathbf{Z}(i) \to \mathbf{Z}/m'\mathbf{Z}(i)$ et on note $(\mathbf{Q}/\mathbf{Z})'(i)$ la limite inductive des $(\mathbf{Z}/m\mathbf{Z})(i)$ pour m parcourant les entiers premiers à p. On note $H_m^q(k) = H^q(k, \mathbf{Z}/m\mathbf{Z}(q-1))$ le groupe de cohomologie galoisienne. Pour $q = 2$, ce groupe est isomorphe à la

m-torsion du groupe de Brauer de k. La caractérisation suivante est une variante de [159, II.2.3, prop. 4].

Proposition 4.2.1 *Soit l un premier inversible dans k. Alors pour tout entier $q \geq 0$, les assertions suivantes sont équivalentes:*

(i) $\mathrm{cd}_l(k) \leq q$;

(ii) $H_l^{q+1}(k') = 0$ pour toute extension finie séparable k'/k. ∎

Si A désigne une k-algèbre simple centrale d'indice divisant un entier m premier à p, on considère sa classe $[A] \in H^2(k, \mu_m)$ avec les conventions de signe de [86, §4.4]. Le cup-produit $H^2(k, \mu_m) \times H^1(k, \mu_m) \to H^3(k, \mathbf{Z}/m\mathbf{Z}(2))$ induit un morphisme $r_{A,m} : k^\times/k^{\times m} \xrightarrow{[A]\cup} H^3(k, \mathbf{Z}/m\mathbf{Z}(2))$.

Si L/k désigne une extension finie séparable, on dispose du diagramme commutatif

$$
\begin{array}{ccc}
L^\times/L^{\times m} & \xrightarrow{[A]\cup} & H^3(L, \mathbf{Z}/m\mathbf{Z}(2)) \\
\downarrow{\scriptstyle \mathrm{N}_{L/k}} & & \downarrow{\scriptstyle \mathrm{Cores}_{L/k}} \\
k^\times/k^{\times m} & \xrightarrow{[A]\cup} & H^3(k, \mathbf{Z}/m\mathbf{Z}(2))
\end{array}
$$

en vertu de la formule du produit [86, 3.4.10.(3)]. En particulier, si L déploie A, on constate que $r_{A,m}\left(\mathrm{N}_{L/k}(L^\times).k^{\times m}\right) = 0$. En prenant toutes ces extensions L/k, il vient $r_{A,m}(\mathrm{N}_X^{\mathrm{sép}}(k).k^{\times m}) = 0$ où X désigne la variété de Severi-Brauer de A. En tenant compte de la Proposition 4.1.8, l'invariant $r_{A,m}$ induit un morphisme

$$\bar{r}_{A,m} : k^\times/\mathrm{Nrd}(A^\times) \xrightarrow{[A]\cup} H^3(k, \mathbf{Z}/m\mathbf{Z}(2)).$$

Par des calculs de K-théorie et de K^M-cohomologie des variétés de Severi-Brauer, Merkurjev et Suslin ont établi le fait suivant [134, th. 21.4] (ou [86, Th. 8.9.1]).

Théorème 4.2.2 *On suppose que A est d'indice divisant un premier $l \neq p$. Alors $\bar{r}_{A,m}$ est injectif.* ∎

Remarque 4.2.3 Cet énoncé est faux si l'on autorise des indices carrés, voir [132, §2].

4.3 Groupes de cohomologie galoisienne modifiés de Kato

Dans cette section, on suppose que $p \geq 2$ et on va définir suivant Kato [109, §1.1] des groupes $H_{p^n}^{q+1}(k)$ qui constituent un analogue des groupes précédents. On suit ici la variante de présentation donnée par Izhboldin [98, §6].

On fixe des entiers $q \geq 0$ et $n \geq 1$. On note $W_n(k)$ l'anneau des vecteurs de Witt $(a_0, \ldots, a_{n-1})$ de longueur n [97, §1.1]; pour $m \geq 1$, on dispose de l'homomorphisme de décalage (Verschiebung) $V : W_n(k) \rightarrow W_{n+m}(k)$, $(a_0, a_1, \ldots, a_{n-1}) \mapsto (0, \ldots, 0, a_0, a_1, \ldots, a_{n-1})$ et de restriction $R : W_{n+m}(k) \rightarrow W_m(k)$, $(b_0, b_1, \ldots, b_{n+m-1}) \mapsto (b_0, b_1, \ldots, b_{n-1})$; on a une suite exacte $0 \rightarrow W_n(k) \rightarrow W_{n+m}(k) \rightarrow W_m(k) \rightarrow 0$. On note $\mathscr{F}$ l'homomorphisme $W_n(k) \rightarrow W_n(k)$ « relevé de Frobenius », $(a_0, \ldots, a_{n-1}) \mapsto (a_0^p, \ldots, a_{n-1}^p)$. On note J_n^q le sous-groupe de $W_n(k) \otimes_{\mathbf{Z}} k^\times \cdots \otimes_{\mathbf{Z}} k^\times$ (q fois $k^\times$) engendré par les éléments de la forme

(i) $(0, \ldots, 0, a, 0, \ldots 0) \otimes a \otimes b_2 \otimes \cdots \otimes b_q$ pour $i = 0, \ldots, n-1, a, b_2, \ldots, b_q \in k^\times$ (où il y a i zéros au début);

(ii) $w \otimes b_1 \otimes b_2 \otimes \cdots \otimes b_q$ pour $w \in W_n(k)$ et $b_1, \ldots, b_q \in k^\times$ tels que $b_i = b_j$ pour deux indices $i \neq j$.

On pose $Q_n^q(k) = W_n(k) \otimes_{\mathbf{Z}} k^\times \cdots \otimes_{\mathbf{Z}} k^\times / J_n^q$. Si $m \geq 1$, le morphisme de décalage $W_n(k) \rightarrow W_{n+m}(k)$ (resp. la restriction $W_{n+m}(k) \rightarrow W_m(k)$) induit un homomorphisme de groupes $Q_n^q(k) \rightarrow Q_{n+m}^q(k)$ (resp. $Q_{n+m}^q(k) \rightarrow Q_m^q(k)$) de sorte que la suite

$$0 \rightarrow Q_n^q(k) \rightarrow Q_{n+m}^q(k) \rightarrow Q_m^q(k) \rightarrow 0$$

est exacte. De plus, on a les propriétés galoisiennes $Q_q^n(k) = H^0\big(k, Q_q^n(k_s)\big)$ et $H^1\big(k, Q_q^n(k_s)\big) = 0$ (loc. cit., prop. 6.3). On dispose du morphisme « symbole différentiel »

$$h_n^q : K_q^M(k)/p^n K_q^M(k) \rightarrow Q_n^q(k), \quad b_1 \otimes \cdots \otimes b_q \rightarrow (1, 0, \ldots, 0) \otimes b_1 \otimes \cdots \otimes b_q.$$

De plus, le morphisme $\mathscr{F} : W_n(k) \rightarrow W_n(k)$ induit un morphisme $\mathscr{F} : Q_n^q(k) \rightarrow Q_n^q(k)$. On pose alors

$$H_{p^n}^{q+1}(k) = \mathrm{Coker}\Big(Q_n^q(k) \xrightarrow{\mathscr{F} - \mathrm{id}} Q_n^q(k) \Big) \quad \text{et} \quad H_{p^\infty}^{q+1}(k)) = \varinjlim_n H_{p^n}^{q+1}(k).$$

Par construction, on dispose d'un morphisme surjectif $W_n(k) \otimes_{\mathbf{Z}} K_M^q(k) \rightarrow H_{p^n}^{q+1}(k)$.

Exemples 4.3.1

(1) Si $q = 0$, on a $H_{p^n}^1(k) = W_n(k)/(\mathscr{F} - \mathrm{id})(W_n(k))$. Via le choix d'un isomorphisme $W_n(\mathbf{F}_p) \cong \mathbf{Z}/p^n\mathbf{Z}$, ce groupe est isomorphe à $H^1(k, \mathbf{Z}/p^n\mathbf{Z})$ [139, 6.1.5]. Pour tout $a \in W_n(k)$, on note $\chi_a \in H^1(k, \mathbf{Z}/p^n\mathbf{Z})$ le caractère associé.

(2) Pour $q = 1$, on a un isomorphisme $H_{p^n}^2(k) \xrightarrow{\sim} {}_{p^n}\mathrm{Br}(k)$, $a \otimes b \mapsto (\chi_a, b)$ [109, §3.4] où (χ_a, b) désigne l'algèbre simple centrale définie dans les notations préliminaires.

Le cas $n = 1$ est celui le plus important en pratique et s'exprime en termes de formes différentielles. On note Ω_k le k-espace vectoriel des différentielles absolues de k et $\Omega_k^q = \Lambda^q \Omega_k$ pour tout $q \geq 0$. On note $d : \Omega_k^q \to \Omega_k^{q+1}$ l'opérateur « différentielle extérieure » , B_k^{q+1} son image (avec la convention $B_k^0 = 0$) et Z_k^q son noyau. L'assignation $a \frac{dx_1}{x_1} \wedge \frac{dx_2}{x_2} \cdots \wedge \frac{dx_q}{x_q} \mapsto a^p \frac{dx_1}{x_1} \wedge \frac{dx_1}{x_2} \cdots \wedge \frac{dx_q}{x_q}$ définit une application p-linéaire $F : \Omega_k^q \to \Omega_k^q / B_k^q$ [86, 9.2.1].

Proposition 4.3.2 *L'assignation* $a \frac{db_1}{b_1} \wedge \frac{db_2}{b_2} \cdots \wedge \frac{db_q}{b_q} \mapsto [a \otimes b_1 \otimes \cdots \otimes b_q]$ *définit une application additive* $u : \Omega_k^q \to H_p^{q+1}(k)$ *et u induit un isomorphisme*

$$\mathrm{Coker}\left(\Omega_k^q \xrightarrow{F - id} \Omega_k^q / B_k^q \right) \xrightarrow{\sim} H_p^{q+1}(k).$$

Démonstration L'application u, si elle existe, est définie par l'assignation. Pour définir u, on utilise que Ω_k^q est le quotient de $k \otimes_{\mathbf{Z}} k^\times \otimes_{\mathbf{Z}} \cdots k^\times$ par le sous-groupe engendré par les éléments de la forme suivante [109, lemma 5 p. 616]:

(I) $\left\{ \left(\sum\limits_{j=1}^{d} x_j \right) \otimes \left(\sum\limits_{j=1}^{d} x_j \right) - \sum\limits_{j=1}^{d} x_j \otimes x_j \right\} \otimes y_2 \otimes \cdots \otimes y_q$ pour $d \geq 0$,

  $x_1, \ldots, x_d, y_2, \ldots, y_q \in k^\times$ satisfaisant $\sum\limits_{j=1}^{d} x_j \in k^\times$;

(II) $x \otimes y_1 \otimes y_2 \otimes \cdots \otimes y_q$ pour $x \in k$, $y_1, \ldots, y_q \in k^\times$ tels qu'il existe $i < j$ satisfaisant $y_i = y_j$.

Ces deux relations sont vérifiées dans le quotient $Q_1^q(k)$ de $k \otimes_{\mathbf{Z}} k^\times \otimes_{\mathbf{Z}} \cdots \otimes_{\mathbf{Z}} k^\times$ et a fortiori dans $H_p^{q+1}(k)$ d'où une application additive surjective $u : \Omega_k^q \to H_p^{q+1}(k)$ satisfaisant la propriété requise. Par définition de $H_p^{q+1}(k)$, le groupe $\ker(u)$ est engendré par les éléments de la forme

(A) $a \frac{da}{a} \wedge \frac{db_2}{b_2} \cdots \wedge \frac{db_q}{b_q}$ pour $a, b_2, \cdots, b_q \in k^\times$;

(B) $(a^p - a) \frac{db_1}{b_1} \wedge \frac{db_2}{b_2} \cdots \wedge \frac{db_q}{b_q}$ pour $a, b_1, \cdots, b_q \in k^\times$.

Comme B_k^q est le sous-groupe de Ω_k^q engendré par les éléments de la forme (A), il suit que $B_k^q \subseteq \ker(u)$ et que u induit un isomorphisme $\mathrm{Coker}\left(\Omega_k^q \xrightarrow{F - id} \Omega_k^q / B_k^q \right) \xrightarrow{\sim} H_p^{q+1}(k)$. ∎

Remarque 4.3.3 Si k est de p-rang fini $\leq r$, alors toute famille $x_1, \ldots, x_r, x_{r+1}$ de $k^\times$ est p-liée, d'où il suit que $(dx_i)_{i=1,\ldots,r+1}$ est une famille liée du k-espace vectoriel Ω_k^1 [26, V.16, th. 1]. Par suite $\Omega_k^{r+1} = 0$ et $H_p^{r+2}(k) = 0$ d'après la Proposition 4.3.2. Ceci entraîne par décalage que $H_{p^n}^{r+2}(k) = 0$ pour tout $n \geq 1$.

4.4 Globalisation

Si $m = m'p^r$ avec $(m', p) = 1$, on pose

$$H_m^{q+1}(k) = H_{m'}^{q+1}(k) \oplus H_{p^r}^{q+1}(k).$$

Si K/k désigne une extension finie de corps, ces groupes sont munis d'une restriction $\mathrm{Res}_k^K : H_m^{q+1}(k) \to H_m^{q+1}(K)$ et d'une corestriction $\mathrm{Cores}_k^K : H_m^{q+1}(K) \to H_m^{q+1}(k)$ satisfaisant $\mathrm{Cores}_k^K \circ \mathrm{Res}_k^K = \times[K : k]$ [109, §3.2]. De plus, on a une structure de produit

$$H_m^{q+1}(k) \times K_n^M(k) \to H_m^{q+n+1}(k), \quad (\alpha, c) \mapsto \alpha . c$$

qui satisfait la formule de projection (pour les corestrictions pour les extensions finies dans les deux sens (*ibid*, lemma 1). La version à coefficients divisibles est définie de façon analogue

$$H^{q+1}\big(k, \mathbf{Q}/\mathbf{Z}(q)\big) = H^{q+1}\big(k, (\mathbf{Q}/\mathbf{Z})'(q)\big) \oplus H_{p^\infty}^{q+1}(k).$$

Si A désigne une algèbre simple centrale de période divisant $m = m'p^r$, on considère sa classe $[A] \in H_m^2(k)$. De la même façon que dans le cas modéré, le produit $H_m^2(k) \times k^\times \to H_m^3(k)$ induit un morphisme $\bar{r}_{A,m} : k^\times/\mathrm{Nrd}(A^\times) \xrightarrow{[A]\cup} H^3(k, \mathbf{Z}/m\mathbf{Z}(2))$. Le résultat suivant incorpore au Théorème 4.2.2 le cas de caractéristique positive établi en [76, th. 6].

Théorème 4.4.1 *On suppose que l'indice de A divise un nombre premier. Alors $\bar{r}_{A,m} : k^\times/\mathrm{Nrd}(A^\times) \to H^3(k, \mathbf{Z}/m\mathbf{Z}(2))$ est injectif.*

Démonstration On peut supposer que $l = p$. Sans perte de généralité, on peut supposer que A est à division de degré p. On note O un anneau de Cohen de k, c'est-à-dire un anneau complet de valuation discrète d'uniformisante p de corps résiduel k et de corps des fractions K de caractéristique nulle [27, IX.2.3, prop. 5].

D'après Grothendieck, on sait que A se relève en une (unique) O-algèbre d'Azumaya $\mathscr{A}$ de degré p [91, th. 6.1]. Selon Kato [110, th. 3], on dispose d'un morphisme de relèvement (injectif) $i_{k,K}^2 : H_p^2(k) \to H_p^2(K)$ et nous affirmons que le diagramme suivant

$$
\begin{array}{ccccc}
H_p^2(k) & \xrightarrow{\sim} & {}_p\mathrm{Br}(k) & \xleftarrow{\sim} & {}_p\mathrm{Br}(O) \\
\downarrow{\scriptstyle i} & & & \swarrow & \\
H_p^2(K) & \xrightarrow{\sim} & {}_p\mathrm{Br}(K) & &
\end{array}
$$

commute, où on a mis en évidence l'homomorphisme de spécialisation $\mathrm{Br}(O) \to \mathrm{Br}(k)$ qui est bijectif [91, cor. 6.2]. La commutativité se vérifie sur les générateurs.

Soient $a \in k$ et $b \in k^\times$. On note $\chi_a \in H^1(k, \mathbf{Z}/p\mathbf{Z}) \cong k/(\mathscr{F} - id)(k)$ la classe de a. Alors l'image de $\chi_a.(b)$ dans $_p\mathrm{Br}(k)$ est la classe de l'algèbre $[a, b]$. On note $\widetilde{\chi}_a$ le relevé de χ_a par l'isomorphisme de spécialisation $H^1_{\text{étale}}(O, \mathbf{Z}/p\mathbf{Z}) \xrightarrow{\sim} H^1_{\text{étale}}(k, \mathbf{Z}/p\mathbf{Z})$. Alors $i^0_{k,K}(\chi_a) = (\widetilde{\chi}_a)_K$ et $i^2_{k,K}(\chi_a.(b)) = (\widetilde{\chi}_a)_K \cup (B)$. Or $[a, b]$ se relève en la O-algèbre cyclique $(\widetilde{\chi}_a, B)$, donc on a bien la compatibilité souhaitée.

Soit $\overline{c} \in k^\times$ tel que $(\overline{c}).[A] = 0$ et soit c un relevé dans O. L'image par $H^3_p(k) \to H^3_p(K)$ de $(\overline{c}).[A]$ est $(c).[\mathscr{A}_K]$ donc est nulle. Par application du Théorème 4.2.2 (i.e. injectivité de $r_{\mathscr{A}_K, p}$), il vient $c \in \mathrm{Nrd}(\mathscr{A}_K^\times)$. On écrit alors $c = \mathrm{Nrd}(p^{-r}x)$ avec $x \in \mathscr{A} \setminus p\mathscr{A}$, d'où $cp^r = \mathrm{Nrd}_{\mathscr{A}_K}(x) = \mathrm{Nrd}_{\mathscr{A}}(x)$. Comme A est à division, on a $\overline{\mathrm{Nrd}_{\mathscr{A}}(x)} = \mathrm{Nrd}_A(\overline{x}) \neq 0$, donc $r = 0$ et $\overline{c} = \mathrm{Nrd}_A(\overline{x})$. ∎

4.5 Dimension cohomologique séparable

Définition 4.5.1

(1) Si l est un entier premier à p, on définit la dimension cohomologique séparable en l, notée $\mathrm{scd}_l(k)$ par $\mathrm{scd}_l(k) = \mathrm{cd}_l(k)$.

(2) Si $p > 1$, on définit la dimension cohomologique séparable en p, notée $\mathrm{scd}_p(k)$, par

$$\mathrm{scd}_p(k)$$
$$= \mathrm{Inf}\Big\{q \in \mathbf{Z}_{\geq 0} \mid H^{q+1}_p(k') = 0 \text{ pour toute extension finie séparable de } k\Big\}.$$

(3) On pose $\mathrm{scd}(k) = \mathrm{Inf}\Big\{\mathrm{scd}_l(k) \mid l \text{ premier}\Big\}$.

La caractérisation de la Proposition 4.2.1 indique que l'on aurait aussi bien pu définir $\mathrm{scd}_l(k)$ pour $l \neq p$ par la formule

$$\mathrm{scd}_l(k) = \mathrm{Inf}\Big\{q \in \mathbf{Z}_{\geq 0} \mid H^{q+1}_l(k') = 0 \text{ pour toute extension finie séparable de } k\Big\}.$$

C'est cette expression que l'on utilisera le plus souvent.

Remarques 4.5.2

(a) Si k' désigne une extension séparable de k, on a $\mathrm{scd}_l(k') \leq \mathrm{scd}_l(k)$ pour tout premier l, et donc aussi $\mathrm{scd}(k') \leq \mathrm{scd}(k)$.

(b) On suppose $p > 1$ et k de p-rang fini r. La remarque 4.3.3 entraîne que $\mathrm{scd}_p(k) \leq r + 1$.

Exemples 4.5.3 Soit k un corps de degré de transcendance r sur un corps parfait k_0 de caractéristique $p > 0$.

(a) La Remarque précédente (b) entraîne alors que $\mathrm{scd}_p(k) \leq r + 1$.
(b) Si K est un corps complet pour une valuation discrète de corps résiduel k, alors $H_p^{r+3}(K') = 0$ pour toute extension finie K'/K (Kato [109, th. 1]). En particulier, on a $\mathrm{scd}_p(K) \leq r + 2$.

Lemme 4.5.4 *Soit l un nombre premier (non nécessairement inversible dans k).*

(1) Soit M un module galoisien fini l-primaire. Alors pour tout entier $q \geq 0$, pour toute extension finie séparable de corps k'/k, la restriction $H^q(k', M) \to H^q\big(k' \otimes_k k^{(l)}, M\big)$ est injective. En particulier, l'application $H_{ln}^{q+1}(k') \to H_{ln}^{q+1}\big(k' \otimes_k k^{(l)}\big)$ est injective pour tout $q \geq 0$ et pour tout $n \geq 1$.

(2) Soit m un nombre premier. Alors

$$\mathrm{scd}_m\big(k^{(l)}\big) = \begin{cases} 0 \ si \ l \neq m, \\ \mathrm{scd}_l(k) \ si \ l = m. \end{cases}$$

Démonstration

(1) Si E/k une extension finie séparable de E de degré premier à l, alors la restriction $H^q(k, M) \to H^q\big(E, M\big)$ est injective (scindée) au moyen de la corestriction [139, §1.5]. Par passage à la limite sur les sous-extensions finies de $k^{(l)}$, il suit que la restriction $H^q(k, M) \to H^q\big(k^{(l)}, M\big)$ est injective. En appliquant ce fait au module galoisien coinduit $\mathrm{Coind}_k^{k'}(M)$, on obtient la généralisation désirée via les isomorphismes « de Shapiro » [86, 3.3.2] .

(2) Le groupe de Galois absolu de chaque extension finie séparable k' de $k^{(l)}$ est un pro l-groupe si bien que $H^1(k', \mathbf{Z}/m\mathbf{Z}) = 0$ si $m \neq l$. Ainsi $\mathrm{scd}_m\big(k^{(l)}\big) = 0$ pour $m \neq l$.

Pour toute extension finie séparable k' de k, on a l'inégalité évidente $\mathrm{scd}_l(k') \leq \mathrm{scd}_l(k)$ et par passage à limite sur les sous-extensions finies de $k^{(l)}$, il vient $\mathrm{scd}_l(k^{(l)}) \leq \mathrm{scd}_l(k)$. Dans l'autre sens, soit $q \geq 0$ un entier tel qu'il existe une extension finie séparable k'/k de sorte que $H_l^{q+1}(k') \neq 0$. On écrit $k' \otimes_k k^{(l)} = E_1 \times \cdots \times E_r$ où les E_i sont des extensions finies séparables de $k^{(l)}$. Alors (1) indique que l'application $H_l^{q+1}(k') \to \bigoplus_{i=1,\ldots,r} H_l^{q+1}(E_i)$ est injective et il existe donc un indice i tel que $H_l^{q+1}(E_i) \neq 0$. Ceci montre que $\mathrm{scd}_l(k^{(l)}) \geq \mathrm{scd}_l(k)$.   ∎

4.6   Caractérisation des corps de dimension cohomologique séparable ≤ 1

L'énoncé suivant de caractéristique libre est une variante de la caractérisation des corps de dimension cohomologique 1 [159, II.3.1].

Proposition 4.6.1 *Soit l un nombre premier. Alors les assertions suivantes sont équivalentes:*

(i) $\mathrm{scd}_l(k) \leq 1$;

(ii) *Pour toute extension finie de corps séparable L/k et toute L-algèbre étale cyclique E/L de degré l, on a $\mathrm{N}_{E/L}(E^\times) = L^\times$;*

(ii') *Pour toute extension finie de corps séparable L/k, pour toute algèbre étale E/L et pour tout entier $n \geq 1$, on a $\mathrm{N}_{E/L}(E^\times) \cdot L^{\times l^n} = L^\times$.*

Par passage à la limite, l'assertion (ii) (resp (ii')) est équivalente à la même assertion sans hypothèse de finitude sur $[L:k]$.

Démonstration $(ii') \implies (ii)$: Étant donné E/L comme en (ii), on a $L^\times = L^{\times l} \cdot \mathrm{N}_{E/L}(E^\times)$. Or $\mathrm{N}_{E/L}(L^\times) = L^{\times l}$, d'où $L^\times = \mathrm{N}_{E/L}(L^\times)$.

$(ii) \implies (ii')$: Étant donné E/L comme en (ii), on note $X = \mathrm{Spec}(E)$ la L-variété sous-jacente. D'après le Lemme 4.1.2, on a $\mathrm{N}_{E/L}(L^\times) = \mathrm{N}_X(L)$ et le Lemme 4.1.7.(1) indique qu'il suffit de montrer que $\mathrm{N}_X(L^{(l)}) = (L^{(l)})^\times$ ou autrement dit que la norme $\mathrm{N}_{E \otimes_L L^{(l)}/L^{(l)}}$ est surjective. On décompose $E \otimes_L L^{(l)} = E_1 \times \cdots \times E_r$ où E_i est une extension séparable finie de corps de $L^{(l)}$. Le Lemme 1.1.1 indique que chaque $E_i/L^{(l)}$ est une tour d'extensions cycliques de degré l et par composition des normes, l'hypothèse (ii) implique la surjectivité de $\mathrm{N}_{E_i/L^{(l)}}$. On conclut que $\mathrm{N}_{E \otimes_L L^{(l)}/L^{(l)}}$ est surjective.

Si $l \neq p$, l'équivalence $(i) \iff (ii)$ se trouve en [86, 6.18]. On se place dans le cas $l = p$.

$(i) \implies (ii)$: Soit $[a, b)$ une p-algèbre cyclique de degré p avec $a \in k$ et $b \in k^\times$. On note $k_a = k[t]/(t^p - t - a)$ la $\mathbf{Z}/p\mathbf{Z}$-algèbre galoisienne associé à a. Par hypothèse, on a $b \in \mathrm{N}_{k_a/k}(k_a^\times)$, donc $[a, b)$ est triviale [86, 4.7.4]. Or d'après Teichmüller, le groupe $_p\mathrm{Br}(k)$ est engendré par les classes des p-algèbres cycliques de degré p [86, th. 9.1.4], donc $H_p^2(k) \xrightarrow{\sim} {}_p\mathrm{Br}(k) = 0$. De même, $H_p^2(k') = 0$ pour toute extension de corps séparable k'/k, donc $\mathrm{scd}_p(k) \leq 1$.

$(ii) \implies (i)$: Soit $[a, b)$ une p-algèbre cyclique de degré p avec $a \in k$ et $b \in k^\times$. Alors $[a, b)$ est déployée donc $b \in \mathrm{N}_{k_a/k}(k_a^\times)$. Par suite, la norme $\mathrm{N}_{k_a/k}$ est surjective. De même pour toute extension finie de corps séparable L/k et pour toute L-algèbre étale cyclique E/L de degré l, on a $\mathrm{N}_{E/L}(E^\times) = L^\times$. ∎

Une seconde caractérisation se formule avec les tores algébriques et les groupes de type multiplicatif.

Proposition 4.6.2 *Soit l un nombre premier. Alors les assertions suivantes sont équivalentes:*

(i) $\mathrm{scd}_l(k) \leq 1$;

(ii) *Pour tout k-groupe fini multiplicatif l-primaire μ, on a $H_{\mathrm{fppf}}^2(k, \mu) = 0$;*

(iii) *Pour tout k-tore T, on a $H^1(k, T)\{l\} = 0$.*

Démonstration $(i) \implies (ii)$: Commençons par le cas $\mu = \mu_l$. Dans ce cas, vu que $H_{\mathrm{fppf}}^1(k, \mathbf{G}_m) = 1$ (version plate du théorème 90 de Hilbert), la suite exacte de k-faisceaux plats $1 \to \mu_l \to \mathbf{G}_m \xrightarrow{\times l} \mathbf{G}_m \to 1$ induit un isomorphisme $H^2_{\text{fppf}}(k, \mu_l) \xrightarrow{\sim} {}_l\text{Br}(k)$. Par hypothèse, on ${}_l\text{Br}(k) \xleftarrow{\sim} H^2_l(k) = 0$, d'où $H^2_{\text{fppf}}(k, \mu_l) = 0$.

On passe au cas général. Soit K/k l'extension galoisienne minimale déployant μ. Notons $\Gamma = \mathscr{G}al(K/k)$ son groupe de Galois et par $k' \subset K$ le sous-corps des points fixes d'un l-sous-groupe de Sylow de Γ. On dispose d'une corestriction $\text{Cores}^{k'}_k$: $H^2_{\text{fppf}}(k', \mu) \to H^2_{\text{fppf}}(k, \mu)$ si bien que $[k' : k]$ étant premier à l, la restriction $H^2_{\text{fppf}}(k, \mu) \to H^2_{\text{fppf}}(k', \mu)$ est injective. Par ailleurs, la Remarque 4.5.2.(a) indique que $\text{scd}_l(k') \le \text{scd}_l(k)$, il est donc loisible de supposer que Γ est un l-groupe fini. Alors le Γ-module $\widehat{\mu}(L)$ admet une suite de composition à quotients $\mathbf{Z}/l\mathbf{Z}$ [159, I.4.1, prop. 20] et par dualité de Cartier μ admet une suite de composition à quotients μ_l. Or $H^2_{\text{fppf}}(k, \mu_l) = 0$ suivant le premier cas traité. On conclut par dévissage que $H^2_{\text{fppf}}(k, \mu) = 0$.

$(ii) \implies (iii)$: Soit T un k-tore et soit L/k l'extension galoisienne minimale le déployant. On note $d = l^r m$ le degré de $[L : k]$ où $(m, l) = 1$. On considère la suite exacte de k-groupes multiplicatifs $1 \to {}_{l^r}T \times {}_mT \to T \xrightarrow{\times d} T \to 1$. La flèche $T \xrightarrow{\times d} T$ factorise par le tore quasi-trivial $R_{L/k}(T_L) \cong R_{L/k}(\mathbf{G}_m)^s$ où s désigne le rang de T. Comme $H^1(k, R_{L/k}(\mathbf{G}_m)) \cong H^1(L, \mathbf{G}_m) = 0$ d'après le théorème 90 de Hilbert, il suit que $d.H^1(k, T) = 0$. Par suite la suite exacte longue de cohomologie plate associée à la suite précédente donne lieu à une injection $H^1(k, T) \to H^2_{\text{fppf}}(k, {}_{l^r}T) \times H^2_{\text{fppf}}(k, {}_mT)$. On en tire une injection $H^1(k, T)\{l\} \hookrightarrow H^2_{\text{fppf}}(k, {}_{l^r}T)$. Or ${}_{l^r}T$ est un k-groupe fini de type multiplicatif l-primaire, donc $H^2_{\text{fppf}}(k, {}_{l^r}T) = 0$. On conclut que $H^1(k, T)\{l\} = 0$.

$(iii) \implies (i)$: Soit L une extension de corps séparable de k. Nous allons montrer la trivialité de la partie l-primaire du groupe $\text{Br}(L)$ en utilisant l'isomorphisme de Shapiro $\text{Br}(L) \cong H^2(k, R_{L/k}(\mathbf{G}_m))$. Soit A une L-algèbre simple centrale de période l^r. Alors il existe une extension de corps L'/L qui est finie, séparable, de degré l^s et qui déploie A [86, 4.5.4]. On considère la suite exacte de k-tores $1 \to R_{L/k}(\mathbf{G}_m) \to R_{L'/k}(\mathbf{G}_m) \to T \to 1$. Vu que $H^1(k, R_{L'/k}(\mathbf{G}_m)) = 0$, la suite précédente induit une suite exacte

$$0 \to H^1(k, T) \to \text{Br}(L) \to \text{Br}(L').$$

On a $l^s H^1(k, T) = 0$, donc $H^1(k, T)\{l\} = H^1(k, T)$. L'hypothèse implique alors que $\ker(\text{Br}(L) \to \text{Br}(L')) = 0$. Ainsi $[A] = 0$ et on conclut que $H^2_l(L) = 0$. Il résulte que $\text{scd}_l(k) \le 1$. $\blacksquare$

Une application est la suivante.

Corollaire 4.6.3 *Il existe une extension K/k disjointe de $\overline{k}$ telle que* $\text{scd}(K) \le 1$.

Démonstration Il s'agit d'une technique de « compositum » classique. On note k_1 le compositum des corps de fonctions $k(E)$ où (T, E) parcourt les couples de k-variétés tels que T est un k-tore et E est un T-torseur. Comme une telle variété

E est géométriquement connexe, l'extension k_1 est disjointe de $\bar{k}$. On construit k_2 de la même façon à partir de k_1, d'où une tour de corps $k \subset k_1 \subset k_2 \subset \ldots$ On pose $K = \varinjlim_n k_n$. Alors l'extension K est disjointe de $\bar{k}$. Soit T un K-tore et E un T-torseur. Alors il existe un entier n, un k_n-tore T_n et un T_n-torseur E_n tels que $(T, E) = (T_n, E_n) \otimes_{k_n} K$. Comme $E_n(k(E_n)) \neq \emptyset$, il suit que $E(K) \neq \emptyset$ et E est donc un K-torseur trivial. Ainsi $H^1(K, T) = 0$ et la Proposition 4.6.2 permet de conclure que $\mathrm{scd}_l(K) \leq 1$ pour tout premier l, d'où au final $\mathrm{scd}(K) \leq 1$. ∎

4.7 Caractérisation des corps de dimension cohomologique séparable ≤ 2

Le résultat suivant essentiellement dû à Suslin est le point de départ de l'étude de la conjecture II.

Théorème 4.7.1 *Soit l un nombre premier. Alors les assertions suivantes sont équivalentes:*

(i) $\mathrm{scd}_l(k) \leq 2$;

(ii) *Pour toute extension finie séparable de corps L/k et pour toute L-algèbre simple centrale B d'indice divisant l, on a $\mathrm{Nrd}(B^\times) = L^\times$.*

(iii) *Pour toute extension finie séparable de corps L/k et pour toute L-algèbre simple centrale B d'indice l-primaire, on a $\mathrm{Nrd}(B^\times) = L^\times$.*

(iii') *Pour toute extension finie séparable de corps L/k et pour toute L-algèbre simple centrale B et tout entier $n \geq 1$, on a $\mathrm{Nrd}(B^\times) . L^{\times l^n} = L^\times$.*

(iv) *Pour toute extension finie séparable de corps L/k, pour tout L-groupe fini de type multiplicatif μ, pour toute classe $\gamma \in H^2_{\mathrm{fppf}}(L, \mu)\{l\}$ et tout entier $n \geq 1$, on a $\mathrm{N}^{\mathrm{sép}}_\gamma(L) = L^\times$.*

(iv') *Pour toute extension finie séparable de corps L/k, pour tout L-groupe fini de type multiplicatif μ, pour toute classe $\gamma \in H^2_{\mathrm{fppf}}(L, \mu)$ et tout entier $n \geq 1$, on a $\mathrm{N}^{\mathrm{sép}}_\gamma(L) . L^{\times l^n} = L^\times$.*

(v) *Pour toute extension finie séparable de corps L/k, pour tout L-tore T et toute classe $\gamma \in H^1(L, T)\{l\}$, on a $\mathrm{N}^{\mathrm{sép}}_\gamma(L) = L^\times$.*

(v') *Pour toute extension finie séparable de corps L/k, pour tout L-tore T et toute classe $\gamma \in H^1(L, T)$, on a $\mathrm{N}^{\mathrm{sép}}_\gamma(L) . L^{\times l^n} = L^\times$.*

En (iv) et (v), on a noté $\mathrm{N}^{\mathrm{sép}}_\gamma = \mathrm{N}^{\mathrm{sép}}_{D_\gamma}$ où la fonction de détermination D_γ est définie respectivement en 4.1.4.(c) et (b).

Le théorème original de Suslin est le cas $l \neq p$ pour les trois premières équivalences [169, 24.8], c'est une conséquence du Théorème 4.2.2; le cas $l = p$ est analogue à partir de sa généralisation 4.4.1, voir [76, th. 7]. Par passage à la limite, dans les assertions (ii), (iii), (v) et (vi) on peut enlever l'hypothèse de finitude pour $[L : k]$.

Démonstration Le même procédé que dans la démonstration de la Proposition 4.6.2 produit les équivalences $(iv) \iff (v)$ et $(iv') \iff (v')$. On note $K = k^{(l)}$.

$(i) \implies (ii)$: C'est une conséquence immédiate du Théorème 4.4.1.

$(ii) \implies (i)$: Il est loisible de remplacer k par K (Lemme 4.5.4.(2)). Soit L une extension finie de corps séparable de K. C'est un corps l-spécial et nous allons montrer que $H_l^3(L) = 0$. Etant donné une classe $\gamma \in H_l^3(L)$, elle est tuée par une extension finie séparable L'/L qui est une tour d'extensions cycliques de degré l. On est ainsi ramené à montrer l'injectivité de $H_l^3(L) \to H_l^3(L')$ pour une extension L'/L cyclique de degré l. D'après Merkurjev-Suslin si $l \neq p$ [134, 15.6] (resp. Izhboldin si $l = p$ [98, th. D]), on a une suite exacte

$$K_2^M(L') \xrightarrow{N_{L'/L}} K_2^M(L) \xrightarrow{\chi \cdot} H_l^3(L) \to H_l^3(L')$$

où $\chi \in H_l^1(L) = H^1(L, \mathbf{Z}/l\mathbf{Z})$ désigne un caractère définissant l'extension cyclique L'/L. Etant donné un symbole $\{b, c\} \in K_2^M(L)$, on écrit $\chi.\{b, c\} = (\chi.\{b\}).(c) = (c).[(\chi, b)] \in H_l^3(L)$. Vu que (χ, b) est une L-algèbre simple centrale cyclique de degré l, l'hypothèse indique que $c \in \mathrm{Nrd}((\chi, b)^\times)$, d'où $(c).[(\chi, b)] = 0 \in H_l^3(L)$. Par suite, l'application $K_2^M(K) \xrightarrow{\chi \cdot} H_l^3(L)$ est triviale, d'où l'on conclut que $H_l^3(L)$ s'injecte dans $H_l^3(L')$.

$(ii) \implies (iv')$: On commence par le cas $\mu = \mu_l$. Sans perte de généralité, on peut supposer que $L = k$. D'après le Lemme 4.1.7.(1), il suffit de montrer que $N_\gamma^{\mathrm{sép}}(K) = K^\times$. Alors $\gamma \in H_{\mathrm{fppf}}^2(K, \mu_l) \cong {}_lBr(K)$ s'écrit $\gamma = \gamma_1 + \cdots + \gamma_r$ où les γ_i sont des classes d'algèbres cycliques de degré l ; si l est inversible dans k, c'est le théorème de Merkurjev-Suslin, si l est l'exposant caractéristique de k, c'est le théorème de Teichmüller [86, th. 9.1.4]. On a $E := D_{\gamma_1} \wedge \cdots \wedge D_{\gamma_r} \leq D_\gamma$, d'où $N_E^{\mathrm{sép}}(K) \subseteq N_\gamma^{\mathrm{sép}}(K)$. Notre hypothèse entraîne que $N_{\gamma_i}^{\mathrm{sép}}(K') = (K')^\times$ pour toute extension finie séparable de K' et le Lemme 4.1.6.(5) montre que $N_E^{\mathrm{sép}}(K) = K^\times$. On conclut que $N_\gamma^{\mathrm{sép}}(K) = K^\times$.

On passe au cas d'un μ général et de même on peut travailler avec K. Le K-groupe μ_K admet une suite de composition à quotients μ_l. On raisonne par récurrence sur la longueur d'un telle suite, le cas de longueur 1 étant réglé. Si μ est de longueur ≥ 2, on écrit $1 \to \mu_l \to \mu \to \nu \to 1$. Etant donné $\gamma \in H_{\mathrm{fppf}}^2(K, \mu)$, on note θ son image dans $H_{\mathrm{fppf}}^2(K, \nu)$. Ayant en vue l'application du Lemme 4.1.6.(4), on considère les fonctions de détermination $D = D_\gamma$ et $E = D_{\gamma'}$. On a $D \leq E$ et l'hypothèse de récurrence indique que $N_E^{\mathrm{sép}}(K) = K^\times$. On se donne une extension finie séparable K' de K satisfaisant $E(K') = \bullet$, i.e. $\theta_{K'} = 0$. Alors $\gamma_{K'}$ provient d'une classe $\beta \in H_{\mathrm{fppf}}^2(K', \mu_l)$ et on a $D_\beta \leq D_{K'}$. Par le premier cas, on a $N_\beta^{\mathrm{sép}}(K') = (K')^\times$, d'où $N_D^{\mathrm{sép}}(K') = (K')^\times$. Les conditions du Lemme 4.1.6.(4) sont donc réunies et on conclut que $N_D^{\mathrm{sép}}(K) = N_\gamma^{\mathrm{sép}}(K) = K^\times$.

$(iv') \implies (iii')$: Soit B/L comme en (iii'). On note d la période de B et X/L sa variété de Severi-Brauer. Soit $\gamma \in H_{\mathrm{fppf}}^2(L, \mu_d) \cong {}_dBr(L)$ la classe associée à

$[B]$. D'après (iv'), on a $N_\gamma^{\text{sép}}(L) \cdot L^{\times l^n} = L^\times$. Or $N_\gamma^{\text{sép}}(L) = N_X^{\text{sép}}(L) = \text{Nrd}(B^\times)$ en vertu de la Proposition 4.1.8, d'où $\text{Nrd}(B^\times) \cdot L^{\times l^n} = L^\times$.

$(iii') \implies (ii)$: Évident.

On montre maintenant les équivalences $(iii) \iff (iii')$, $(iv) \iff (iv')$, $(v) \iff (v')$ qui résultent du même procédé de localisation. Traitons par exemple le dernier cas.

$(v') \implies (v)$: On peut supposer que $L = k$ et on se donne une classe $\gamma \in H^1(k, T)\{l\}$. Il existe une extension galoisienne finie K' de K qui tue γ. On pose $l^n = [K' : K]$ et on a $K^{\times l^n} \subset N_{K'/K}(K'^\times) \subset N_\gamma^{\text{sép}}(K)$. Par ailleurs, l'assertion (v') nous informe que $K^\times = N_\gamma^{\text{sép}}(K) \cdot K^{\times l^n}$, d'où aussitôt $K^\times = N_\gamma^{\text{sép}}(K)$. D'aute part, soit m un nombre premier distinct de l. Alors $\gamma_{k^{(m)}} = 0$, d'où $(k^{(m)})^\times = N_\gamma^{\text{sép}}(k^{(m)})$. Le Lemme 4.1.7.(2) permet de conclure que $N_\gamma^{\text{sép}}(k) = k^\times$.

$(v) \implies (v')$: On peut supposer que $L = k$ et on se donne une classe $\gamma \in H^1(k, T)$. Alors $\gamma_K \in H^1(K, T)\{l\}$ et l'assertion (v) nous informe que $K^\times = N_\gamma^{\text{sép}}(K)$. Le Lemme 4.1.7.(1) indique alors que $N_\gamma^{\text{sép}}(k) \cdot k^{\times n} = k^\times$ pour tout $n \geq 1$. ∎

4.8 Conjectures I et II de Serre, le type A intérieur

On reproduit ici les versions de la conjecture en caractéristique libre dans le cas semi-simple énoncés par Serre en 1994 [158, §4,5]. On rappelle qu'un k-groupe semi-simple G est *absolument presque simple* si $G \times_k \bar{k}$ est un groupe algébrique presque simple, i.e. tout $\bar{k}$-sous-groupe algébrique distingué de $G_{\bar{k}}$ est fini ou de façon équivalente si le diagramme de Dynkin Δ de $G_{\bar{k}}$ est connexe [175, §1.2.2]. A chaque diagramme de Dynkin connexe Δ, on associe la liste $S(\Delta)$ de nombres premiers de « torsion » définis par la table 4.1 ci-dessous.

Ayant en vue l'étude des tores maximaux, on définit la variante suivante. On note $S^t(\Delta) = S(\Delta)$ si $\Delta \neq G_2$ et $S^t(G_2) = \{2, 3\}$. Le diagramme de Dynkin G_2 est donc l'unique cas où les deux ensembles sont distincts.

Si G est un k-groupe algébrique absolument presque simple de type absolu Δ, on pose alors $S(G) = S(\Delta)$ et $S^t(G) = S^t(\Delta)$.

Tableau 4.1 Table des premiers de torsion

Type	$S(\Delta)$
A_n $(n \geq 1)$	diviseurs premiers de $2(n+1)$
B_n $(n \geq 3)$	2
C_n $(n \geq 2)$	2
D_n $(n \geq 5)$	2
D_4, E_6, E_7, F_4	2,3
E_8	2,3,5
G_2	2

Conjecture 4.8.1 (« Conjecture I »)   Soit G un k-groupe absolument presque simple. On suppose que pour tout premier $l \in S(G)$, on a $\mathrm{scd}_l(k) \leq 1$. Alors $H^1(k, G) = 1$.

Conjecture 4.8.2 (« Conjecture II »)   Soit G un k-groupe absolument presque simple et simplement connexe. On suppose que pour tout premier $l \in S(G)$, on a $\mathrm{scd}_l(k) \leq 2$. Alors $H^1(k, G) = 1$.

Soit A une k-algèbre simple centrale et notons d son degré. Plusieurs groupes algébriques remarquables sont associés à A [115, §23]. On note $\mathrm{GL}_1(A)$ le k-groupe algébrique des unités de A, c'est-à-dire défini par $\mathrm{GL}_1(A)(R) = (A \otimes_k R)^\times$ pour toute k-algèbre R (commutative, avec unité). Son centre est le sous-groupe des homothéties $\mathbf{G}_m$ et on note $\mathrm{PGL}_1(A) = \mathrm{GL}_1(A)/\mathbf{G}_m$ le k-groupe quotient. Le k-groupe $\mathrm{PGL}_1(A)$ est un k-groupe absolument simple et adjoint, c'est une k-forme intérieure de PGL_d. Nous allons vérifier que la conjecture I vaut pour le k-groupe $\mathrm{PGL}_1(A)$. Il s'agit d'un k-groupe de type A_{d-1} donc ses premiers de torsion sont les diviseurs premiers de $2d$.

Proposition 4.8.3   *On suppose que $\mathrm{scd}_l(k) \leq 1$ pour tout premier l divisant d. Alors A est déployée et $H^1(k, \mathrm{PGL}_1(A)) = 1$.*

Démonstration   Sous cette hypothèse, on a $_l\mathrm{Br}(k) = 0$, donc $_d\mathrm{Br}(k) = 0$. Comme A définit une classe $[A] \in \mathrm{Br}(k)$ dont la période divise d, il suit que $[A] = 0$, donc A est déployée. Or l'ensemble $H^1(k, \mathrm{PGL}_1(A)) \cong H^1(k, \mathrm{PGL}_n)$ classifie les k-algèbres simples centrales de degré d [159, III.1.2]. On conclut que $H^1(k, \mathrm{PGL}_1(A)) = 1$.   ∎

Nous reviendrons sur les autres groupes semi-simples de type A intérieur au chapitre suivant. Passons à la conjecture II pour le groupe semi-simple simplement connexe $\mathrm{SL}_1(A)$. La suite exacte $1 \rightarrow \mathrm{SL}_1(A) \rightarrow \mathrm{GL}_1(A) \xrightarrow{\mathrm{Nrd}_A} \mathbf{G}_m \rightarrow 1$ induit une bijection $k^\times/\mathrm{Nrd}_A(A^\times) \xrightarrow{\sim} H^1(k, \mathrm{SL}_1(A))$ [86, 2.7.3]. La conjecture II pour le k-groupe semi-simple simplement connexe $\mathrm{SL}_1(A)$ est donc un énoncé de surjectivité des normes réduites qui apparaît comme une conséquence du Théorème 4.2.2 de Suslin.

Théorème 4.8.4   *On suppose que $\mathrm{scd}_l(k) \leq 2$ pour tout premier l divisant d. Alors $H^1(k, \mathrm{SL}_1(A)) = 1$.*

Démonstration   On décompose $d = l_1^{n_1} \cdots l_m^{n_m}$ en facteurs premiers. L'isomorphisme $\mu_{l_1^{n_1}} \times \cdots \times \mu_{l_m^{n_m}} \xrightarrow{\sim} \mu_d$, $(x_1, \cdots x_m) \mapsto x_1 \ldots x_m$ induit un isomorphisme

$$k^\times/k^{\times l_1^{n_1}} \times \cdots \times k^\times/k^{\times l_m^{n_m}} \xrightarrow{\sim} k^\times/k^{\times d}$$

en prenant la cohomologie plate H^1_{fppf}. Le Théorème 4.7.1 montre que $k^\times = \mathrm{Nrd}(A^\times) \cdot k^{\times l_i^{n_i}}$ pour $i = 1, \ldots, m$, d'où $k^\times = \mathrm{Nrd}(A^\times) \cdot k^{\times d}$ en utilisant l'isomorphisme ci-dessus. Or $k^{\times d} = \mathrm{Nrd}_A(k^\times) \subseteq \mathrm{Nrd}(A^\times)$, ce qui permet de conclure que $k^\times = \mathrm{Nrd}(A^\times)$.   ∎

Remarque 4.8.5 Le Théorème 4.7.1 montre en fait l'énoncé plus fort suivant relatif à un premier l. Si $\mathrm{scd}_l(k) \leq 2$ et si X désigne une variété de Severi-Brauer généralisée associée à des algèbres d'indices l-primaires, alors $k^\times = \mathrm{N}_X^{\mathrm{s\acute{e}p}}(k)$.

De façon plus précise, une telle variété est un produit $X = R_{k_1/k}(X_1) \times_k \cdots \times_k R_{k_n/k}(X_n)$ où les k_i sont des extensions finies séparables de k et X_i/k_i la variété de Severi-Brauer d'une k_i-algèbre simple centrale d'indice l^{m_i}. L'égalité $k^\times = \mathrm{N}_X^{\mathrm{s\acute{e}p}}(k)$ résulte en effet de l'implication $(i) \implies (iv)$ appliquée au k-groupe multiplicatif $\mu = R_{k_1/k}(\mu_{l^{m_1}}) \times \cdots \times R_{k_n/k}(\mu_{l^{m_n}})$ et la classe $\gamma \in H^2_{\mathrm{fppf}}(k, \mu) \xrightarrow{\sim} H^2_{\mathrm{fppf}}(k_1, \mu_{l^{m_1}}) \oplus \cdots \oplus H^2_{\mathrm{fppf}}(k_n, \mu_{l^{m_n}})$ définie par les A_i.

Chapitre 5
Tores algébriques, Conjecture I et groupes de normes

Ce chapitre contient la démonstration de la conjecture I (théorème de Steinberg) et ses applications à l'étude des groupes de normes de torseurs sous des tores et de variétés de sous-groupes de Borel d'un groupe réductif.

5.1 Rappels sur les groupes algébriques et leurs tores maximaux

Le paragraphe 4.8 définit les entiers de torsion d'un k-groupe absolument presque simple. Il est commode d'étendre cette définition au cas semi-simple arbitraire de la façon suivante.

Si $G_{\overline{k}}$ est de type $\Delta_1 \cup \cdots \cup \Delta_m$, où les Δ_i sont des diagrammes de Dynkin irréductibles, on note $S(G) = \bigcup_{i=1,\dots,m} S(\Delta_i)$ et $S^t(G) = \bigcup_{i=1,\dots,m} S^t(\Delta_i)$. Une raison d'utiliser l'ensemble S^t est justifiée par la compatibilité suivante.

Lemme 5.1.1 *Soit G un k-groupe semi-simple simplement connexe. Soit H un k-sous-groupe réductif de rang maximal non exotique de G. Alors $S^t(DH) \subseteq S^t(G)$.*

Démonstration Sans perte de généralité, on peut supposer k algébriquement clos et que G est presque simple (simplement connexe) de diagramme de Dynkin Δ. En outre, par récurrence sur la dimension, il est loisible de supposer que H est maximal dans G parmi les sous-groupes réductifs de rang maximal non exotiques de G. D'après Borel-de Siebenthal (cf. Proposition 3.1.9), deux cas exclusifs se présentent:

H n'est pas semi-simple Alors H est un sous-groupe de Levi d'un sous-groupe parabolique propre de G. Le diagramme de Dynkin de DH est un sous-diagramme de Δ, par inspection des tables, on vérifie aussitôt que $S^t(DH) \subseteq S^t(G)$.

© Springer Nature Switzerland AG 2019

P. Gille, *Groupes algébriques semi-simples en dimension cohomologique ≤2*, Lecture Notes in Mathematics 2238, https://doi.org/10.1007/978-3-030-17272-5_5

H est semi-simple Alors le diagramme de Dynkin de H est obtenu en retirant un sommet α diagramme de Dynkin $\widetilde{\Delta}$ étendu associé à Δ avec la condition que la valence est un nombre premier. Une nouvelle fois, une vérification des tables produit l'inclusion souhaitée $S^t(H) \subseteq S^t(G)$.

Théorème 5.1.2 (Harder, [96, I, §9]) *Soit T un k-tore maximal de G. Alors pour tout premier $l \notin S^t(G)$ et toute extension de corps F/k, on a $H^1(F, T)\{l\} = 0$, $H^1(F, \widehat{T})\{l\} = 0$ et $H^1(F, \widehat{T^0})\{l\} = 0$.*

Lemme 5.1.3 *Soient R un système de racines irréductible réduit et P le réseau des poids. On note Δ le diagramme de Dynkin de R. Soient l un nombre premier et Γ un l-groupe fini agissant sur R. Si $l \notin S^t(G)$, alors P admet un sous Γ-module de permutation P' d'indice fini de degré premier à l.*

Démonstration On note $W(R)$ le groupe de Weyl de R, $A(R)$ son groupe d'automorphismes et Q le réseau des racines. On note que Q est d'indice premier à l dans P. L'action $\Gamma \to A(R)$ factorise par un l-groupe de Sylow de $A(R)$, donc un l-groupe de Sylow de $W(R)^{(l)}$ vu que $l \notin S^t(\Delta)$. On peut donc supposer que $\Gamma = W(R)^{(l)}$ et on raisonne alors cas par cas. En types B_n ($n \geq 3$), C_n ($n \geq 2$), $\Delta = D_n$ ($n \geq 4$), on prend $P' = Q$; en effet, on a alors $W^{(l)} \subset S_n$.

Cas A_n ($n \geq 1$) On a une suite exacte de $S_{n+1} = W(R)$-modules $0 \to Q \to \mathbf{Z}[S_{n+1}/S_n] \xrightarrow{\epsilon} \mathbf{Z} \to 0$. On pose $P' = \big((n+1)[i] - 1\big)_{i=1,\ldots,n}$, c'est un sous-$S_{n+1}$-module d'indice $(n+1)$, donc premier à l, qui est de permutation.

Cas $\Delta = E_6$ Si $l \neq 5$, alors $W(R)^{(l)} = 1$ et il n'y a rien à faire. Le groupe $W(R)^{(5)}$ est cyclique et stabilise un sous-système R' de R de type $A_1 \times A_5$. Alors $Q(R')$ est d'indice premier à l dans $Q(R)$ et le cas de A_n indique que $Q(R')$ contient un sous $W(R)^{(5)}$-module de permutation qui est d'indice premier à l.

Cas $\Delta = E_7$ Si $l \neq 5, 7$, alors $W(R)^{(l)} = 1$ et ce cas est trivial. Le groupe $W(R)^{(5)}$ (resp. $W(R)^{(5)}$) est cyclique et stabilise un sous-système R' de R de type A_7. L'argument est alors le même que pour E_6.

Cas $\Delta = E_8$ On peut supposer aussi ici que $l = 5, 7$. Le groupe $W(R)^{(5)}$ (resp. $W(R)^{(7)}$) est bicyclique (resp. cyclique) et stabilise un sous-système R' de R de type $A_5 \times A_5$ (resp. A_8). Le même argument fonctionne.

Cas $\Delta = F_4$ Vu que $A(D_4) = W(F_4)$, ce cas suit de celui de D_4.

Cas $\Delta = G_2$ Ce cas est trivial puisque $W^{(l)} = 1$.

Nous pouvons procéder à la démonstration du Théorème 5.1.2.

Démonstration On fixe un nombre premier l. On suppose que $l \notin S^t(G)$. Soit T un k-tore maximal de G. On note K_{nr} l'extension maximale non ramifiée de $K = k((t))$. Ceci permet de supposer que k est un corps l-spécial.

Cas G semi-simple simplement connexe presque k-simple On note R le système de racines $\Phi(G_{k_s}, T_{k_s})$, il est simple et réduit. Comme G est simplement connexe, on a

$\widehat{T} = P(R)$ et le lemme 5.1.3 appliqué à l'image de l'homomorphisme $\Gamma_k \to A(R)$ montre que $\widehat{T}$ admet un sous-réseau galoisien P' d'indice premier à l, qui est de permutation. Par dualité de Cartier, on obtient une suite exacte de k-groupes de type multiplicatifs $1 \to \mu \to E \to T \to 1$ où E est un k-tore quasi-trivial et μ un k-groupe fini d'ordre premier à l. Comme $\widehat{\mu}$ est d'exposant premier à l, on a $H_{\mathrm{fppf}}^i(k, \mu)\{l\} = 0$ pour tout $i \geq 0$. Par suite, l'application $H^1(k, E) \to H^1(k, T)$ induit un isomorphisme $H^1(k, E)\{l\} \xrightarrow{\sim} H^1(k, T)\{l\}$. Comme E est quasi-trivial, on conclut que $H^1(k, T)\{l\} = 0$.

De même, en utilisant les suites exactes de modules galoisiens $0 \to \widehat{T} \to \widehat{E} \to \widehat{\mu} \to 0$ et $0 \to (\widehat{E})^0 \to (\widehat{T})^0 \to \mu(-1) \to 0$, on obtient que $H^1(k, \widehat{T})\{l\} = 0$ et $H^1(k, \widehat{T}^0)\{l\} = 0$.

Cas G semi-simple simplement connexe On écrit $G = R_{k_1/k}(G_1) \times \cdots \times R_{k_n/k}(G_n)$ où les k_i sont des extensions séparables de corps et les G_i des k_i-groupes absolument presque k_i-simples et simplement connexe. Alors les k_i sont l-spéciaux et T se décompose en $T = R_{k_1/k}(T_1) \times \cdots \times R_{k_n/k}(T_n)$ où chaque T_i est un k_i-tore maximal de G_i. Le cas précédent et l'isomorphisme de « Shapiro » montre que $H^1(k, T)\{l\} = 0$ et $H^1(k, \widehat{T})\{l\} = 0$ et $H^1(k, \widehat{T}^0)\{l\} = 0$.

Cas général Soit $f : \widetilde{G} \to G$ le revêtement universel de G. Alors $\widehat{\ker(f)}(k_s)$ est d'ordre premier à l. On pose $\widetilde{T} = f^{-1}(T)$. Le même raisonnement (qu'au premier cas) appliqué à la suite exacte $1 \to \ker(f) \to \widetilde{T} \to T \to 1$ induit un isomorphisme $H^1(k, \widetilde{T})\{l\} \xrightarrow{\sim} H^1(k, T)\{l\}$. Le cas précédent permet de conclure que $H^1(k, T)\{l\} = 0$. De la même façon, on obtient que $H^1(k, \widehat{T})\{l\} = 0$ et $H^1(k, \widehat{T}^0)\{l\} = 0$.

Remarque 5.1.4 L'exception pour le type G_2 se voit aussi dans le Théorème 5.1.2. Si G_0 désigne le groupe de Chevalley de type G_2, il contient un sous-groupe $H_0 \cong \mathrm{SL}_3$ de rang maximal. Soit K/k une algèbre étale cubique, alors le tore normique $T = R_{K/k}^1(\mathbf{G}_m)$ est un sous-tore de $\mathrm{SL}_3 \cong \mathrm{SL}(K)$ et est donc un sous-tore maximal de G_0. La suite exacte $1 \to T \to R_{K/k}(\mathbf{G}_m) \xrightarrow{\mathrm{N}_{K/k}} \mathbf{G}_m \to 1$ induit un isomorphisme $K^\times/\mathrm{N}_{K/k}(K^\times) \xrightarrow{\sim} H^1(k, T)$. Ce groupe est tué par multiplication par 3 et est non trivial par exemple si k est un corps local non archimédien (ou un corps de nombres) et K une extension de corps cyclique de degré 3.

5.2 Classes de conjugaison rationnelles, application à la conjecture I

Soit G un k-groupe algébrique linéaire. On dit qu'une $G(k_s)$-classe de conjugaison $\mathscr{C}$ de $G(k_s)$ est rationnelle si elle est stable par l'action du groupe de Galois Γ_k. De façon équivalente, la $G(k_s)$-classe de conjugaison $\mathscr{C}(g)$ d'un élément $g \in G(k_s)$ est rationnelle si $\sigma(g)$ est $G(k_s)$-conjugué à g pour tout $\sigma \in \Gamma_k$.

Si $g_0 \in G(k)$, on note que la $G(k_s)$-classe de conjugaison $\mathscr{C}(g_0)$ est rationnelle.

Théorème 5.2.1 (Steinberg, [168, 10.1] et [21, 8.6] dans le cas non parfait)
On suppose que G est semi-simple simplement connexe et quasi-déployé. Soit $\mathscr{C}$ une classe de conjugaison rationnelle semi-simple régulière (i.e. formée d'éléments semi-simples réguliers). Alors il existe un élément $g_0 \in G(k)$ tel que $\mathscr{C} = \mathscr{C}(g_0)$.

Remarques 5.2.2

(a) Si k est de caractéristique nulle, ce résultat vaut pour toute classe de conjugaison rationnelle (Kottwitz, [116, th .4.1]).
(b) En excluant le type A_{2m}, ce résultat admet une généralisation sur un anneau semi-local (Lee [122, §5.5]).

Une conséquence importante est la suivante.

Théorème 5.2.3 *Soit G un k-groupe semi-simple quasi-déployé. Pour toute classe $\gamma \in H^1(k, G)$, il existe un k-tore maximal $i : T \hookrightarrow G$ tel que*

$$\gamma \in \mathrm{Im}\Big(H^1(k, T)\{S(G)\} \to H^1(k, G)\Big).$$

Démonstration Si k est fini, il n'y a rien à faire puisque alors on a $H^1(k, G) = 1$ d'après le théorème de Lang. On peut donc supposer que k est infini. Soit $[z] \in H^1(k, G)$ et notons $P(z)$ l'espace principal homogène sous G défini par z et par $\phi : G_{k_s} \xrightarrow{\sim} P(z)_{k_s}$ la trivialisation satisfaisant $z_\sigma = \phi^{-1} \circ \sigma(\phi)$ pour tout $\sigma \in \Gamma_k$. Cette trivialisation induit un k_s-isomorphisme de groupes $\varphi_* : G_{k_s} \xrightarrow{\sim} (_zG)_{k_s}$ satisfaisant $\mathrm{int}(z_\sigma) = \varphi^{-1} \circ \sigma(\varphi)$ pour tout $\sigma \in \Gamma_k$.

On note $f : G^{sc} \to G$ le revêtement universel de G. On choisit un élément régulier $g^{sc} \in (_zG)^{sc}(k)$. On considère la classe de $G^{sc}(k_s)$-conjugaison $\mathscr{C}$ de $\varphi^{-1}(g^{sc})$ dans $G^{sc}(k_s)$. Nous affirmons que cette classe de conjugaison est rationnelle, c'est-à-dire est stable par Γ_k. En effet, on a $\big(\varphi^{-1}(g^{sc})\big) = z_\sigma{}^\sigma\big(\varphi^{-1}(g^{sc})\big) z_\sigma^{-1}$ pour tout $\sigma \in \Gamma_k$. D'après le théorème de Steinberg sur les classes de conjugaison rationnelles (Th. 5.2.1), l'intersertion $\mathscr{C} \cap G^{sc}(k)$ est non vide. Par suite, il existe des éléments $g_1^{sc} \in G^{sc}(k)$ et $h^{sc} \in G^{sc}(k_s)$ tels que $\varphi^{-1}(g) = (h^{sc})^{-1} g_1^{sc} h^{sc}$. On pose $g = {}_zf(g^{sc})$, $g_1 = f(g_1^{sc})$, $h = f(h^{sc})$, $T_1 = C_G(g_1)$ et $i_1 : T_1 \to G$.

Puisque $\varphi^{-1}(g) \in G(k)$ et $g_1 \in G(k)$, on a $h g_1 h^{-1} = z_\sigma{}^\sigma(h^{-1} g_1 h) z_\sigma^{-1} = z_\sigma h^{-\sigma} g_1{}^\sigma h z_\sigma^{-1}$ pour tout $\sigma \in \Gamma_k$ d'où

$$g_1 = a_\sigma g_1 a_\sigma^{-1}$$

où $a_\sigma = h z_\sigma h^{-\sigma}$ est un 1-cocycle cohomologue à z et à valeurs dans in $T_1(k_s) = Z_G(T_1)(k_s)$.

Comme les groupes de type G_2 sont simplement connexes et adjoint, on a une décomposition $G = G' \times G''$ où $G'_{\overline{k}}$ est sans facteur de type G_2 et tous les facteurs simples de $G''_{\overline{k}}$ sont de type G_2. On a donc deux cas à discuter séparément.

$G_{\bar{k}}$ *n'a pas de facteur de type* G_2 Alors $H^1(k, T_1)$ est un groupe $S(G)$-primaire d'après le Théorème 5.1.2 et on a fini.

Les facteurs simples de $G_{\bar{k}}$ *sont tous de type* G_2 On commence par le cas où G est simple. Alors $_zG$ est le groupe d'automorphismes d'une algèbre d'octonions C. L'algèbre C est construite par le procédé de duplication de Cayley-Dickson, c'est-à-dire que C admet une sous-algèbre de quaternions Q [167, th 1.6.2]. Alors $_zG$ admet un k-sous-groupe isomorphe à $H(Q) := \big(\mathrm{SL}_1(Q) \times \mathrm{SL}_1(Q)\big)/\mu_2$. Soit $K \subset Q$ une sous-algèbre étale quadratique de k. Alors $H(Q)$ admet le k-tore maximal $T = \big(R^1_{K/k}(\mathbf{G}_m) \times R^1_{K/k}(\mathbf{G}_m)\big)/\mu_2$ et donc $_zG$ admet le k-tore maximal T. Comme $T(k)$ est Zariski dense dans T, il existe $t_0 \in T(k)$ tel que t est régulier et $C_{_zG}(t_0) = T$. En prenant $g^{sc} = t_0$, on obtient un plongement $i_1 : T_1 \cong T \to G$ de sorte que

$$[z] \in \mathrm{Im}\Big(H^1(k, T_1) \xrightarrow{i_{1,*}} H^1(k, G)\Big).$$

Passons au cas général. Il existe des extensions de corps finies séparables $k_1, \ldots, k_n$ de k telles que $G = R_{k_1/k}(H_1) \times \cdots \times R_{k_n/k}(H_n)$ où chaque G_i est le k_i-groupe déployé de type G_2. L'application du cas précédent à chaque H_i/k_i achève la démonstration. ∎

Remarque 5.2.4 Une version plus précise de ce résultat figure dans l'article [12, §2.4], elle utilise la notion de type orienté d'un sous-tore maximal de G.

On va donner un énoncé général pour un groupe semi-simple G qui dans le cas absolument presque k-simple répond à la conjecture I.

Théorème 5.2.5 *Soit* G/k *un groupe semi-simple. On suppose que* $\mathrm{scd}_l(G) \leq 1$ *pour tout premier* $l \in S(G)$. *Alors* G *est quasi-déployé et* $H^1(k, G) = 1$.

Démonstration Étant donné une classe $\gamma \in H^1(k, G^q)$, le Théorème 5.2.3 montre qu'il existe un k-tore maximal $i : T \to G^q$ tel que

$$\gamma \in \mathrm{Im}\Big(H^1(k, T)\{S(G)\} \xrightarrow{i_*} H^1(k, G)\Big).$$

Par ailleurs, pour $l \in S(G)$, la propriété $\mathrm{scd}_l(k) \leq 1$ entraîne que $H^1(k, T)\{l\} = 0$ (Prop. 4.6.2). Comme $H^1(k, T)$ est un groupe de torsion, il suit que $H^1(k, T) = 0$, d'où $\gamma = 1 \in H^1(k, G^q)$.

En particulier, on a $H^1(k, G^q_{ad}) = 1$ et comme G est une forme intérieure de G^q, il suit que G est isomorphe à G^q, c'est-à-dire quasi-déployé. On conclut que $H^1(k, G) = 1$. ∎

Pour les autres groupes, on obtient l'énoncé suivant.

Corollaire 5.2.6 *On suppose que* $\mathrm{scd}(k) \leq 1$. *Soit* G/k *un groupe réductif.*

(1) Alors G *est quasi-déployé et* $H^1(k, G) = 1$.
(2) Si $H \subset G$ *désigne un* k-sous-groupe fermé de G, alors on a une bijection
$$G(k)\backslash(G/H)(k) \xrightarrow{\sim} H^1_{\mathrm{fppf}}(k, H).$$

Démonstration

(1) Soit T le centre connexe de G et notons $G' = G/T$. Alors G' est semi-simple et le Théorème 5.2.5 montre que G' est quasi-déployé. Il en est de même de G en retirant un sous-groupe de Borel de G'. On a $H^1(k, T) = 1$ suivant la Proposition 4.6.2 et $H^1(k, G')$ d'après le résultat précédent, d'où aussitôt $H^1(k, G) = 1$.

(2) L'application caractéristique $(G/H)(k) \to H^1_{\text{fppf}}(k, H)$ induit une bijection (cf. [82, prop. 2.4.3])

$$G(k)\backslash(G/H)(k) \xrightarrow{\sim} \ker\left(H^1_{\text{fppf}}(k, H) \to H^1(k, G)\right).$$

Le (1) donne donc la bijection désirée. ∎

Pour les groupes non connexes, on a le résultat suivant.

Théorème 5.2.7 *On suppose que* $\text{scd}(k) \leq 1$. *Soit* G/k *un groupe algébrique affine et lisse tel que* G^0 *est réductif. Alors l'application* $H^1(k, G) \to H^1(k, G/G^0)$ *est bijective.*

Démonstration Comme $H^1(k, G^0) = 1$ d'après le corollaire précédent, la flèche $H^1(k, G) \to H^1(k, G/G^0)$ a un noyau trivial. L'argument de torsion habituel montre que $H^1(k, G) \to H^1(k, G/G^0)$ est injectif. Montrons la surjectivité. Soit T un k-tore maximal de G^0. On note $N = N_G(T)$ le normalisateur de T dans G. Dans l'article [40, §3], on construit un k-sous-groupe fini S de $N_G(T)$ tel que S se surjecte sur G/G^0 et tel que S soit une extension d'un k-groupe fini étale H par un k-groupe fini de type multiplicatif μ. On décompose $\mu = \mu' \times \mu''$ où μ'' désigne la partie p-primaire de μ. Alors $H' = S/\mu''$ est un k-groupe étale qui se surjecte sur G/G^0. On décompose le problème en deux en factorisant $S \to G/G^0$ par H'.

L'application $H^1_{\text{fppf}}(k, S) \to H^1_{\text{fppf}}(k, H')$ *est surjective* On a une suite exacte $1 \to \mu'' \to S \to H' \to 1$. Soit E un H'-torseur. L'obstruction à relever $[E] \in H^1_{\text{fppf}}(k, H')$ en une classe de $H^1_{\text{fppf}}(k, S)$ est une classe $\gamma(E) = H^2_{\text{fppf}}(k, {}^E\mu'')$ [87, IV.4.2.8]. Or ${}^E\mu''$ est un k-groupe fini de type multiplicatif donc $H^2_{\text{fppf}}(k, {}^E\mu'') = 0$ en vertu de la Proposition 4.6.2.

L'application $H^1_{\text{fppf}}(k, H') \to H^1(k, G/G^0)$ *est surjective* On note M le noyau de $H' \to G/G^0$, c'est un k-groupe fini étale. Soit F un G/G^0-torseur. L'obstruction à relever $[F] \in H^1_{\text{fppf}}(k, G/G^0)$ est en une classe de $H^1_{\text{fppf}}(k, H')$ est donnée par une extension topologique de groupes

$$1 \to M \to \mathscr{E} \to \Gamma_k \to 1.$$

Celle-ci est (topologiquement) scindée si et seulement si $[F]$ se relève dans $H^1(k, H')$ [164, prop. 1.28]. Par hypothèse, on a $\text{cd}(\Gamma_k) \leq 1$, donc Γ_k est un groupe profini projectif (Gruenberg [93, th. 4]). En particulier la suite exacte ci-dessus est scindée et $[F]$ se relève dans $H^1(k, H')$.

Par composition, on conclut que $H^1(k, G) \to H^1(k, G/G^0)$ est surjectif.

Remarque 5.2.8 Dans le cas parfait, on aurait pu directement utiliser un résultat de Grothendieck sur les gerbes [164, prop. 3.11].

5.3 Groupes de normes des variétés de sous-groupes de Borel

Soit G un k-groupe semi-simple. On rappelle que le k-foncteur $\underline{\mathscr{B}}(R) = \{R\text{-sous-groupe de Borel de } G \times_k R\}$ est représentable par un k-schéma X projectif lisse homogène sous G appelé k-variété des sous-groupes de Borel de k [60, XXII.5.8.3, XXVI 3.2]. Le fait suivant généralise la surjectivité de l'application de norme réduite sous les hypothèses de la conjecture II.

Théorème 5.3.1 *On suppose que* $\mathrm{scd}_l(k) \leq 2$ *pour tout* $l \in S(G)$. *Alors* $N_X(k) = k^\times$.

Démonstration Sans perte de généralité, on peut supposer G adjoint. On note G^q une forme quasi-déployée de G. Le Théorème 5.2.3 indique qu'il existe un k-tore maximal $i : T \hookrightarrow G^q$, un k-torseur E sous T' tel que $[E] \in H^1(k', T')$ est une classe $S(G)$-primaire et $G \cong {}_E G^q$. On a l'inégalité $D_E \leq D_X$ pour les fonctions de détermination de E et de X. Notant $\{l_1, \ldots, l_r\}$ les premiers de torsion de G premiers à n et $\gamma = [E] \in H^1(k, T)$, on décompose $\gamma = \gamma_{l_1} + \cdots + \gamma_{l_r}$ où γ_{l_i} désigne la composante l_i-primaire de γ. On a $D_{\gamma_1} \wedge \cdots \wedge D_{\gamma_r} = D_\gamma$. Le Théorème 4.7.1, (1) $\implies$ (v), montre que $N^{\mathrm{sép}}_{\gamma_i}(L) = L^\times$ pour toute extension finie séparable de k. Le Lemme 4.1.6.(5) permet de conclure que $N^{\mathrm{sép}}_\gamma(k) = k^\times$ et partant que $N^{\mathrm{sép}}_X(k) = k^\times$.   ∎

Remarque 5.3.2 Examinons le cas particulier du corps l-spécial $k^{(l)}$. Soient G un k-groupe semi-simple et X la variété des sous-groupes de Borel de G. Soit l un nombre premier tel que $\mathrm{scd}_l(k) \leq 2$. Alors $k^{(l)}$ satisfait les hypothèses du Théorème 5.3.1 d'où $N_X\big(k^{(l)}\big) = (k^{(l)})^\times$. D'après le Lemme 4.1.7.(1), ceci entraîne que $N_X(k) \cdot k^{\times l^n} = k^\times$ pour tout entier $n \geq 1$.

5.4 Conjecture II, normes et isogénies

Le « contrôle des extensions centrales » est une étape importante de notre approche de la conjecture II, elle est fondée sur le principe de normes [75, 133].

Proposition 5.4.1 *Soit G un k-groupe réductif satisfaisant l'hypothèse suivante:*

(QD): G^q admet un tore maximal facteur direct d'un k-tore quasi-trivial.

Soit $\mu \subset G$ un k-sous-groupe fini central de type multiplicatif. On suppose que $\mathrm{scd}_l(k) \leq 2$ pour tout $l \in S(DG)$ divisant l'ordre de $\widehat{\mu}(k_s)$.

(1) *L'application* $H^1_{\text{fppf}}(k, \mu) \to H^1(k, G)$ *est triviale sur* $RH^1_{\text{fppf}}(k, \mu)$.

(2) *Si* μ *est déployé par une extension galoisienne métacyclique, l'application caractéristique*

$$(G/\mu)(k) \to H^1_{\text{fppf}}(k, \mu)$$

est surjective et l'application $H^1(k, G) \to H^1(k, G/\mu)$ *est injective.*

Remarque 5.4.2 Supposons G semi-simple simplement connexe. Alors la condition (QD) est satisfaite puisque $C_G(S)$ est quasi-trivial [60, XXVI.3.13]. En outre, si G est une forme intérieure ou absolument presque k-simple, alors la condition sur μ est satisfaite.

Exemples 5.4.3 Donnons trois cas particuliers.

(a) Soit A une algèbre simple centrale de degré d et prenons $G = \text{SL}_1(A)$ et $\mu = \mu_d = Z(G)$. Alors $G/\mu_d = \text{PGL}_1(A)$ et l'application caractéristique

$$\text{GL}_1(A)(k)/k^\times \to H^1_{\text{fppf}}(k, \mu_d) \cong k^\times/k^{\times d}$$

est la norme réduite modulo d. Ainsi la Proposition 5.4.1 généralise la surjectivité des normes réduites étudiée au chapitre précédent.

(b) Soit q une forme quadratique non dégénérée de dimension $2n \geq 4$. On pose $G = \text{Spin}(q)$ et on considère la suite exacte centrale $1 \to \mu_2 \to \text{Spin}(q) \to \text{SO}(q) \to 1$. Alors l'application caractéristique $\text{SO}(q)(k) \to H^1_{\text{fppf}}(k, \mu_2) \cong k^\times/k^{\times 2}$ est la norme spinorielle qui est donc surjective si $\text{scd}_2(k) \leq 2$.

(c) Si G est quasi-déployé, la Proposition 5.4.1 est triviale. En effet, on sait que G admet un k-tore maximal T qui est quasi-trivial [60, XXIV.3.13]. On a $\mu \subset Z(G) \subset T$, donc l'application $H^1_{\text{fppf}}(k, \mu) \to H^1(k, G)$ factorise par $H^1(k, T) = 1$, donc est triviale. La suite exacte d'ensembles pointés de cohomologie galoisienne $(G/\mu)(k) \to H^1_{\text{fppf}}(k, \mu) \to H^1(k, G)$ permet alors de conclure que l'application caractéristique $(G/\mu)(k) \to H^1_{\text{fppf}}(k, \mu)$ est surjective.

Nous procédons à la démonstration de la Proposition 5.4.1.

Démonstration

(1) Sans perte de généralité, on peut supposer que μ est l-primaire pour un premier l et on note alors l^n un annulateur de μ. On note T^q un tore maximal de G^q satisfaisant l'hypothèse (QD). Soit X la variété des sous-groupes de Borel de G. Pour tout corps F/k, on note $C(F) = \ker\left(H^1_{\text{fppf}}(F, \mu) \to H^1(F, G)\right)$, c'est l'image de l'application caractéristique $(G/\mu)(F) \to H^1_{\text{fppf}}(F, \mu)$. On fait appel maintenant à la Proposition 1.6.2 en considèrant une résolution flasque $1 \to \mu \to S \to E \to 1$ où E est un k-tore quasi-trivial et S un k-tore flasque. Alors l'application caractéristique $\phi_F : E(F) \to H^1_{\text{fppf}}(F, \mu)$ a pour

image $H^1_{\text{fppf}}(F, \mu)$ pour toute extension F/k. On décompose $E = R_{k_1/k}(\mathbf{G}_m) \times \ldots R_{k_r/k}(\mathbf{G}_m)$, d'où une surjection $\phi : k_1^\times \cdots \times k_r^\times \to RH^1_{\text{fppf}}(F, \mu)$. Si $T = R_{K/k}(\mathbf{G}_m)$ désigne l'un des facteurs, on est ramené à montrer que $\phi(K^\times) \subset RC(k)$.

On se donne une extension finie L/k séparable satisfaisant $X(L) \neq \emptyset$, on sait alors que $C(L) = H^1_{\text{fppf}}(L, \mu)$. En effet, l'application $H^1_{\text{fppf}}(L, \mu) \to H^1(F, L)$ factorise par $H^1(L, T) = 1$ où T désigne un L-tore de $G_L \cong G_L^q$ qui est un facteur direct d'un L-tore quasi-trivial. Par suite, on a $RC(L) = RH^1_{\text{fppf}}(L, \mu)$. Le principe de norme [75, II.3.2] indique alors que $\text{Cores}_k^L(RC(L)) \subseteq RC(k)$, d'où

$$(*) \qquad \text{Cores}_k^L\big(RH^1_{\text{fppf}}(L, \mu)\big) \subseteq C(k).$$

On forme alors le diagramme commutatif

$$
\begin{array}{ccc}
T(L) = (L \otimes_k K)^\times & \xrightarrow{\phi_L} & H^1_{\text{fppf}}(L, \mu) \\
\Big\downarrow{\scriptstyle N_{L/K}} & & \Big\downarrow{\scriptstyle \text{Cores}_{L/K}} \\
T(K) = (K \otimes_k K)^\times & \xrightarrow{\phi_K} & H^1_{\text{fppf}}(K, \mu) \\
\Big\downarrow{\scriptstyle N_{k'/k}} & & \Big\downarrow{\scriptstyle \text{Cores}_{K/k}} \\
T(k) = K^\times & \xrightarrow{\phi_k} & H^1_{\text{fppf}}(k, \mu).
\end{array}
$$

Combiné avec l'inclusion $(*)$ ci-dessus, il vient l'inclusion

$$\phi_K\big(N_{L/k}(T(L))\big) \subseteq RC(k).$$

Or le composé $L \hookrightarrow L \otimes_k K \xrightarrow{N_{L/k}} K$ n'est pas autre chose que $N_{L/K}$, donc en considérant toutes les extensions séparables L/K satisfaisant $X(L) \neq \emptyset$, il vient $\phi_K\big(N_X^{\text{sép}}(K)\big) \subset RC(k)$. La Remarque 5.3.2 indique que $N_X^{\text{sép}}(K) \cdot K^{\times l^n} = K^\times$, ce qui permet de conclure que $\phi_K(K^\times) \subseteq RC(k) \subseteq C(k)$. On a montré que l'application $H^1_{\text{fppf}}(k, \mu) \to H^1(k, G)$ est triviale sur $RH^1_{\text{fppf}}(k, \mu)$.

(2) Comme μ est déployé par une extension métacyclique, on a $RH^1_{\text{fppf}}(F, \mu) = H^1_{\text{fppf}}(F, \mu)$ pour tout F/k (Proposition 1.6.2.(2)). Ainsi l'application $H^1_{\text{fppf}}(k, \mu) \to H^1(k, G)$ est triviale et par suite l'application caractéristique $(G/\mu)(k) \to H^1_{\text{fppf}}(k, \mu)$ est surjective. La suite exacte d'ensembles pointés de cohomologie galoisienne $(G/\mu)(k) \to H^1_{\text{fppf}}(k, \mu) \to H^1(k, G) \to H^1(k, G/\mu)$ montre que l'application $H^1(k, G) \to H^1(k, G/\mu)$ a un noyau

trivial. Comme ceci vaut pour toute torsion fortement intérieure de G (i.e. tordue par un cocycle à valeurs dans $G(k_s)$), l'argument de torsion habituel permet de conclure que l'application $H^1(k, G) \to H^1(k, G/\mu)$ est injective. ∎

Corollaire 5.4.4 *Soit* $1 \to G \to G' \overset{f}{\to} T \to 1$ *une suite exacte de* k-*groupes réductifs. On suppose que* G *est semi-simple simplement connexe et que* T *est un* k-*tore. Pour tout* $p \in S(G)$, *on suppose que* $\mathrm{scd}_p(k) \le 2$. *Alors l'image de* $G'(k) \to T(k)$ *contient* $RT(k)$.

En particulier, si T *est déployé par une extension galoisienne métacyclique, alors* $G'(k) \to T(k)$ *est surjectif et l'application* $H^1(k, G) \to H^1(k, G')$ *est injective.*

Démonstration On note que $T = \mathrm{corad}(G')$ et on forme le diagramme commutatif exact

$$
\begin{array}{ccccccccc}
1 & \longrightarrow & \mu & \longrightarrow & \mathrm{rad}(G') & \longrightarrow & T & \longrightarrow & 1 \\
  & & \downarrow & & \downarrow & & \downarrow{\scriptstyle \wr} & & \\
1 & \longrightarrow & G & \longrightarrow & G' & \longrightarrow & T & \longrightarrow & 1.
\end{array}
$$

Ici $\mu = \mathrm{rad}(G') \cap G$ est un k-sous-groupe de type multiplicatif de G central. On a alors le diagramme commutatif exact

$$
\begin{array}{ccccc}
\mathrm{rad}(G')(k) & \longrightarrow & T(k) & \longrightarrow & H^1_{\mathrm{fppf}}(k, \mu) \\
\downarrow & & \downarrow{\scriptstyle \wr} & & \downarrow \\
G(k) & \overset{f}{\longrightarrow} & T(k) & \longrightarrow & H^1(k, G).
\end{array}
$$

La Proposition 5.4.1 montre que le sous-groupe $RH^1_{\mathrm{fppf}}(k, \mu)$ de $H^1_{\mathrm{fppf}}(k, \mu)$ s'applique sur 1 dans $H^1(k, G)$. Comme $RT(k)$ s'applique dans $RH^1_{\mathrm{fppf}}(k, \mu)$, le diagramme montre que l'image de $G(k) \to T(k)$ contient $RT(k)$.

En tenant compte de la Proposition 1.6.2.(2), alors si T est déployé par une extension galoisienne sans facteurs carrés, on a $RT(k) = T(k)$ et $G'(k) \to T(k)$ est surjectif. L'application $H^1(k, G) \to H^1(k, G')$ a donc un noyau trivial et l'argument habituel de torsion permet de conclure que $H^1(k, G) \to H^1(k, G')$ est injective. ∎

5.5   Classes provenant de sous-groupes diagonalisables

Proposition 5.5.1 *Soit* G *un* k-*groupe absolument presque* k-*simple et simplement connexe. Soit* $i : \mu_n \to G$ *un plongement d'un* k-*groupe diagonalisable fini* μ_n. *On suppose que* $\mathrm{scd}_l(k) \le 2$ *pour tout* $l \in S^t(G)$ *divisant* n *et que* $n = 2$ *si* G *est de type* G_2. *Alors l'application* $i_* : RH^1_{\mathrm{fppf}}(k, \mu_n) = k^\times/k^{\times n} \to H^1(k, G)$ *est triviale.*

Démonstration On sait que μ_n est toral de centralisateur connexe G' (Th. 3.1.5). De plus, on a $S(G') \subset S^t(G') \subset S^t(G)$ (lemme 5.1.1). La Proposition 3.1.15 montre que le k-groupe quasi-déployé G'^q admet un k-tore quasi-trivial, ainsi la condition (QD) de la Proposition 5.4.1 est satisfaite. Cette proposition montre que l'application $H^1_{\text{fppf}}(k, \mu) \to H^1(k, G')$ est triviale sur $RH^1_{\text{fppf}}(k, \mu)$, ce qui entraîne le résultat souhaité. ∎

Corollaire 5.5.2 *Soit G un k-groupe absolument presque k-simple et simplement connexe non de type G_2. On suppose que $\text{scd}_l(k) \leq 2$ pour tout $l \in S^t(G)$. Soit $i : T \to G$ un k-tore.*

(1) Si G n'est pas de type G_2, l'application $i_* : H^1(k, T) \to H^1(k, G)$ est triviale sur le sous-groupe $R_1 H^1(k, T)$. En particulier, si T est déployé par une extension cyclique de degré premier, l'application $i_* : H^1(k, T) \to H^1(k, G)$ est triviale.

(2) Si G est de type G_2, et si T est déployé par une extension quadratique, alors l'application $i_* : H^1(k, T) \to H^1(k, G)$ est triviale.

Démonstration

(1) Soit $\gamma \in R_1 H^1(k, T)$. Le Lemme 1.6.5.(1) montre qu'il existe un entier $n \geq 1$ et un k-plongement $f : \mu_n \to T$ tel que $\gamma \in \text{Im}(f_*)$. Ainsi on a un plongement $f \circ i : \mu_n \to G$ tel que $i_*(\gamma) \in \text{Im}((i \circ f)_*)$. La proposition précédente s'applique et montre que $i_*(\gamma) = 0$.

Le dernier point est la conséquence du fait $R_1 H^1(k, T) = H^1(k, T)$ lorsque T est déployé par une extension cyclique de degré premier (Lemme 1.6.5.(2)).

Le (2) se fait de façon analogue. ∎

Ceci s'applique notamment à l'étude des classes trivialisées par une extension quadratique.

Corollaire 5.5.3 *Soit G un k-groupe absolument presque k-simple et simplement connexe. On suppose que $\text{scd}_2(k) \leq 2$. Soit L/k une extension étale quadratique de corps déployant le groupe G. Alors $H^1(L/k, G) = 1$.*

Démonstration Il est loisible de supposer k infini. On note σ un générateur de $\mathscr{G}al(L/k)$. Soit $\gamma = [z]$ un élément de $H^1(L/k, G)$. Par hypothèse, le k-groupe tordu $_zG$ admet un L-sous-groupe de Borel B. On considère l'intersection $B \cap \sigma(B)$ dans $(_zG)_L$, elle définit un k-sous-groupe H de $_zG$. Pour un choix général de B, H est un k-tore maximal de $(_zG)$ et H_L est un L-tore maximal de B. En particulier, l'extension quadratique L/k déploie le tore H. Le théorème de Steinberg 5.2.3 indique qu'il existe un un k-plongement $i : T \to G$ déployé par L/k tel que $[\gamma] \in \text{Im}(i_*)$. Un tel k-tore est isomorphe à un produit de $\mathbf{G}_m$, $R_{L/k}(\mathbf{G}_m)$ et $R^1_{L/k}(\mathbf{G}_m)$. Par additivité, on est ramené au cas d'un k-plongement $i : R^1_{k'/k}(\mathbf{G}_m) \to G$. On a un plongement de $\mu_2 \xrightarrow{\sim} R^1_{L/k}(\mu_2)$ dans $R^1_{L/k}(\mathbf{G}_m)$ et l'application $H^1_{\text{fppf}}(k, \mu_2) \to H^1\big(k, R^1_{L/k}(\mathbf{G}_m)\big)$ est surjective de sorte que γ appartient à l'image de $H^1_{\text{fppf}}(k, \mu_2) \to H^1(k, G)$. La Proposition 5.5.1 permet de conclure que $\gamma = 1$. ∎

5.6   Application à la descente quadratique

On reprend ici le contexte du §3.2.4 et on formule la variante suivante du Corollaire 5.5.3.

Proposition 5.6.1 *On suppose que k est infini et satisfait $\mathrm{scd}_2(k) \leq 2$. Soient L/k une extension quadratique séparable de corps et $\sigma : L \to L$ la conjugaison. Soit G/k un groupe semi-simple simplement connexe muni d'un k-sous-groupe M de rang semi-simple $\mathrm{rang}(G) - 1$ et tel que $M_L = P \cap \sigma(P)$ où P est un L-sous-groupe parabolique de G_L dont la classe de conjugaison est auto-opposée.*

(1) On suppose que:

    (a) $H^1(k, {}_zDM) = 1$ pour tout $z \in Z^1(L/k, M)$.
    (b) M admet un sous-groupe μ_{2^r} tel que $\mu_{2^r} \cap DM \neq \mu_{2^r}$.

    Alors $H^1(L/k, G) = 1$.

(2) On suppose que:

    (c) $H^1(L/k, DM) = 1$;
    (d) M admet un sous-groupe central μ_{2^r} tel que $\mu_{2^r} \cap DM \neq \mu_{2^r}$.

    Alors $H^1(L/k, G) = 1$.

Démonstration

(1) On rappelle que l'application $H^1(L/k, M) \to H^1(L/k, G)$ est surjective (Lemme 3.2.8). L'hypothèse (b) montre que l'on a un diagramme commutatif exact

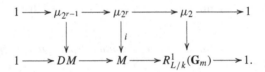

Comme les applications $H^1_{\mathrm{fppf}}(k, \mu_{2^r} \to H^1_{\mathrm{fppf}}(k, \mu_2)$ et $H^1_{\mathrm{fppf}}(k, \mu_2) \to H^1(k, R^1_{L/k}(\mathbf{G}_m)) = k^\times/N_{L/k}(L^\times)$ sont surjectives, il suit que $H^1_{\mathrm{fppf}}(k, \mu_{2^r}) \to H^1(k, R^1_{L/k}(\mathbf{G}_m))$ est surjective. Par ailleurs, le composé $H^1_{\mathrm{fppf}}(k, \mu_{2^r}) \to H^1(k, M) \to H^1(k, G)$ est trivial par application de la Proposition 5.4.1 ce qui entraîne la surjectivité de l'application

$$\ker\left(H^1(k, M) \to H^1(k, G)\right) \to H^1(k, R^1_{L/k}(\mathbf{G}_m)).$$

Etant donné $\gamma \in H^1(L/k, M)$, il existe donc $[z] \in \ker\left(H^1(k, M) \rightarrow H^1(k, G)\right)$ ayant même image que γ dans $H^1(k, R^1_{L/k}(\mathbf{G}_m))$. Par suite on a

$$\tau_z^{-1}(\gamma) \in \mathrm{Im}\left(H^1(k, {}_zDM) \rightarrow H^1(k, {}_zM)\right).$$

L'hypothèse (a) indique que $\tau_z^{-1}(\gamma) = 1$ dans $H^1(k, {}_zM)$, donc a fortiori dans $H^1(k, {}_zG)$. Vu que $[z] = 1$ dans $H^1(k, G)$ (Corollaire 5.5.2), la compatibilité des bijections de torsions permet de conclure que l'image de γ dans $H^1(k, G)$ est triviale, ce qui achève la démonstration.

(2) On va raffiner la démonstration précédente en supposant de plus μ_{2^r} central dans M. On dispose alors du produit $H^1_{\mathrm{fppf}}(k, \mu_{2^r}) \times H^1(k, DM) \rightarrow H^1(k, M)$ que l'on écrit additivement $\alpha + \beta$. Soit $\gamma \in H^1(L/k, M)$. Il existe $[E] \in H^1_{\mathrm{fppf}}(k, \mu_{2^r})$ tel que $\gamma - i_*[E]$ provienne d'une classe $\eta \in H^1(k, DM)$, qui est triviale selon l'hypothèse (d). Le point est que $i_*[E]$ appartient au noyau de $H^1_{\mathrm{fppf}}(k, \mu_{2^r}) \rightarrow H^1(k, G)$ si bien que γ et $1 = \gamma - i_*[E]$ ont même image dans $H^1(k, G)$.   ∎

Remarques 5.6.2

(a) Si le morphisme $C_G(S) \rightarrow R^1_{k'/k}(\mathbf{G}_m)$ est scindé, les conditions (a) et (c) sont vérifiées de façon évidente.

(b) Comme DM est semi-simple simplement connexe, l'hypothèse (a) est une hypothèse de récurrence. De plus, si le k-groupe μ_{2^r} est central dans M, l'hypothèse plus faible $H^1(k, DM) = 1$ suffit. Cela se voit par inspection de la dèmonstration.

(c) L'hypothèse (d) est vérifiée notamment lorsque $C(G)$ contient un k-sous-groupe μ_{2^r} non inclus dans DM. Étant donné $\mu_{2^r} \subseteq C(G)$, il est aisé de déterminer si μ_{2^r} est inclus dans DM. En effet cela se vérifie sur k_s et avec le k_s-parabolique standard $P_{\Delta\setminus\alpha}$ associé à P contenant le k_s-tore déployé T. Comme $\mathrm{corad}(M_{k_s}) \cong \mathrm{corad}(P_{\Delta\setminus\alpha}) = \mathbf{Z}\overline{\omega}_\alpha$, on a $\mu_{2^r} \not\subset DM$ si et seulement si l'image du poids $\overline{\omega}_\alpha$ par $\widehat{T} \rightarrow \widehat{\mu}_{2^r} = \mathbf{Z}/2\mathbf{Z}^r$ est non triviale. Par analyse des systèmes de racines (avec les conventions de Bourbaki [28]), il existe un tel μ_{2^r} $(r \geq 1)$ dans $C(G) \setminus DM$ dans les cas suivants:

  (i) G est de type quasi-déployé ${}^2A_{2m-1}$ avec $m \geq 2$ impair $\alpha = \alpha_m$.
  (ii) G est de type B_n $(n \geq 2)$ et $\alpha = \alpha_n$.
  (iii) G est de type C_n $(n \geq 2)$ et $\alpha = \alpha_n$.
  (iv) G est de type quasi-déployé ${}^1D_{2n}$ $(n \geq 2)$ et α est n'importe quelle racine simple.
  (v) G est de type quasi-déployé ${}^1D_{2n+1}$ $(n \geq 2)$ et $\alpha = \alpha_1, \ldots, \alpha_{2n-1}$.
  (vi) G est de type E_7 et $\alpha = \alpha_2, \alpha_3, \alpha_5, \alpha_7$.

5.7　Sur la R_1-équivalence

Au §1.6.2, nous avons commencé à étudier la notion de R_1-équivalence pour l'ensemble $H^1(k, G)$. Le lien avec ce qui précède est assuré par le lemme suivant.

Lemme 5.7.1 *Soit G un k-groupe réductif. Soit $\gamma \in \ker\big(H^1(\mathbf{G}_m, G) \to H^1(\mathbf{G}_{m,k_s}, G)\big)$ tel que $\gamma(1) = 1 \in H^1(k, G)$. Alors il existe $i : \mu_n \to G$ tel que $\gamma = i_*(t)$ où $(t) \in k[t^{\pm 1}]^\times / k[t^{\pm 1}]^{\times n} \cong H^1_{\mathrm{fppf}}(\mathbf{G}_m, \mu_n)$.*

Démonstration On a $H^1(\Gamma_k, G(k_s[t^{\pm 1}])) \xrightarrow{\sim} \ker\big(H^1(\mathbf{G}_m, G) \to H^1(\mathbf{G}_{m,k_s}, G)\big)$. Soit T un k-tore maximal de G; on note $N = N_G(T)$ son normalisateur et $W_G(T) = N_G(T)/T$. D'après [41, Lemma 5.15], l'application $H^1(\Gamma_k, N(k_s[t^{\pm 1}])) \to H^1(\Gamma_k, G(k_s[t^{\pm 1}]))$ est surjective. Il existe donc un 1-cocycle $n : \Gamma_k \to N(k_s[t^{\pm 1}])$ tel que $[n] = \gamma$. On note n_1 la spécialisation de n en $t = 1$ et on tord toute la situation par le cocycle n_1

On pose $T' = {}_{n_1}T$, $N' = {}_{n_1}N$, $G' = {}_{n_1}G \cong G$ puisque $\gamma(1) = 1 \in H^1(k, G)$. Il est loisible de remplacer (G, T, N) par (G', T', N') ce qui ramène au cas agréable où $n_1 = 1$, ce que l'on suppose désormais. On considère la suite exacte $1 \to T \to N_G(T) \xrightarrow{\pi} W_G(T) \to 1$. Le point est que $W_G(k_s) = W_G(k_s[t^{\pm 1}])$, donc $\pi(n) = \pi(n)_1 = \pi(n_1) = 1$. Par suite, n appartient à $T(k_s[t^{\pm 1}])$.

Nous avons donc montré que l'on peut supposer sans perte de généralité que que $\gamma \in H^1\big(\Gamma_k, T(k_s[t^{\pm 1}])\big) = H^1(\mathbf{G}_m, T)$. Par inspection de la preuve du Lemme 1.6.5.(1), il existe $i : \mu_n \hookrightarrow T$ tel que $\gamma = i_*(t)$ où $(t) \in k[t^{\pm 1}]^\times / k[t^{\pm 1}]^{\times n}$. ■

Proposition 5.7.2 *Soit G un k-groupe absolument presque k-simple et simplement connexe. On suppose que $\mathrm{scd}_l(k) \leq 2$ pour tout $l \in S(G)$.*

(1) Soit $\gamma \in \ker\big(H^1(\mathbf{G}_m, G) \to H^1(\mathbf{G}_{m,k_s}, G)\big)$. Si $\gamma(1) = 1 \in H^1(k, G)$, alors $\gamma(t_0) = 1 \in H^1(k, G)$ pour tout $t_0 \in k^\times$.
(2) On suppose que chaque $l \in S(G)$ est inversible dans k. Soient $\beta, \beta' \in H^1(k, G)$ deux classes R_1-équivalentes. Alors $\beta = \beta'$.

Démonstration

(1) Le Lemme 5.7.1 produit un plongement $i : \mu_n \to G$ tel que $\gamma = i_*(t)$ où $(t) \in k[t^{\pm 1}]^\times / k[t^{\pm 1}]^{\times n}$. Alors $\gamma(t_0) = i * ((t_0))$ avec $(t_0) \in k^\times / k^{\times n}$. La Proposition 5.5.1 permet de conclure que $\gamma(t_0) = 1$. Quitte à tordre G par un 1-cocycle de classe $\beta(1)$, on peut supposer que $\beta(1) = 1$. De plus, on peut supposer que β' est élémentairement R_1-équivalent à β i.e. il existe $\gamma \in H^1(\mathbf{G}_m, G)$ tel que $\gamma(1) = \beta$ et $\gamma(t_0) = \beta'$ pour $t_0 \in k^\times$. L'hypothèse sur la caractéristique du corps implique que $H^1(\mathbf{G}_m, G) = \ker\big(H^1(\mathbf{G}_m, G) \to H^1(\mathbf{G}_{m,k_s}, G)\big)$ [41, prop. 5.10]. Par suite, l'assertion (1) entraîne que $\beta' = 1 \in H^1(k, G)$. ■

Notes

L'énoncé original du Théorème 5.1.2 de Harder traite le cas des groupes absolument presque simples, l'extension apportée est utilisée aux chapitres suivants.

En caractéristique nulle, les énoncés 5.2.6 et 5.2.7 sont tirés de l'article [43] en collaboration avec Colliot-Thélène.

Chapitre 6
Conjecture II, le cas quasi-déployé

Le but de cette section est de démontrer la conjecture II pour les groupes quasi-déployés sans facteurs de type E_8.

Théorème 6.0.1 *Soit G un k-groupe semi-simple simplement connexe quasi-déployé sans facteurs de type E_8. On suppose que $\mathrm{scd}_l(G) \leq 2$ pour tout $l \in S(G)$. Alors $H^1(k, G) = 1$.*

Dans la pratique, on utilise le corollaire suivant.

Corollaire 6.0.2 *Soit G un k-groupe semi-simple simplement connexe qui est une forme fortement intérieure de sa forme quasi-déployée G^q et sans facteurs de type E_8. On suppose que $\mathrm{scd}_l(G) \leq 2$ pour tout $l \in S(G)$. Alors G est isomorphe à G^q et $H^1(k, G) = 1$.*

Vu que les groupes de types F_4 et G_2 sont leurs propres groupes d'automorphismes, on obtient en particulier le résultat suivant.

Corollaire 6.0.3 *Soit G un k-groupe semi-simple simplement connexe qui est de type F_4 ou G_2. On suppose que $\mathrm{scd}_l(G) \leq 2$ pour tout $l \in S(G)$. Alors G est isomorphe à sa forme déployée G_0 et $H^1(k, G) = 1$.*

Dans le cas parfait, ces résultats sont dus à Bayer-Fluckiger/Parimala [11].

6.1 Groupes classiques quasi-déployés

Un premier cas significatif de la conjecture II est le suivant.

© Springer Nature Switzerland AG 2019
P. Gille, *Groupes algébriques semi-simples en dimension cohomologique* ≤2, Lecture Notes in Mathematics 2238,
https://doi.org/10.1007/978-3-030-17272-5_6

Proposition 6.1.1 *Soit G un k-groupe absolument presque simple, quasi-déployé, simplement connexe et classique (i.e de type A, B, C, D non trialitaire). On suppose que* $\mathrm{scd}_l(G) \leq 2$ *pour tout* $l \in S(G)$. *Alors* $H^1(k, G) = 1$.

Démonstration On raisonne cas par cas.

Type C_n: Alors $G = \mathrm{Sp}_{2n}$ et $H^1(k, \mathrm{Sp}_{2n}) = 1$ [159, III.1.2].

Type A_{n+1}: Si G est déployé, on a $H^1(k, \mathrm{SL}_n) = 1$. Sinon il existe une extension quadratique étale k'/k qui déploie G et le Corollaire 5.5.3 montre que $H^1(k, G) = 1$.

Type D_n non trialitaire: On commence par le cas où G est déployé. D'après la Proposition 3.3.1, une classe $\gamma \in H^1(k, G)$ est trivialisée par une extension multiquadratique. L'application itérée du Corollaire 5.5.3 montre que $\gamma = 1$.
Si G est quasi-déployé et non déployé, il existe une extension quadratique étale k'/k qui déploie G et le Corollaire 5.5.3 montre que $H^1(k, G) = 1$.

Type B_n: Idem.   ∎

6.2 Groupes exceptionnels quasi-déployés

Nous pouvons procéder à la démonstration du Théorème 6.0.1.

Démonstration La même réduction que dans la démonstration du Théorème 5.1.2 permet de supposer G absolument presque simple (i.e. en écrivant G comme un produit de $R_{k_i/k}(G_i)$). On fait alors une étude de cas. Les cas classiques sont réglés par la Proposition 6.1.1.

Type D_4 trialitaire cyclique: Comme G_L est déployé "classique", on a $H^1(L, G) = 1$, d'où $H^1(L/k, G) = H^1(k, G)$. Soit $[z] \in H^1(L/k, G)$. D'après la Proposition 3.2.11, le k-groupe tordu $_zG$ admet un k-tore maximal déployé T par L/k. Le Théorème de Steinberg 5.2.3 indique qu'il existe un plongement $i : T \rightarrow G$ de sorte que $[z] \in \mathrm{Im}\left(H^1(k, T) \rightarrow H^1(k, G)\right)$. Enfin le Corollaire 5.5.2 montre que l'application $H^1(k, T) \rightarrow H^1(k, G)$ est triviale. On conclut que $H^1(L/k, G) = 1$.

Type D_4 trialitaire non cyclique: Le k-groupe G est quasi-déployé de type $^6D_4$ et on note k'/k l'extension quadratique telle que $G_{k'}$ soit de type quasi-déployé $^3D_4$. D'après le cas précédent, on a $H^1(k'/k, G) = H^1(k, G)$. Le Lemme 3.2.8 montre qu'il existe un k-tore S de G dont le centralisateur $M = C_G(S)$ est tel que $M_{k'}$ est un k'-sous-groupe parabolique de $G_{k'}$ de type $D_4 \setminus \{2\}$. Alors $M_{k'}$ est de type $3A_1$ et d'invariant de Tits $[L] \in H^1(k, S_3)$. De façon plus précise, M est une extension de $R^1_{k'/k}(\mathbf{G}_m)$ par $DM \cong R_{L/k}(\mathrm{SL}_1(Q))$ où Q est une L-algèbre de quaternions déployée par $L' = Lk'$. Par suite DM admet un k-tore maximal $T_3 \cong R_{L/k}(R^1_{L'/L}(\mathbf{G}_m))$ et M admet le k-tore maximal $T = C_M(T_3)$ qui est une extension de $R^1_{k'/k}(\mathbf{G}_m)$ par T_3. La suite exacte de k-tores $1 \rightarrow T_3 \rightarrow R_{L'/k}(\mathbf{G}_m) \rightarrow R_{L/k}(\mathbf{G}_m) \rightarrow 1$ induit une suite exacte (les Ext étant pris dans la catégorie des k-groupes de type multiplicatifs, qui est duale à celle des modules galoisiens)

$$\mathrm{Hom}\Big(R^1_{k'/k}(\mathbf{G}_m), R_{L/k}(\mathbf{G}_m)\Big) \to \mathrm{Ext}^1\Big(R^1_{k'/k}(\mathbf{G}_m), T_3\Big)$$

$$\to \mathrm{Ext}^1\Big(R^1_{k'/k}(\mathbf{G}_m), R_{L'/k}(\mathbf{G}_m)\Big).$$

On a $\mathrm{Hom}\Big(R^1_{k'/k}(\mathbf{G}_m), R_{L/k}(\mathbf{G}_m)\Big) \cong \mathrm{Hom}\Big(R^1_{L'/L}(\mathbf{G}_m), \mathbf{G}_{m,L}\Big) = 0$ et le lemme de Shapiro montre que $\mathrm{Ext}^1\Big(R^1_{k'/k}(\mathbf{G}_m), R_{L'/k}(\mathbf{G}_m)\Big) \cong \mathrm{Ext}^1\Big(\mathbf{G}_{m,L'}, \mathbf{G}_{m,L'}\Big) = 0$, d'où $\mathrm{Ext}^1\Big(R^1_{k'/k}(\mathbf{G}_m), T_3\Big) = 0$. En particulier la suite exacte $1 \to T_3 \to T \to R^1_{k'/k}(\mathbf{G}_m) \to 1$ est scindée et il en est donc de même du morphisme $M \to R^1_{k'/k}(\mathbf{G}_m)$. Ainsi la condition (a) de la Proposition 5.6.1.(1) est satisfaite et il on va vérifier la condition (b). En effet si $[z] \in H^1(k, M)$, alors $H = {}_z(DM)$ est isomorphe à $R_{L/k}(\mathrm{SL}_1(A))$ où A est une L-algèbre de quaternions. Il vient $H^1(k, H) \cong H^1(L, \mathrm{SL}_1(A)) = 1$. La condition (b) de la Proposition 5.6.1.(1) est vérifiée ce qui implique $H^1(k'/k, G) = 1$.

Type E_6 déployé : Commençons par le cas où G est déployé. Le Corollaire 5.5.3 montre que $H^1(k'/k, G) = 1$ pour toute extension quadratique k'/k. De la même façon que pour le cas D_4 trialitaire cyclique, on montre que $H^1(L/k, G) = 1$ pour toute extension cyclique de degré 3. Par suite, $H^1(K/k, G) = 1$ pour toute extension galoisienne résoluble K/k de degré $2^\alpha 3^\beta$ et la Proposition 3.3.1 permet de conclure que $H^1(k, G) = 1$. On conclut que $H^1(k, G) = 1$.

Type E_6 quasi-déployé : Si G n'est pas déployé, on note k'/k l'extension quadratique déployant G. Alors $H^1(k', G) = 1$ d'après le cas précédent et par ailleurs on a $H^1(k'/k, G) = 1$ (Cor. 5.5.3). On conclut que $H^1(k, G) = 1$.

Type E_7, cas de caractéristique $\neq 2$: On note E_6 le k-groupe semi-simple simplement connexe déployé de type E_6. On dispose d'un plongement $E_6 \rtimes \mu_4$ de sorte que $H^1(k, E_6 \rtimes \mu_4) \to H^1(k, G)$ est surjectif [69, 12.13]. Maintenant, pour montrer la trivialité de $H^1(k, G)$, le Corollaire 5.5.3 permet de supposer que k est quadratiquement clos donc en particulier que $H^1(k, \mu_4) = k^\times/(k^\times)^4 = 1$. Par suite, l'application $H^1(k, E_6) \to H^1(k, G)$ est surjective. D'après le cas de E_6, on conclut que $H^1(k, G) = 1$.

Type E_7, cas général: On note H le sous-groupe standard de G de type E_6. On suppose tout d'abord que k est p-spécial pour un premier p. Si $p \neq 2, 3$, on a $H^1(k, G) = 1$ d'après le Théorème 5.2.5. Si $p = 2$, on a $H^1(k, G) = 1$ en vertu du Corollaire 5.5.3 et il reste le cas $p = 3$. Dans ce cas, le Lemme 3.2.15 indique que l'application $H^1(k, H) \to H^1(k, G)$ est surjective. Or on a montré que $H^1(k, H) = 1$, d'où $H^1(k, G) = 1$.

Passons au cas général. Soit $[z] \in Z^1(k, G)$. Alors le k-groupe $G' = {}_zG$ se déploie sur chaque extension de k qui est p-spéciale pour un premier p. Ainsi il existe une famille d'extensions finies séparables $k_1, \dots, k_n$ de k satisfaisant $p.g.c.d.([k_1 : k], \dots, [k_n : k])$ telles que G'_{k_i} est déployé pour $i = 1, \dots, n$.

D'après le Théorème 3.4.1 (ou [75, th. C]), ceci entraîne que G' est déployé. Vu que $G_{ad} = \mathrm{Aut}(G)$, il suit que $[z]$ s'envoie sur 1 dans $H^1(k, G_{ad})$. Or $H^1(k, G) \to H^1(k, G_{ad})$ est triviale (cas trivial de la Proposition 5.4.1), donc $[z] = 1 \in H^1(k, G)$.

Type F_4: On suppose que G est déployé de type F_4. Soit $[z] \in H^1(k, G)$. Le Lemme 3.2.14.(3) indique que le k-groupe tordu $G' = {}_zG$ admet un k-sous-groupe H' semi-simple simplement connexe de type D_4 qui est une k-forme fortement intérieure de sa forme quasi-déployé H'^q. En d'autres mots, il existe un 1-cocycle a à valeurs dans $H'^q(k_s)$ tel que $H' \cong_a H'^q$. On a montré que $H^1(k, H'^q) = 1$, d'où H' est quasi-déployé. En particulier, H' est de k-rang ≥ 2 et G' de même. Comme l'atteste les tables de Tits (§9.5.2), le k-groupe G' est déployé, donc $G' \cong G'$. Or $G = \mathrm{Aut}(G)$, donc $H^1(k, G)$ classifie les k-formes de G, et on conclut que $[z] = 1$.

Type G_2: On suppose que G est déployé de type G_2. L'ensemble $H^1(k, G)$ classifie les k-groupes de type G_2 et les algèbres d'octonions. Une algèbre d'octonion possède une extension quadratique étale [167, th. 1.6.2] et celle-ci la déploie. Il suit qu'une classe de $H^1(k, G)$ est tuée après une extension quadratique étale. Le Corollaire 5.5.3 permet de conclure une nouvelle fois que $H^1(k, G) = 1$. ∎

Remarque 6.2.1 Pour le cas déployé de type E_6, une démonstration alternative en caractéristique $\neq 3$ est de procéder comme en type E_7 en utilisant le fait qu'une forme fortement intérieure de type E_6 contient un k-groupe de type F_4 ([178, Lemme 1]). Il peut aussi se faire de la même façon que le cas général de type E_7.

Chapitre 7
Groupes classiques

L'objectif principal est de montrer le théorème suivant dû à Bayer-Fluckiger/Lenstra dans le cas parfait [11] et à Berhuy/Frings/Tignol dans le cas général [15].

Théorème 7.0.1 *Soient k un corps et G/k un groupe semi-simple simplement connexe. On suppose que G est classique, c'est-à-dire que les facteurs de G^{qd} sont de type A, B, C, D et non trialitaire dans le cas de D_4. On suppose que $\mathrm{scd}_p(k) \leq 2$ pour tout $p \in S(G)$. Alors $H^1(k, G) = 1$.*

Comme d'habitude, il suffit de traiter le cas absolument presque simple. Rappelons que le cas A intérieur a déjà été expliqué, il s'agit du théorème de Suslin de surjectivité de la norme réduite (Th. 4.8.4).

7.1 Formes bilinéaires et quadratiques

Nous utilisons comme référence le livre de Elman/Karpenko/Merkurjev [63] dont une grande partie est en caractéristique libre. Cela conduit à distinguer les formes bilinéaires symétriques et les formes quadratiques. Si q est une forme quadratique non dégénérée, on note $\nu_k(q)$ son indice de Witt, i.e. la dimension d'un sous-espace totalement isotrope maximal.

En caractéristique $\neq 2$, on note $\langle a_1, \ldots, a_n \rangle$ la forme quadratique diagonale associée à des scalaires $a_1, \ldots, a_n \in k^{\times}$.

En caractéristique 2, pour $a, b \in k$, on note $[a, b]$ la forme quadratique binaire $ax^2 + xy + by^2$; on a les relations $[a, b] \perp [c, d] \cong [a + c, b] \perp [c, b + d]$ et en particulier, $[a, b] \perp [a, b]$ est hyperbolique.

© Springer Nature Switzerland AG 2019
P. Gille, *Groupes algébriques semi-simples en dimension cohomologique* ≤2, Lecture Notes in Mathematics 2238,
https://doi.org/10.1007/978-3-030-17272-5_7

7.1.1 Formes quadratiques de Pfister

Si $2 \in k^\times$ et $a_1, \ldots, a_n \in k^\times$, on note $\langle\langle a_1, \ldots, a_n \rangle\rangle = \langle 1, -a_1 \rangle \otimes \cdots \otimes \langle 1, -a_n \rangle$ la n-forme de Pfister. Dans le cas de caractéristique 2, si $a_1, \ldots, a_{n-1} \in k^\times$ et $b \in k$, on note $\langle\langle a_1, \ldots, a_{n-1}, b]] = \langle 1, -a_1 \rangle \otimes \cdots \otimes \langle 1, -a_{n-1} \rangle \otimes [1, b]$ la n-forme de Pfister. Si $n = 1$ et $\chi \in H^1(k, \mathbf{Z}/2\mathbf{Z})$, alors la forme norme $n_{k_\chi/k}$ est une 1-forme de Pfister.

Proposition 7.1.1 *Soit ϕ une n-forme quadratique de Pfister $n \geq 1$ et soit $\chi \in H^1(k, \mathbf{Z}/2\mathbf{Z})$. Les assertions suivantes sont équivalentes:*

(i) $\phi \otimes_k k_\chi$ est hyperbolique;
(ii) Il existe $a_1, \ldots, a_{n-1}$ telle que $\phi \cong \langle\langle a_1, \ldots, a_{n-1} \rangle\rangle \otimes n_{k_\chi/k}$;
(iii) L'indice de Witt de la forme quadratique non dégénérée $\phi \perp -n_{k_\chi/k}$ est ≥ 2.

Démonstration Si $\chi = 0$, alors les assertions (i), (ii) et (iii) sont vérifiées. Il est donc loisible de supposer que $\chi \neq 0$, c'est-à-dire que k_χ est un corps et que la forme binaire $n_{k_\chi/k}$ est anisotrope.

$(i) \Longrightarrow (ii)$. Voir [63, th. 34.22.(3)].

$(ii) \Longrightarrow (iii)$. On a $\phi \perp -n_{k_\chi/k} \cong \left(\langle\langle a_1, \ldots, a_{n-1} \rangle\rangle \perp \langle -1 \rangle \right) \otimes n_{k_\chi/k}$. Cette forme contient $\langle 1, -1 \rangle \otimes n_{k_\chi/k} \xrightarrow{\sim} \mathbf{H}^2$ et il suit que l'indice de Witt de $\phi \perp -n_{k_\chi/k}$ est ≥ 2.

$(iii) \Longrightarrow (i)$. Alors le k_χ-indice de Witt de $\phi \perp \mathbf{H}$ est ≥ 2, donc le k_χ-indice de Witt de ϕ est ≥ 1. Ainsi $\phi \otimes_k k_\chi$ est isotrope, elle est donc hyperbolique suivant [63, cor. 9.10]. ∎

7.1.2 Algèbres de Clifford

On note $W(k)$ l'anneau de Witt des formes bilinéaires symétriques non dégénérées et $I(k)$ son idéal fondamental. On note $W_q(k)$ le groupe de Witt des formes quadratiques non dégénérées, $I_q(k) \subset W_q(k)$ le sous-groupe engendré par les formes de dimension paire. Le groupe $W_q(k)$ est un $W(k)$-module et on note $I_q^n(k) = I(k)^{n-1} I_q(k)$ pour tout $n \geq 1$.

Si ϕ désigne une forme quadratique non dégénérée, on note $C(\phi)$ (resp. $C_0(\phi)$) son algèbre de Clifford (resp. l'algèbre de Clifford paire). Si ϕ est de dimension paire $2n$, $C(\phi)$ est une algèbre simple centrale de degré 2^{2n} et $C_0(\phi)$ est une algèbre d'Azumaya sur son centre $Z(\phi)$ qui est une k-algèbre étale quadratique. La classe $[Z(\phi)] \in H^1(k, \mathbf{Z}/2\mathbf{Z})$ est appelée le discriminant de ϕ (appelé aussi invariant de Arf dans le cas de caractéristique 2).

Exemple 7.1.2 Si Q est une k-algèbre de quaternions, alors la norme quaternionique n_Q est de discriminant trivial et $C(n_Q) \cong M_2(Q)$ [63, prop. 12.4].

Si ϕ désigne une forme quadratique non dégénérée, on note $C(\phi)$ son algèbre de Clifford. Si ϕ, ψ sont deux formes quadratiques non dégénérées de dimension paire et de discriminant trivial, alors on a un isomorphisme $C(\phi) \otimes C(\psi) \xrightarrow{\sim} C(\phi \perp \psi)$; on a aussi un isomorphisme $C(a\phi) \cong C(\phi)$ pour tout $a \in k^{\times}$.

Lemme 7.1.3 *Soit ϕ une forme quadratique non dégénérée de dimension $2n \geq 2$ et de discriminant trivial.*

(1) Il existe une k-algèbre simple centrale $E(\phi)$, unique à isomorphisme près, telle que $C(\phi) \cong M_2(E(\phi))$.

(2) $E(\phi)$ est isomorphe au produit tensoriel de $n - 1$ algèbres de quaternions.

(3) Si $E(\phi)$ est à division, alors ϕ est anisotrope.

(4) Soit A une k-algèbre simple centrale qui est le produit tensoriel de n algèbres de quaternions ($n \geq 1$). Alors il existe une forme quadratique non dégénérée ψ de dimension $2n + 2$ telle que $E(\psi) \cong A$.

Démonstration

(1) et (2). Si $n = 1$, alors ϕ est hyperbolique [63, cor. 13.3] et $C(\phi) \cong M_2(k)$. Si $n = 2$, alors ϕ est similaire à n_Q pour une algèbre de quaternions Q et le résultat suit de l'Exemple 7.1.2. On raisonne alors par récurrence en distinguant le cas de caractéristique 2.

Cas $2 \in k^{\times}$. On décompose $\phi = \langle a, b, c \rangle \perp \psi$. Notant $\mathbf{H}$ le plan hyperbolique, on a $\phi \perp \mathbf{H} \cong \langle a, b, c, abc \rangle \perp \psi'$ où $\psi' = \langle -abc \rangle \perp \psi$ est de dimension $2n - 2$ et de discriminant trivial. Il vient un isomorphisme

$$C(\phi) \otimes M_2(k) \xrightarrow{\sim} C(\langle a, b, c, abc \rangle) \otimes C(\psi) = M_2(k) \otimes (ab, ac) \otimes M_2(E(\psi')),$$

d'où un isomorphisme $C(\phi) \xrightarrow{\sim} (ab, ac) \otimes M_2(E(\psi)) \xrightarrow{\sim} M_2((ab, ac) \otimes E(\psi'))$. Par suite, on a $E(\phi) \cong (ab, ac) \otimes E(\psi')$ et par récurrence sur la dimension, $E(\psi')$ est un produit tensoriel de $n - 2$ algèbres de quaternions. On conclut que $E(\phi)$ est un produit tensoriel de $n - 1$ algèbres de quaternions.

Cas de caractéristique 2. On décompose $\phi = [a, b] \perp [c, d] \perp \psi$. On a $\phi \perp \mathbf{H}^2 \cong [a, b] \perp [c, \frac{ab}{c}] \perp [c, d] \perp [c, \frac{ab}{c}] \perp \psi$. On écrit $[c, d] \perp [c, \frac{ab}{c}] \cong \mathbf{H} \perp \gamma$, d'où par simplification de Witt une décomposition

$$\phi \perp \mathbf{H} \xrightarrow{\sim} \left([a, b] \perp [c, \frac{ab}{c}]\right) \perp (\gamma \perp \psi)$$

en formes de dimension paire et de discriminant trivial. Il existe une algèbre de quaternions Q telle que $a \, n_Q \cong [a, b] \perp [c, \frac{ab}{c}]$. Ainsi, on a

$$C(\phi) \otimes M_2(k) \xrightarrow{\sim} M_2(Q) \otimes C(\gamma \perp \psi) = M_4\left(Q \otimes E(\gamma \perp \psi)\right).$$

Par récurrence sur la dimension, $E(\gamma \perp \psi)$ est un produit tensoriel de $n - 2$ algèbres de quaternions. Le même raisonnement que pour le cas de caractéristique $\neq 2$ montre que $E(\phi)$ est un produit tensoriel de $n - 1$ algèbres de quaternions.

(3) On raisonne par l'absurde en supposant que ϕ est isotrope. Alors $\phi = \phi_1 \perp$ **H** ce qui entraîne que $C(\phi) \cong C(\phi_1) \otimes_k C(\mathbf{H}) \cong M_2(E(\phi_1)) \otimes_k M_2(k) = M_4(E(\phi_1))$. Ainsi $C(\phi)$ n'est pas à division.

(4) L'exemple quaternionique 7.1.2 règle le cas $n = 2$. On écrit $A = Q_1 \otimes \cdots \otimes Q_n$ où les Q_i sont des algèbres de quaternions. Par récurrence il existe une forme $\phi \in I_q^2(k)$ de dimension $2n$ telle que $E(\phi) \cong Q_1 \otimes \cdots \otimes Q_{n-1}$ et qui représente -1. Alors $\phi \perp n_{Q_n} = \psi \perp \mathbf{H}$; ψ appartient à $I_q^2(k)$, est de dimension $2n$ et satisfait $E(\psi) \cong Q_1 \otimes \cdots \otimes Q_n$.   ∎

Remarque 7.1.4 Sous les conditions du Lemme 7.1.3, on sait que $C_0(\phi)$ est isomorphe à $E(\phi) \times E(\phi)$ [106, 6.4.4].

L'invariant de Clifford donne lieu à un morphisme cliff : $I_q^2(k) \to {}_2\mathrm{Br}(k)$ et le théorème de Merkurjev (Sah pour la caractéristique 2 [152, th. 2], voir aussi [63, th. 16.3]) est que cet invariant induit un isomorphisme

$$I_q^2(k)/I_q^3(k) \xrightarrow{\sim} {}_2\mathrm{Br}(k).$$

7.1.3 Le théorème de Sivatski

Théorème 7.1.5 *On suppose que $I_q^3(L) = 0$ pour toute extension L/k finie séparable.*

(1) Soit ϕ une forme quadratique non dégénérée de dimension $2n \geq 2$, de discriminant trivial et non hyperbolique. Alors

$$\mathrm{ind}_k(E(\phi)) = 2^{n-1-v_k(\phi)}.$$

En outre ϕ est anisotrope si et seulement si $E(\phi)$ est à division c'est-à-dire d'indice 2^{n-1}.

(2) Soit A une k-algèbre simple centrale de période 2 dans le groupe de Brauer et de degré 2^{n-1} ($n \geq 2$). Alors A est un produit tensoriel d'algèbres de quaternions. De plus, il existe une unique forme quadratique ϕ non-dégénérée de dimension $2n$ de discriminant trivial telle que $E(\phi) \cong A$.

En d'autres mots, ce résultat dit que les k-algèbres simples centrales de période 2 dans le groupe de Brauer sont décomposables en produits tensoriels d'algèbres de quaternions.

Démonstration Vu que $I_q^3(k) = 0$, l'isomorphisme $I_q^2(k)/I_q^3(k) \xrightarrow{\sim} {}_2\mathrm{Br}(k)$ induit un isomorphisme

$$I_q^2(k) \xrightarrow{\sim} {}_2\mathrm{Br}(k).$$

On a ceci pour toute extension finie séparable L/k.

(1) Les deux quantités étant insensibles à une extension séparable de degré impair, il est donc loisible de supposer que le corps k est 2-spécial. On montre la formule par récurrence sur $e = \mathrm{ind}_k(E(\phi)) \geq 2$.

> *Cas $e = 2$.* Alors $E(\phi)$ est Brauer-équivalente à une k-algèbre de quaternions à division Q de sorte que n_Q est Witt équivalente à ϕ. Ainsi $v_k(\phi) = n - 2$ et la formule vaut dans ce cas.
>
> *Cas $e \geq 3$.* Supposons ϕ isotrope. Alors il existe une décomposition $\phi = \phi' \oplus \mathbf{H}$, d'où un isomorphisme $E(\phi) \cong M_2(E(\phi'))$. Alors $E(\phi)$ et $E(\phi')$ sont Brauer équivalents et ϕ et ϕ' sont Witt équivalents. La formule pour ϕ suit par récurrence de la formule pour ϕ'. On suppose donc que ϕ est anisotrope. On doit montrer que $E(\phi)$ est d'indice 2^{n-1}. On raisonne par l'absurde en écrivant $E(\phi) = M_{2^r}(D)$ avec D à division et $r \geq 1$. Soit L/k un sous-corps commutatif maximal séparable de D. Alors L/k est une tour d'extensions quadratiques et contient en particulier une extension quadratique séparable K/k. Ainsi D_K n'est pas à division, donc $\mathrm{ind}_K(D)$ divise $\frac{\mathrm{ind}_k(D)}{2}$. Suivant [86, cor. 4.5.11.(1)], on a en fait $\mathrm{ind}_K(D) = \frac{\mathrm{ind}_k(D)}{2} = 2^{n-r-2}$. Par récurrence on a $2^{n-r-2} = \mathrm{ind}_K(E(\phi)) = 2^{n-1-v_K(\phi)}$, donc $v_K(\phi) = r + 1 \geq 2$. D'après [63, prop. 34.8], il existe une décomposition $\phi = \phi_0 \perp n_K \otimes \langle a, b \rangle$. Comme $I^3(K) = 0$, la 2-forme de Pfister $n_K \otimes \langle a, b \rangle$ représente tout élément de $k^\times$, ce qui contredit l'anisotropie de ϕ.

(2) On peut supposer que A est à division de degré $2^{n-1} > 1$. La classe $[A]$ définit une forme quadratique anisotrope ϕ de rang pair et de discriminant trivial telle que $E(\phi)$ est Brauer-équivalente à A. D'après (1), $E(\phi)$ est à division. Le Lemme 7.1.3.(2) montre que $E(\phi)$ est un produit tensoriel d'algèbres de quaternions. On conclut que A est un produit tensoriel d'algèbres de quaternions. ∎

Remarques 7.1.6

(a) Noter que l'hypothèse $I_q^3(k) = 0$ implique que pour chaque forme $\phi \in I_q^2(k)$, on a $G_k(\phi) = k^\times$, i.e. tout scalaire non nul est facteur de similitude de ϕ.

(b) En caractérique $\neq 2$, Merkurjev a construit des corps de dimension cohomologique 2 avec des indices arbitrairement grands [131].

(c) Cet énoncé de décomposabilité est faux en général. En effet, il existe un corps F et une F-algèbre simple centrale de degré 8 et de période 2, qui n'est pas un produit tensoriel de trois algèbres de quaternions (Amitsur/Rowen/Tignol, [2]).

(d) La généralisation du théorème de Sivatski au cas de périodes impaires $3, 5, 7, \ldots$ est une question ouverte à notre connaissance.

7.1.4 Dimension cohomologique séparable en 2

Les formes quadratiques permettent de caractériser la dimension cohomologique séparable en 2.

Proposition 7.1.7 *Pour m = 1, 2, les assertions suivantes sont équivalentes:*

(i) $\mathrm{scd}_2(k) \leq m;$
(ii) $I_q^{m+1}(L) = 0$ *pour toute extension finie séparable de k.*

Démonstration Cas m = 1. $(i) \implies (ii)$. Soit ϕ une 2-forme quadratique de Pfister. Alors il existe une (unique) k-algèbre de quaternions Q telle que $n_Q \cong \phi$. Comme $_2\mathrm{Br}(k) = 0$, Q est déployée et $n_Q \cong \phi$ est hyperbolique. Or le $W(k)$-module $I_q^2(k)$ est engendré par les classes des 2-formes de Pfister donc $I_q^2(k) = 0$. De la même façon, on a $I_q^2(L) = 0$ pour toute extension finie séparable L/k.

$(ii) \implies (i)$. Vu que $_2\mathrm{Br}(k) \cong H_2^2(k)$ est engendré par les classes d'algèbres de Clifford de formes de $I_q^2(k)$, on a $H_2^2(k) = 0$. De même, $H_2^2(L) = 0$ pour toute extension finie séparable L/k, et le critère suivant 4.5.1 montre que $\mathrm{scd}_2(k) \leq 1$.

Cas m = 2. $(i) \implies (ii)$. Soit ψ une 3-forme quadratique de Pfister. Alors il existe une 2-forme de Pfister ϕ telle que $\psi = \langle 1, -a \rangle \otimes \phi$ pour $a \in k^\times$. Il existe une k-algèbre de quaternions Q telle que $n_Q \cong \phi$. La caractérisation 4.7.1 de $\mathrm{scd}_2(k) \leq 2$ montre que $n_Q(Q^\times) = k^\times$. En particulier $a \in n_Q(Q^\times)$ d'où une isométrie $a\, n_Q \cong n_Q$. On conclut que ψ est hyperbolique. Le $W(k)$-module $I_q^3(k)$ est engendré par les classes des 3-formes de Pfister donc $I_q^3(k) = 0$. De la même façon, on a $I_q^3(L) = 0$ pour toute extension finie séparable L/k.

$(ii) \implies (i)$. On utilise de nouveau la caractérisation avec la surjectivité des normes réduites (cf. Th. 4.7.1). Soit L une extension finie séparable de k et B une L-algèbre simple centrale de degré 2, c'est-à-dire une algèbre de quaternions. La L-forme quadratique n_B est une 2-forme de Pfister. Pour tout $a \in L^\times$, $\langle 1, -a \rangle \otimes n_B \in I_q^3(L)$. Notre hypothèse entraîne que $\langle 1, -a \rangle \otimes n_B$ est hyperbolique et donc que $a \in N_B(B^\times)$. Ceci montre que $N_B : B^\times \to L^\times$ est surjective. ∎

Remarque 7.1.8

(a) On aurait pu aussi utiliser pour $m = 2$, $(i) \implies (ii)$, le Théorème 6.0.1 pour le type D_4 intérieur, c'est-à-dire le fait $H^1(k, \mathrm{Spin}_8) = 1$. Ceci implique en effet que les 3-formes quadratiques de Pfister sont hyperboliques.
(b) La Proposition 7.1.7 vaut en fait aussi pour tout $m \geq 3$ en utilisant le théorème de Orlov-Vishik-Voevodsky [142] (et celui de Kato en caractéristique 2 [111]).

Ce résultat a une contrepartie concernant la liaison ("linkage" en anglais) des formes quadratiques.

Proposition 7.1.9 *On suppose que $I_q^3(L) = 0$ pour toute extension L/k finie séparable. Soit K/k une extension quadratique étale.*

(1) Soient q_1, q_2 des formes quadratiques anisotropes de $I^2(k)$ de même dimension $2n \geq 6$ telles que $q_1 \otimes_k K$ et $q_2 \otimes_k K$ sont similaires. Alors il existe $a_1, a_2 \in k^\times$, $\theta \in H^1(k, \mathbf{Z}/2\mathbf{Z})$, $q_0 \in I_q^2(k)$ anisotrope de dimension $2n - 2$ tel que $q_1 \equiv q_0 \perp \langle 1, -a_1 \rangle n_\theta$, $q_2 \equiv q_0 \perp \langle 1, -a_2 \rangle n_\theta$.

(2) Soient A_1, A_2 des algèbres simples centrales à division de degré commun $2^{n-1} \geq 4$. On suppose que $A_1 \otimes_k K$ et $A_2 \otimes_k K$ sont K-isomorphes. Alors il existe des décompositions $A_1 \cong A_0 \otimes_k [\theta, a_1)$, $A_2 \cong A_0 \otimes_k [\theta, a_2)$ où $a_1, a_2 \in k^\times$, $\theta \in H^1(k, \mathbf{Z}/2\mathbf{Z})$, et A_0 désigne une k-algèbre simple centrale à division de degré 2^{n-2}.

Démonstration On peut supposer que K est un corps.

(1) L'hypothèse entraîne que $q_1 \perp -q_2 \equiv n_\chi \otimes \langle b_1, \ldots, b_{2n} \rangle$ pour $b_1, \ldots, b_{2n} \in k^\times$ [63, prop. 34.8]. En calculant modulo $I_q^3(k)$, on obtient $q_1 \perp -q_2 \equiv \langle 1, -b \rangle n_\chi$ pour $b = (-1)^n b_1 \ldots b_{2n} \in k^\times$. Il existe donc un isomorphisme $q_1 \perp -q_2 \xrightarrow{\sim} \langle 1, -b \rangle n_\chi \perp \mathbf{H}^{2n-2}$. Par suite q_1 et q_2 coïncident sur un sous-espace V de dimension $2n - 2$. On note φ cette restriction, l'anisotropie implique que φ est une forme quadratique régulière de sorte que l'on a des décompositions orthogonales $q_i = \varphi \perp q_i'$ où q_i' est de dimension 2 pour $i = 1, 2$. Comme $G(q_i) = k^\times$, il est loisible de supposer que φ représente 1. En comparant les discriminants, il vient $q_i' = (-a_i) n_\theta$ pour un caractère $\theta \in H^1(k, \mathbf{Z}/2\mathbf{Z})$ et $a_i \in k^\times$. En ajoutant $\mathbf{H}^2 = -n_\theta \perp n_\theta$, on obtient

$$q_i \equiv (\varphi \perp -n_\theta) \perp \langle 1, -a_i \rangle n_\theta \qquad (i = 1, 2)$$

Comme $(\varphi \perp -n_\theta)$ est isotrope et de discriminant trivial, il existe $q_0 \in I_q^2(k)$ de dimension $2n - 2$ tel que $\varphi \perp -n_\theta \equiv q_0$, d'où $q_i \equiv q_0 \perp \langle 1, -a_i \rangle n_\theta$ pour $i = 1, 2$. Si q_0 est isotrope, alors q_1 est Witt-équivalente à une forme de dimension $2n-2$, ce qui est une contradiction. On conclut que q_0 est anisotrope.

(2) On suppose que $(A_1 \otimes A_2) \otimes_k K$ est déployée, ainsi $A_1 \otimes_k A_2$ est Brauer équivalente à une k-algèbre de quaternions $[\chi, b]$. Pour $i = 1, 2$, soit $(V_i, q_i) \in I_q^2(k)$ la forme quadratique anisotrope de dimension $2n$ associée à A_i par le Théorème 7.1.5.(2). Alors $q_1 \perp -q_2 \equiv \langle 1, b \rangle n_\chi$. Le (1) produit une forme $q_0 \in I_q^2(k)$ anisotrope de dimension $2n - 2$, θ, a_1, a_2 tels que $q_i \equiv q_0 \perp \langle 1, -a_i \rangle n_\theta$ pour $i = 1, 2$. Soit A_0 la k-algèbre simple centrale à division correspondant à q_0 selon le Théorème 7.1.5.(2). Cette algèbre est d'indice 2^{n-2} et $A_i \cong A_0 \otimes [\theta, a_i)$ pour $i = 1, 2$. ∎

Remarque 7.1.10 Il est à noter que Chapman a établi dans ce contexte un "lemme des chaînes" qui permet de relier deux décompositions distinctes en produit d'algèbres de quaternions [35, th. 4.1 et 5.2].

7.1.5 Autres formes quadratiques

Ce résultat a des conséquences sur les formes quadratiques de dimension impaire et paire de discriminant arbitraire.

On rappelle qu'une forme quadratique non dégénérée q de dimension $2n + 1$ est une k-forme fppf de la forme standard $q_0 = \langle 1 \rangle \perp \mathbf{H}^n$ [33, §2.6, 4.2] dont le groupe orthogonal est noté O_{2n+1}. En d'autres mots les formes quadratiques non dégénérées de dimension impaire sont classifiées par l'ensemble $H^1_{\mathrm{fppf}}(k, O_{2n+1})$. Le déterminant $\mathrm{GL}_{2n+1} \to \mathbf{G}_m$ induit une suite exacte de k-groupes $1 \to SO_{2n+1} \to O_{2n+1} \to \mu_2 \to 1$. En prenant la cohomologie plate, cette suite exacte donne lieu à l'invariant discriminant $\delta : H^1_{\mathrm{fppf}}(k, O_{2n+1}) \to H^1(k, \mu_2) = k^\times / k^{\times 2}$.

Plus généralement, pour toute k-forme quadratique ϕ non dégénérée de dimension impaire, on a une suite exacte $1 \to SO(\phi) \to O(\phi) \to \mu_2 \to 1$ qui est scindée par les homothéties. Par suite la flèche $H^1_{\mathrm{fppf}}(k, SO(\phi)) \to H^1_{\mathrm{fppf}}(k, O(\phi))$ est injective et son image consiste en les classes d'isométrie de formes quadratiques non dégénérées de même dimension et même discriminant que ϕ.

Corollaire 7.1.11 *On suppose que $I^3_q(L) = 0$ pour toute extension L/k finie séparable.*

(1) *Soit ψ une k-forme quadratique régulière de dimension $2n + 2 \geq 4$ et de discriminant trivial. Pour tout $\delta \in k^\times$, il existe une unique k-forme quadratique ψ_δ telle que $\psi \perp \langle \delta \rangle \cong \psi_\delta \perp \mathbf{H}$. En outre, on a $C(\psi_\delta) \cong E(\psi)$.*

(2) *Pour chaque $\delta \in k^\times$, l'assignation $\psi \to \psi_\delta$ induit une bijection entre les classes d'isométries de formes quadratiques non dégénérées de dimension $2n + 2 \geq 4$ et de discriminant trivial et les classes d'isométrie de formes quadratiques non dégénérées de dimension $2n + 1$ et de discriminant (δ).*

(3) *Soit ϕ une k-forme quadratique non dégénérée de dimension $2n + 1 \geq 3$. Alors*

$$2^{n - \nu_k(\phi)} = \mathrm{ind}_k(C_0(\phi)).$$

Démonstration

(1) Comme $G(\psi) = k^\times$, ψ représente tout élément de $k^\times$ et en particulier $-\delta$. Ainsi $\psi \perp \langle \delta \rangle$ est isotrope et le théorème de Witt produit la forme ψ_δ. Suivant la formule [63, 11.4.(2)], il existe un isomorphisme $C_0(\psi \perp \langle \delta \rangle) \cong C(-\delta\psi)$. Comme $\langle -\delta \rangle \otimes \psi = \psi$, on a $C(-\delta\psi) = C(\psi)$ qui est Brauer équivalent à $E(\psi)$. Pour des raisons de degré, on conclut que $C(\psi_\delta) \cong E(\psi)$.

(2) Montrons que cette assignation est injective. Si $\psi_\delta \cong \psi'_\delta$, alors $E(\psi) \cong E(\psi')$ par la formule précédente et le théorème de Sivatski montre que $\psi \cong \psi'$. Montrons que l'assignation est surjective. Soit ϕ une forme k-forme quadratique non dégénérée de dimension $2n + 1$ et de discriminant δ.

Premier cas: k est de caractéristique $\neq 2$. On pose $\psi = \phi \perp \langle -\delta \rangle$, alors $\psi \perp \langle \delta \rangle \cong \phi \perp \mathbf{H}$, d'où $\psi_\delta \cong \phi$.

Second cas: k est de caractéristique 2. La forme binaire $[\delta, \delta + 1]$ est isotrope donc hyperbolique, et est choisie pour représenter δ. On écrit $\phi \perp \mathbf{H} \cong \phi \perp [\delta, \delta + 1] = \psi_\delta \perp \langle \delta \rangle$ et ψ_δ fait l'affaire.

(3) Il suffit de traiter le cas anisotrope de rang $2n + 1 \geq 3$. D'après (2), on sait que $\phi = \psi_\delta$ pour une k-forme quadratique ψ de dimension $2n+2$ et de discriminant trivial satisfaisant $\psi \perp \langle \delta \rangle \cong \phi \perp \mathbf{H}$. Nous affirmons que ψ est anisotrope et raisonnons par l'absurde en supposant ψ isotrope. Si $n = 1$, alors $\psi \cong \mathbf{H}^2$ et $\psi \perp \langle \delta \rangle \cong \mathbf{H}^2 \perp \langle \delta \rangle = \phi \perp \mathbf{H}$. Le théorème de simplification de Witt [63, Th. 8.4] implique que ϕ est isotrope, ce qui est une contradiction. Si $n \geq 2$, on a $\psi = \psi_0 \perp \mathbf{H}$ avec ψ_0 de dimension $2n \geq 4$, donc $\psi \perp \langle \delta \rangle \cong (\psi_0 \perp \langle \delta \rangle) \perp \mathbf{H}$. Par suite, on a $\phi \cong \psi_0 \perp \langle \delta$ et cette forme est isotrope ce qui contredit (1). Ainsi ψ est bien anisotrope. Le Théorème 7.1.5.(1) indique que $\mathrm{ind}_k(E(\psi)) = 2^n$. La formule du (1) permet de conclure que $\mathrm{ind}_k(C_0(\phi)) = 2^n$. ∎

7.1.6 Le cas de type B et des groupes de spineurs

Nous reprenons ici les références [11, §2.1] et [15, §2.2] en caractéristique libre.

Théorème 7.1.12 *On suppose que* $\mathrm{scd}_2(k) \leq 2$. *Soit q une forme quadratique non dégénérée de dimension $N \geq 3$. Alors $H^1(k, \mathrm{Spin}(q)) = 1$.*

Démonstration On considère la suite exacte de k-groupes $1 \to \mu_2 \to \mathrm{Spin}(q) \to \mathrm{SO}(q) \to 1$. Elle donne lieu à une suite exacte d'ensembles pointés

$$k^\times / k^{\times 2} \cong H^1_{\mathrm{fppf}}(k, \mu_2) \overset{\varphi}{\to} H^1(k, \mathrm{Spin}(q)) \to H^1(k, \mathrm{SO}(q)).$$

On rappelle que l'ensemble $H^1(k, \mathrm{SO}(q))$ classifie les formes quadratiques non dégénérées de dimension N et de même discriminant que q. Soit $[z]$ une classe de $H^1(k, \mathrm{Spin}(q))$, on note $[q']$ son image dans $H^1(k, \mathrm{SO}(q))$ et on va montrer que q' est isométrique à q. On note X le k-torseur sous $\mathrm{Spin}(q)$ attaché à z. Suivant Panin [143, cor. 5.2.(2)], on sait que le morphisme $\mathrm{Br}(k) \to \mathrm{Br}(k(X))$ est injectif.

Cas $N = 2n$. Comme $q_{k(X)} \cong q'_{k(X)}$, il suit que les algèbres de Clifford $C(q)$ et $C(q')$ sont k-isomorphes. Ainsi $q \perp -q' \in I_q^3(k) = 0$, donc q et q' sont isométriques.

Cas $N = 2n + 1$. Soit $\delta \in k^\times$ le discriminant de q (et q'). Comme $q_{k(X)} \cong q'_{k(X)}$, il suit que les algèbres de Clifford paires $C_0(q)$ et $C_0(q')$ sont k-isomorphes. Le Corollaire 7.1.11 définit une forme quadratique ψ (resp. ψ'_δ) de dimension $2n+2$ telle que $\psi \perp \langle \delta \rangle \cong q \perp \mathbf{H}$ (resp. $\psi' \perp \langle \delta \rangle \cong q' \perp \mathbf{H}$); de plus $C_0(q) \cong E(\psi)$ (resp. $C_0(q') \cong E(\psi')$). Ainsi ψ, ψ' sont de discriminant trivial et ont même invariant de Clifford, donc $\psi \cong \psi'$ d'où $q \cong q'$.

On revient au cas général. Ainsi $[z]$ appartient au noyau de $H^1(k, \mathrm{Spin}(q)) \to$ $H^1(k, \mathrm{SO}(q))$. La Proposition 5.4.1 montre que l'application $H^1(k, \mathrm{Spin}(q)) \to$ $H^1(k, \mathrm{SO}(q))$ a un noyau trivial ce qui permet de conclure que $[z] = 1$.   ∎

Ceci montre donc la conjecture II pour les groupes de type B_n. Noter que l'on a commencé en $n = 2$ alors que le cas $B_2 = C_2$ est par convention rangé dans les groupes symplectiques.

7.2   Le cas symplectique

Les groupes de type C non déployés sont des groupes associés à des formes anti-hermitiennes alternées (« paire » est une autre terminologie pour alternée). De façon plus précise, soit D une k-algèbre à division centrale de degré $d > 1$ munie d'une involution θ de première espèce, orthogonale, et V un D-espace vectoriel (à droite) de dimension finie. On note $\mathrm{Alt}(D, \theta) = \big\{ d - \theta(d) \mid d \in D \big\}$.

Soit $h : V \times V \to D$ une forme anti-hermitienne alternée et non dégénérée [115, §4]. Cela signifie que $v \to h(v, v)$ est à valeurs dans $\mathrm{Alt}(D, \theta)$, que $h(v_1 d_1, v_2 d_2) = \theta(d_1) h(v_1, v_2) d_2$, $h(v_1, v_2) = -\theta(h(v_2, v_1))$ pour tous $v_1, v_2 \in V$, $d_1, d_2 \in D$ et que le k-morphisme $V \to \mathrm{Hom}_D(V, D)$, $v \mapsto h(v, \ )$ est bijectif.

Le k-groupe $\mathrm{SU}(h, V)$ est de type C_n où $n = \frac{d \dim_D(V)}{2}$ et tous les groupes de type C non déployés apparaissent de cette façon. En outre la classe de Tits d'un tel k-groupe est $[D] \in H^2_{\mathrm{fppf}}(k, \mu_2)$. La forme hyperbolique $hyp : D^2 \times D^2 \to D$, $((x_1, x_2), (y_1, y_2)) \mapsto \theta(x_1) y_2 - \theta(x_2) y_1$ est le premier exemple important noté $\mathbf{H}(D, \theta)$ de forme anti-hermitienne alternée et non dégénérée. On sait qu'une forme anti-hermitienne alternée et non dégénérée (h, V) se décompose de façon unique en $h_{an} \perp \mathbf{H}(D, \theta)^m$ où h_{an} est une forme anisotrope [113, prop. 6.3.2]; de plus h_{an} est diagonalisable, c'est-à-dire somme orthogonale de formes de rang relatif 1 (*ibid*, lemma 6.2.1).

Théorème 7.2.1 *On suppose que* $\mathrm{scd}_2(k) \leq 2$. *Soit* G *un groupe semi-simple simplement connexe de type* C_n ($n \geq 2$). *On a* $H^1(k, G) = 1$.

Ce résultat a une conséquence sur la classification des formes anti-hermitiennes.

Corollaire 7.2.2 *On suppose que* $\mathrm{scd}_2(k) \leq 2$. *Soit* D *une* k-*algèbre simple centrale à division de degré* $d > 1$ *munie d'une involution* θ *de première espèce et orthogonale.*

(1) *Deux formes anti-hermitiennes alternées* h, h' *sur un* D-*espace vectoriel* V (*à droite*) *sont isométriques.*

(2) *Soit* h *une forme anti-hermitienne alternée* h *sur* V.

   (i) *Si* $\dim_D(V) = 2m$, *alors* h *est hyperbolique et* $\mathrm{SU}(V, h)$ *est de* k-*rang* m.

   (ii) *Si* $\dim_D(V) = 2m + 1$, *alors l'indice de Witt de* h *est* m *et* $\mathrm{SU}(V, h)$ *est de* k-*rang* m.

On commence par établir le Corollaire.

Démonstration

(1) On considère le k-groupe $G = \mathrm{SU}(V, h)$, c'est un k-groupe de type C_n où
    $n = \frac{d \dim_D(V)}{2}$. On a une suite exacte $1 \to \mathrm{SU}(V, h) \to \mathrm{U}(V, h) \to \mathbf{G}_m \to 1$.
    Comme $H^1(k, G) = 1$ et $H^1(k, \mathbf{G}_m) = 1$, on obtient que $H^1(k, \mathrm{U}(V, h)) = 1$.
    Or l'ensemble $H^1(k, \mathrm{U}(V, h))$ classifie les formes anti-hermitiennes alternées
    sur V, d'où le Corollaire.
(2) Le cas (i) suit de façon évidente de (1). Pour (ii), on utilise la décomposition de
    Witt $h = h_{an} \perp \mathbf{H}(D, \theta)^w$. La forme h_{an} se diagonalise en $h_1 \perp \cdots \perp h_s$ où
    les formes h_i sont de rang relatif 1. Les formes h_i, $\pm h_i$ sont isométriques deux
    à deux. L'anisotropie de h_{an} implique donc que h_{an} est de rang relatif 1. Par
    suite le k-rang de $\mathrm{SU}(V, h)$ est bien m.   ∎

On procède à la démonstration du Théorème 7.2.1.

Démonstration On va montrer (1) et (2) par récurrence sur $n \geq 2$ en tenant compte
du Corollaire 7.2.2 en dimension inférieure. On commence par le cas $n = 2$. Alors
$G = \mathrm{Spin}(q)$ pour une forme quadratique q de dimension 5 et on a $H^1(k, G) = 1$
d'après le Théorème 7.1.12. On suppose donc $n \geq 3$ et le Théorème 6.0.1 permet
de supposer G non déployé. Il existe donc une k-algèbre simple centrale D d'indice
$d > 1$ munie d'une involution orthogonale de première espèce θ de sorte que $G = \mathrm{SU}(V, h)$ pour une forme anti-hermitienne non dégénérée alternée (V, h). On note
$m = \dim_D(V)$ et on a $2n = dm$.

Premier cas: $m \geq 2$. On utilise la décomposition de Witt $h = h_{an} \perp \mathbf{H}(D, \theta)^w$
et que la forme h_{an} se diagonalise en $h_1 \perp \cdots \perp h_s$ où les formes h_i sont
de rang relatif 1. D'après l'interprétation du Corollaire 7.2.2, les h_i, $\pm h_i$ sont
isométriques deux à deux, et il suit que chaque forme anti-hermitienne alternée
(V, h') est isométrique à h. En d'autres mots, on a $H^1(k, \mathrm{U}(V, h)) = 1$. La suite
suite exacte $1 \to \mathrm{SU}(V, h) \to \mathrm{U}(V, h) \to \mathbf{G}_m \to 1$ donne lieu à la suite exacte
de cohomologie

$$\mathrm{U}(V, h)(k) \to k^\times \to H^1(k, G) \to H^1(k, \mathrm{U}(V, h)) = 1.$$

En vertu du Corollaire 5.4.4, le morphisme $\mathrm{U}(V, h)(k) \to k^\times$ est surjectif ce qui
permet de conclure que $H^1(k, G) = 1$.

Second cas: $m = 1$. Alors $d = 2n$ et $\mathrm{SL}_1(D)$ est donc un k-groupe anisotrope.
Comme G se plonge dans $\mathrm{SL}_1(D)$ par la représentation standard, il suit que G
est anisotrope. Utilisant une nouvelle fois la décomposition de D en un produit
tensoriel d'algèbres de quaternions, il existe une extension quadratique L/k telle
que A_L n'est pas à division. De façon plus précise, on a $\mathrm{ind}_L(D) = n$. D'après
le premier cas, on a $H^1(L, G) = 1$, d'où $H^1(L/k, G) = H^1(k, G)$. De plus,
G_L est de rang relatif $n - 1$, il admet donc un sous-groupe parabolique P de
type $C_n \setminus \{n\}$. Le Lemme 3.2.8 montre que G admet un sous-groupe M tel que
M_L est un sous-groupe de Levi de P et tel que l'application $H^1(L/k, M) \to H^1(L/k, G)$ est surjective. Le k-groupe DM se décompose en $H_1 \times H_2$ où H_1

(resp. H_2) est semi-simple simplement connexe de type $A_{n/2-1}$ (resp. C_n). Le point est que $H_3 = DC_G(H_2)$ est simplement connexe de type $C_{n/2}$ de sorte que $M \subset H_2 \times H_3 \subset G$. Ainsi l'application $H^1(k, M) \to H^1(k, G)$ factorise par $H^1(k, H_2) \times H^1(k, H_3)$ qui est nul par récurrence sur le rang. Ceci montre que $H^1(k, G) = 1$.   ∎

7.3   Le cas unitaire (type $^2\mathbf{A_{n-1}}$)

Théorème 7.3.1 *Soit L une extension quadratique séparable de corps et D une L-algèbre simple centrale à division munie d'une involution σ de seconde espèce. On suppose que $\mathrm{scd}_l(k) \leq 2$ pour tout premier l divisant $2\deg_L(D)$. Soient (V, h) et (V', h') des formes hermitiennes régulières relativement à (D, σ). Alors les assertions suivantes sont équivalentes:*

(i) (V, h) et (V', h') sont isométriques;
(ii) $\dim_D(V) = \dim_D(V')$ et (V, h) et (V', h') ont même discriminant dans $k^\times / N_{L/k}(L^\times)$.

Démonstration L'implication $(i) \Longrightarrow (ii)$ est triviale. Réciproquement, on suppose (ii). On rappelle que le théorème de simplification (et de décomposition) de Witt vaut dans ce cadre [155, 9.2] si bien que l'on peut supposer l'une des formes, disons h', anisotrope.

Premier cas : $r = \dim_D(V) \geq 2$. On considère le k-groupe unitaire $\mathrm{U}(h)$, il s'insère dans la suite exacte de k-groupes

$$1 \to \mathrm{SU}(h) \to \mathrm{U}(h) \to R^1_{L/k}(\mathbf{G}_m) \to 1.$$

Le yoga des formes montre que l'ensemble $H^1(k, \mathrm{U}(h))$ classifie les formes hermitiennes régulières de dimension $\dim_D(V)$ relatives à (D, σ). En particulier (V', h) définit une classe $\gamma \in H^1(k, \mathrm{U}(h))$. Son image par $H^1(k, \mathrm{U}(h)) \to H^1\big(k, R^1_{L/k}(\mathbf{G}_m)\big) = k^\times / N_{L/k}(L^\times)$ est le discriminant relatif $\mathrm{disc}_h(h') = \mathrm{disc}(h')\,\mathrm{disc}(h)^{-1}$ [11, §2.1]. Notre hypothèse montre donc que γ provient d'une classe $\gamma_1 \in H^1(k, \mathrm{SU}(h))$. Le L-groupe $\mathrm{SU}(h)_L$ est semi-simple simplement connexe de type intérieur A et on a donc $H^1(L, \mathrm{SU}(h)) = 1$ (Th. 4.8.4). Par suite, on a $\xi \in H^1(L/k, \mathrm{SU}(h))$. Notre hypothèse sur le rang montre que $\mathrm{SU}(h)_L \cong \mathrm{SL}_1(D)$ est isotrope, $G = \mathrm{SU}(h)$ admet un sous k-tore $S = R^1_{L/k}(\mathbf{G}_m) \subset G$ de sorte que l'application

$$H^1(L/k, C_G(S)) \to H^1(L/k, G)$$

est surjective. Ainsi γ_1 provient d'une classe $\gamma_2 \in H^1(L/k, C_G(S))$. Ainsi il existe un k-tore $T \subset C_G(S) \subset G$ tel que γ_2 provient d'une classe $\gamma_3 =$

$[z] \in H^1(L/k, T)$ [159, III.2.4, ex. 2]. La structure d'un tel k-tore est bien connue [121, §3.4.3], on a $T \cong \ker\big(R_{L/k}(R^1_{K\otimes_k L/L}(\mathbf{G}_m)) \to R^1_{K/k}(\mathbf{G}_m)\big) \cong$ coker$\big(R^1_{K/k}(\mathbf{G}_m) \to R_{L/k}(R^1_{K\otimes_k L/L}(\mathbf{G}_m))\big)$ où K/k est une k-algèbre étale. Comme $T = {}_zT$ est un k-sous-groupe de $\mathrm{SU}(h') = {}_z\mathrm{SU}(h)$ qui est anisotrope, il suit que T est anisotrope. En particulier K est un corps. Comme T contient $S = R^1_{L/k}(\mathbf{G}_m)$, il suit que $T_L \cong R^1_{K\otimes_k L/L}(\mathbf{G}_m)$ est isotrope, donc $K \otimes_k L$ n'est pas un corps, d'où $K \otimes_k L \cong K \times K$. Le Lemme 1.6.6 indique que T admet un sous-groupe μ_2 de sorte que $H^1_{\mathrm{fppf}}(k, \mu_2) \to H^1(k, T)$ est surjectif (Lemme 1.6.6). Il suit que γ_1 appartient à l'image de l'application $H^1_{\mathrm{fppf}}(k, \mu_2) \to H^1_{\mathrm{fppf}}(k, G)$. Or cette application est nulle en vertu de la Proposition 5.5.1. Ainsi γ_1 est triviale, et $\gamma \in H^1(k, \mathrm{U}(h))$ aussi ce qui permet de conclure que h' est isométrique à h.

Cas général. Si $\dim_D(V) > 1$, on est dans le premier cas. Il reste donc à traiter le cas où h et h' sont de rang 1. Supposons que $H' := h \perp -h'$ est anisotrope. Cette forme a même discriminant que la forme isotrope $H = h \perp -h$. Le premier cas appliqué à H et H' montre que H et H' sont isométriques, ce qui contredit l'hypothèse. Ainsi $h \perp -h'$ est isotrope donc est hyperbolique. On conclut que h et h' sont isométriques. ∎

Théorème 7.3.2 *Soit* $n \geq 3$ *un entier. On suppose que* $\mathrm{scd}_l(k) \leq 2$ *pour tout diviseur premier* l *de* $2n$. *Soit* L/k *une extension quadratique séparable de corps. Soit* G *un* k-*groupe semi-simple simplement connexe de type quasi-déployé* ${}^2A_{n-1}$ *relativement à* L/k. *Alors* $H^1(k, G) = 1$.

Démonstration On sait que $G = \mathrm{SU}(V, h)$ pour (V, h) une forme hermitienne régulière relative à une L-algèbre à division D munie d'une involution σ de seconde espèce. Une conséquence immédiate du théorème précédent est le fait que l'application $H^1(k, \mathrm{U}(h)) \to H^1(k, R^1_{L/k}(\mathbf{G}_m)) = k^\times/N_{L/k}(L^\times)$ a un noyau trivial. Il suit que l'on a une suite exacte d'ensembles pointés

$$\mathrm{U}(h)(k) \to R^1_{L/k}(\mathbf{G}_m)(k) \to H^1(k, \mathrm{SU}(h)) \to 1.$$

Comme le tore $R^1_{L/k}(\mathbf{G}_m)$ est déployé par l'extension quadratique L/k, le Corollaire 5.4.4 indique que $\mathrm{U}(h)(k) \to R^1_{L/k}(\mathbf{G}_m)(k)$ est surjective. On conclut que $H^1(k, \mathrm{SU}(h)) = 1$. ∎

7.4 Le cas de type D

7.4.1 Paires quadratiques et leurs relèvements hermitiens

Un k-groupe G semi-simple simplement connexe de type D_n ($n \geq 2$, non trialitaire) est isomorphe à un k-groupe $\mathrm{Spin}(A, \sigma, f)$ relatif à une k-algèbre simple centrale A de degré $2n$ munie d'une paire quadratique (σ, f) [115, 26.15]. De façon plus précise, σ désigne une involution de première espèce sur A et $f : \text{Sym}(A, \sigma) \to k$ une forme linéaire sujette aux conditions suivantes:

(1) $\dim_k\big(\text{Sym}(A, \sigma)\big) = n(2n + 1)$;
(2) $f(x + \sigma(x)) = \text{Trd}_A(x)$ for all $x \in A$.

L'involution est orthogonale (resp. symplectique) si k est de caractéristique $\neq 2$ (resp. de caractéristique 2). D'autres groupes algébriques lisses sont associés au triplet (A, σ, f) (*ibid*, §23.B), à savoir $\text{GO}(A, \sigma, f)$ (resp. $\text{O}(A, \sigma, f)$) appelé le groupe des similitudes orthogonales de (A, σ, f) (resp. le groupe orthogonal de (A, σ, f)) et leurs avatars $\text{PGO}(A, \sigma, f)$, $\text{O}^+(A, \sigma, f)$ et $\text{PGO}^+(A, \sigma, f)$.

On écrit $A = \text{End}_D(V)$ où D est une k-algèbre à division centrale et V un D-module à droite. On fixe une involution θ sur D de première espèce qui est orthogonale (resp. symplectique) si k est de caractéristique $\neq 2$ (resp. 2). Etant donné une paire quadratique (σ, f) sur (A, σ), un *relèvement hermitien* est une forme hermitienne h sur V telle que $\sigma = \sigma_h$, c'est-à-dire adjointe à h. Un tel relèvement existe et es t unique à scalaire près [115, Th. 4.2]; si k est de caractéristique 2, un tel h est alterné, i.e. $x \to h(x, x)$ est à valeurs dans $\text{Alt}(D, \sigma)$.

On dit alors que (h, f) est un *relèvement hermitien* de (σ, f) et ce sont ces objets que l'on va considérer. Le groupe unitaire $\text{U}(h, f)$ est le sous k-groupe algébrique du groupe unitaire $\text{U}(h) \subset \text{GL}_1(A)$ qui préserve f. Etant donné une k-algèbre R, on a

$$\text{U}(h, f)(R) = \left\{ g \in \text{U}(h)(R) \mid f(gxg^{-1}) = f(x) \quad \forall x \in \text{Sym}(A, \sigma) \otimes_k R \right\}.$$

Une première observation est que $\text{U}(h, f) = \text{O}(A, \sigma, f)$.

Exemple 7.4.1 On suppose que $D = k$. Soit V un k-espace vectoriel de dimension $2n$. Dans ce cas un relèvement hermitien (h, f) de (σ, f) est la donnée d'une forme quadratique non singulière q sur V [115, 5.11]. En effet, si on considère une telle forme q sur V, la forme bilinéaire b_q associée est une forme hermitienne et l'expression de la forme f_q est plus compliquée. Soit $\varphi_q : V \otimes_k V \xrightarrow{\sim} \text{End}_k(V)$ l'isomorphisme défini par $\varphi_q(v_1 \otimes v_2).x = v_1 b_q(v_2, x)$, et $f = f_q$ est caractérisée par la formule

$$q(v) = f_q(\varphi_q(v, v))$$

pour tout $v \in V$. Dans ce cas, on a $\text{O}(q) = \text{O}(A, \sigma, f)$.

L'exemple précédent permet la construction de sommes orthogonales, nous allons voir que ceci s'étend plus généralement.

Proposition 7.4.2 *Soient $A_1 = \text{End}_D(V_1)$, $A_2 = \text{End}_D(V_2)$ de degrés respectifs $2n_1$ et $2n_2$. Soit (h_i, f_i) un relèvement hermitien d'une paire quadratique (σ_i, f_i) pour $i = 1, 2$. On considère la forme hermitienne $h = h_1 \perp h_2$ sur $V = V_1 \oplus V_2$ et on pose $A = \text{End}_D(V)$. Alors il existe une unique forme linéaire*

$f : \mathrm{Sym}(A, \sigma_{h_1 \perp h_2}) \to k$ *telle que*

(i) $(\sigma_{h_1 \perp h_2}, f)$ *est une paire quadratique sur* A.
(ii) La restriction de f *à* $\mathrm{Sym}(A_i, \sigma_i)$ *est* f_i *pour* $i = 1, 2$.

On note $e_1 \in A$ *(resp.* e_2*) la projection sur le facteur* V_1 *parallèlement à* V_2 *(resp. et inversement). Alors* $f(x) = f_1(e_1 x e_1) + f_2(e_2 x e_2)$.

Le relèvement (h, f) construit dans la proposition est appelé la somme orthogonale de (h_1, f_1) et (h_1, f_2). On le note $(h_1, f_1) \perp (h_2, f_2)$. La paire quadratique $(\sigma_{h_1 \perp h_2}, f)$ est alors *une* somme orthogonale de (σ_{h_1}, f_1) et (σ_{h_2}, f_2) au sens de [15, Prop. 1.5]. La preuve ci-dessous est d'ailleurs essentiellement celle de la citation.

Démonstration On pose $\sigma = \sigma_{h_1 \perp h_2}$ et on montre d'abord que la formule donnée est la seule possible. Si $x \in \mathrm{Sym}(A, \sigma)$, alors x s'écrit

$$x = e_1 x e_1 + e_1 x e_2 + e_2 x e_1 + e_2 x e_2$$

Si f satisfait (i) et (ii), on a

$$f(x) = f_1(e_1 x e_1) + f_2(e_2 x e_2) + f(e_1 x e_2 + e_2 x e_1).$$

Or $f(e_1 x e_2 + e_2 x e_1) = f(e_1 x e_2 + \sigma(e_1 x e_2)) = \mathrm{Trd}_A(e_1 x e_2) = 0$, donc $f(x) = f_1(e_1 x e_1) + f_2(e_2 x e_2)$. Il reste à voir que f définit bien une paire quadratique. Soit $x \in A$ que l'on décompose $x = x_1 + x_2 + e_1 x e_2 + e_2 x e_1$. Vu que $\sigma(e_i) = e_i$, on a $x + \sigma(x) = x_1 + \sigma(x_1) e_1 + x_2 + \sigma(x_2) + e_1(x + \sigma(x)) e_2 + e_2(x + \sigma(x)) e_1$. On calcule

$$f\big(x + \sigma(x)\big) = f_1(x_1) + f_2(x_2)$$
$$= \mathrm{Trd}_{A_1}(x_1) + \mathrm{Trd}_{A_2}(x_2)$$
$$= \mathrm{Trd}_A(x).$$

On conclut que (σ, f) est une paire quadratique. ∎

On dit que la paire quadratique (σ, f) est *isotrope* si A admet un idéal à droite $0 \neq I$ satisfaisant $\sigma(I)I = 0$ et $f(I \cap \mathrm{Sym}(A, \sigma)) = 0$ (*ibid*, 6.12). S'il existe un tel I satisfaisant $\dim_k(I) = \frac{1}{2} \dim_k(A)$, on dit que (σ, f) est *hyperbolique*. On sait que deux paires quadratiques hyperboliques sur A sont conjuguées (*ibid*, 10.35). Cette notion est liée à l'isotropie des groupes algébriques de la façon suivante.

Lemme 7.4.3 *Soit* I *un idéal à droite comme ci-dessus. On considère le* k*-sous-groupe algébrique* P *de* $\mathrm{O}^+(A, \sigma, f) \subset \mathrm{GL}_1(A)$ *qui stabilise* I. *Alors* P *est un* k*-sous-groupe parabolique de* $\mathrm{O}^+(A, \sigma, f)$ *de type*

Démonstration Sans perte de généralité, on peut supposer que k est algébriquement clos. Ceci permet de supposer que $A = \mathrm{End}_k(V)$ et que (σ, f) est adjointe à une forme quadratique non singulière q de dimension $2n$ [115, 5.11]. Il existe un unique sous-espace vectoriel W de V tel que $I = \mathrm{Hom}_k(V, W) \subset A = \mathrm{End}_k(V)$ et W est de dimension n. Ainsi $P \subset \mathrm{O}^+(A, \sigma, f)$ est le stabilisateur de W. D'après l'exemple 6.6 de *loc. cit.*, W est un sous-espace totalement isotrope de V, i.e. q s'annule sur W. Suivant [125, Prop. 12.13], P est bien un k-sous-groupe parabolique de $\mathrm{O}^+(q) = \mathrm{O}^+(A, \sigma, f)$ si bien que $\mathrm{O}^+(A, \sigma, f)/P$ est la variété des sous-espaces totalement isotropes maximaux. Au vu de l'exemple 17.9.(2) de *loc. cit.*, on a $P = R_u(P) \rtimes \mathrm{GL}(W)$ donc P_{red} est de type A_{n-1}. Cela impose le type de P. $\blacksquare$

On dit qu'un relèvement hermitien (h, f) de (σ, f) est hyperbolique si (σ, f) est hyperbolique.

Lemme 7.4.4 *Soit (h, f) un relèvement hermitien d'une paire quadratique. Alors la somme orthogonale $(h, f) \perp (-h, -f)$ est hyperbolique.*

On observe que $(-h, -f)$ est un relèvement hermitien de (σ, f).

Démonstration On pose $B = \mathrm{End}_D(V \oplus V)$, $\tau = \sigma_{h \perp -h}$ et (τ, F) la paire quadratique. Si $x = \begin{pmatrix} a & b \\ c & d \end{pmatrix}$, on a $\tau(b) = \begin{pmatrix} \sigma_h(a) & -\sigma_h(c) \\ -\sigma_h(b) & \sigma_h(d) \end{pmatrix}$. On note $I = \mathrm{Hom}_D(V \oplus V, V) \subset B$ l'idéal défini par le plongement diagonal $V \hookrightarrow V \oplus V$, c'est-à-dire formé des éléments du type $\begin{pmatrix} a & d \\ a & d \end{pmatrix}$. Pour deux tels éléments x, x', on calcule

$$\tau(x)\, x' = \begin{pmatrix} \sigma(a) & -\sigma(a) \\ -\sigma(d) & \sigma(d) \end{pmatrix} \begin{pmatrix} a' & d' \\ a' & d' \end{pmatrix} = 0.$$

On a donc $\tau(I)\,I = 0$. Il reste à vérifier la condition sur F. Un élément $x \in \mathrm{Sym}(B, \tau) \cap I$ est de la forme $x = \begin{pmatrix} a & -a \\ a & -a \end{pmatrix}$ avec a symétrique pour σ. Alors $F(x) = f(a) + f(-a) = 0$. Ainsi (τ, F) est hyperbolique. $\blacksquare$

Le fait suivant généralise un résultat de Kneser [112, §2.6, Lemma 1].

Lemme 7.4.5 *Soit (σ, f) une paire quadratique comme ci-dessus. On considère les suites exactes*

$$1 \to \mu_2 \to G = \mathrm{Spin}(A, \sigma, f) \xrightarrow{\rho} \mathrm{O}^+(A, \sigma, f) \to 1 \qquad et$$

$$1 \to \mathrm{O}^+(A, \sigma, f) \to \mathrm{O}(A, \sigma, f) \to \mathbf{Z}/2\mathbf{Z} \to 1.$$

(1) On suppose que $[A] \neq 0 \in \mathrm{Br}(k)$. Alors on a $\mathrm{O}^+(A, \sigma, f)(k) = \mathrm{O}(A, \sigma, f)(k)$.
(2) Le composé

$$\mathbf{Z}/2\mathbf{Z} \to H^1\big(k, \mathrm{O}^+(A, \sigma, f)\big) \xrightarrow{\delta} H^2_{\mathrm{fppf}}(k, \mu_2)$$

applique 1 sur $[A]$.

Démonstration

(1) Comme il existe une extension de corps F/k telle que A_F est d'indice 2, il est loisible de supposer que A est d'indice 2. Si k est de caractéristique nulle, il s'agit alors du lemme de Kneser. Si k est de caractéristique $p > 0$, on va utiliser la méthode de relèvement en caractéristique nulle au moyen d'un anneau de Cohen O de corps de fractions K tel que $O/pO = k$. Le k-groupe $G = \mathrm{Spin}(A, \sigma, f)$ est une k-forme du groupe spécial orthogonal déployé Spin_{2n}. Comme $\mathrm{Aut}(\mathrm{Spin}_{2n}) = \mathrm{PSO}_{2n} \rtimes \mathbf{Z}/2\mathbf{Z}$ est lisse, le lemme de Hensel cohomologique [60, XXIV.8.1] produit une O-forme $\mathfrak{G}$ de Spin_{2n} telle que $\mathfrak{G} \times_O k \cong G$. Calmès et Fasel ont étendu sur une base arbitraire la notion de paire quadratique si bien que $\mathfrak{G} = \mathrm{Spin}(A^\sharp, \sigma^\sharp, f^\sharp)$ où $A^\sharp$ désigne une O-algèbre d'Azumaya de degré $2n$ munie d'une O-paire quadratique $(\sigma^\sharp, f^\sharp)$ [33, 8.4.0.63]. On peut supposer que (A, σ, f) est la réduction modulo p de $(A^\sharp, \sigma^\sharp, f^\sharp)$. De plus, suivant le §4.4 de *loc. cit.*, on dispose des O-schémas en groupes lisses $\mathrm{O}^+(A^\sharp, \sigma^\sharp, f^\sharp)$, $\mathrm{O}(A^\sharp, \sigma^\sharp, f^\sharp)$ qui s'insèrent dans une suite exacte de O-schémas en groupes

$$1 \to \mathrm{O}^+(A^\sharp, \sigma^\sharp, f^\sharp) \to \mathrm{O}(A^\sharp, \sigma^\sharp, f^\sharp) \xrightarrow{\pi} \mathbf{Z}/2\mathbf{Z} \to 1.$$

On considère le diagramme commutatif

$$
\begin{array}{ccc}
\mathrm{O}(A^\sharp, \sigma^\sharp, f^\sharp)(K) & \xrightarrow{\ \pi_K\ } & \mathbf{Z}/2\mathbf{Z} \\
\uparrow & & \uparrow = \\
\mathrm{O}(A^\sharp, \sigma^\sharp, f^\sharp)(O) & \xrightarrow{\ \pi_O\ } & \mathbf{Z}/2\mathbf{Z} \\
\downarrow & & \downarrow = \\
\mathrm{O}(A, \sigma, f)(k) & \xrightarrow{\ \pi_k\ } & \mathbf{Z}/2\mathbf{Z}.
\end{array}
$$

Comme $\mathrm{Br}(O)$ s'injecte dans $\mathrm{Br}(K)$, il suit que A_K^+ n'est pas déployée et le cas de caractéristique nulle indique que π_K est triviale et a fortiori π_O également. Le lemme de Hensel indique que la réduction modulo p, i.e. $\mathrm{O}(A^\sharp, \sigma^\sharp, f^\sharp)(O) \to \mathrm{O}(A, \sigma, f)(k)$, est surjective. Le diagramme permet de conclure que π_k est trivial.

(2) On écrit $A = M_r(D)$ avec D à division. D'après (1), $1 \in \mathbf{Z}/2\mathbf{Z}$ s'applique sur une classe non triviale $\gamma \in H^1(k, \mathrm{SU}(V, h))$. Si $\delta(\gamma) = 0$, alors γ provient d'un G-torseur X et on a $\gamma_{k(X)} = 1$, donc $\mathrm{SU}(V, h)(k(X)) = \mathrm{U}(V, h)(k(X))$. Mais $D \otimes_k k(X)$ est à division [143, 5.2], ce qui contredit (1). Ceci montre que $0 \neq \delta(\gamma) \in {}_2\mathrm{Br}(k)$. Or après extension au corps de fonctions de la variété Y de Severi-Brauer de D, on a $\gamma_{k(Y)} = 1$, d'où $\delta(\gamma) \in \ker\big({}_2\mathrm{Br}(k) \to {}_2\mathrm{Br}(k(Y))\big)$. Le théorème d'Amitsur [86, §5.4] permet de conclure que $\delta(\gamma) = [D]$. ∎

On va maintenant considérer des invariants cohomologiques à la manière de Bartels [9] par rapport à un relevé hermitien (h, f) d'une paire quadratique (σ, f)

sur $A = \mathrm{End}_D(V)$. On a l'interprétation $G = \mathrm{Spin}(h)$, $\mathrm{U}(h, f) = \mathrm{O}(A, \sigma)$. Soit maintenant (V', h', f') une seconde paire avec V' de même dimension que V. Elle définit une classe $[(V', h', f')] \in H^1(k, \mathrm{U}(h, f))$. Son image dans $H^1(k, \mathbf{Z}/2\mathbf{Z})$ est appelé le discriminant relatif $\mathrm{disc}_h(h')$.

Nous allons vérifier que le discriminant est additif pour les sommes orthogonales. On suppose que $(h, f) = (h_1, f_1) \perp (h_2, f_2)$. On a un plongement ρ : $\mathrm{U}(h_1, f_1) \times \mathrm{U}(h_2, f_2) \hookrightarrow \mathrm{U}(h_1 \perp h_2, f_1 \perp f_2) = \mathrm{U}(h, f)$; il donne lieu à

$$\rho_* : H^1(k, \mathrm{U}(h_1, f_1)) \times H^1(k, \mathrm{U}(h_2, f_2)) \to H^1(k, \mathrm{U}(h, f)).$$

Ceci est l'interprétation cohomologique de la somme orthogonale de paires hermitiennes. Nous affirmons que le diagramme suivant est commutatif

$$(*) \qquad \begin{array}{ccc} \mathrm{U}(h_1, f_1) \times \mathrm{U}(h_2, f_2) & \xrightarrow{\;\rho\;} & \mathrm{U}(h, f) \\ \downarrow & & \downarrow \\ \mathbf{Z}/2\mathbf{Z} \oplus \mathbf{Z}/2\mathbf{Z} & \xrightarrow{\;\Sigma\;} & \mathbf{Z}/2\mathbf{Z}. \end{array}$$

Il suffit en effet de le vérifier dans le cas déployé ce qui est bien connu [113, IV.6.5]. Ceci entraîne l'additivité du discriminant relatif, i.e.

$$\mathrm{disc}_{(h, f)}(h'_1 \perp h'_2, f'_1 \perp f'_2) = \mathrm{disc}_{(h_1, f_1)}(h'_1, f'_1)\, \mathrm{disc}_{(h_2, f_2)}(h'_2, f'_2).$$

On suppose maintenant que $\mathrm{disc}_h(h')$ est trivial, alors la classe $[(V', h', f')] \in H^1(k, \mathrm{U}(h, f))$. définit un élément $[\gamma] \in H^1(k, \mathrm{SU}(h, f))/(\mathbf{Z}/2\mathbf{Z}) \hookrightarrow H^1(k, \mathrm{U}(h, f))$. Le Lemme 7.4.5.(2) montre que le bord $\delta : H^1(k, \mathrm{SU}(h, f)) \to H^2_{\mathrm{fppf}}(k, \mu_2)$ donne lieu à un invariant

$$H^1(k, \mathrm{SU}(h))/(\mathbf{Z}/2\mathbf{Z}) \to H^2_{\mathrm{fppf}}(k, \mu_2)/\mathbf{Z}.[D].$$

On peut donc définir l'invariant de Clifford relatif $\mathrm{Cl}_{(h, f)}(h', f') = \delta(\gamma) \in H^2_{\mathrm{fppf}}(k, \mu_2)/\mathbf{Z}.[D]$. En utilisant un autre diagramme, on établit que l'invariant de Clifford relatif est additif, voir [11, §2.2]. Dans le cas de dimension paire, pour avoir une classification "absolue", on prend comme origine la forme hyperbolique. Cet invariant absolu est noté traditionnellement e_2. Ainsi on dispose du discriminant d'un relevé hermitien d'une paire quadratique de son invariant de Clifford. De plus, ces invariants ne dépendent que de la paire quadratique si bien que l'on dispose ainsi du discriminant d'une paire quadratique de son invariant e_2.

Nous allons rappeler comment la définition de l'invariant de Clifford *absolu* se généralise en dimension arbitraire de la façon suivante [15, §5.1]. On se donne une paire hermitienne (h, f) sur $A = \mathrm{End}_D(V)$ (de degré $2n$) de discriminant trivial. L'algèbre de Clifford $C(A, \sigma_h, f)$ se décompose en un produit $C^+(A, \sigma_h, f) \times C^-(A, \sigma_h, f)$ d'algèbres simples centrales [115, th. 8.10]. La relation fondamentale (*ibid*, 9.12) $[A] = [C^+(A, \sigma_h, f)] - [C^-(A, \sigma_h, f)] \in \mathrm{Br}(k)$ permet de poser $e_2(h, f) = e_2(A, \sigma_h, f) = [C^+(A, \sigma_h, f)] \in \mathrm{Br}(k)/\mathbf{Z}.[A]$.

Lemme 7.4.6 (Généralisation de [11, Lemmas 2.1.3, 2.1.4])

(1) Si (h, f) est hyperbolique, alors $e_2(h, f) = 0$.
(2) Si (h, f) et (h', f') sont des paires hermitiennes de même rang et de discriminant trivial, on a la relation $e_2(h', f') = e_2(h, f) + \mathrm{Cl}_{(h,f)}((h', f'))$.

Démonstration Soit X la variété de Severi-Brauer de A, on se donne un isomorphisme $A \otimes_k k(X) \cong M_{2n}(k(X))$. Alors (h, f) définit une paire quadratique (H, F). sur $k(X)^{2n}$ de discriminant trivial. Le théorème d'Amitsur [86, §5.4] énonce que le morphisme $\mathrm{Br}(k)/\mathbf{Z}.[A] \to \mathrm{Br}(k(X))$ est injectif. En étendant les scalaires à $k(X)$, on est ainsi ramené au cas des formes quadratiques. On peut donc supposer que l'on travaille avec une paire quadratique (σ_q, f_q) associée à une forme quadratique régulière q de dimension $2n$ et de discriminant trivial. Dans ce cas on a $C^+(A, \sigma, f) = C_0^+(q)$, i.e. une composante de l'algèbre de Clifford paire de q. En vertu de [63, 13.9], $C_0^+(q)$ est Brauer équivalente à l'algèbre de Clifford $C(q)$ et $e_2(q)$ est l'invariant de Clifford de q tel que défini dans *ibid*, §14. Ainsi l'invariant e_2 est additif [63, th. 14.3] et ne dépend que de la classe de similitude.

(1) Si q est hyperbolique, alors $C(q)$ est déployée [113, IV.2.1.1] et on a donc $e_2(q) = 0$.
(2) Si q' est une autre forme quadratique de dimension $2n$ et de discriminant trivial, on doit montrer que $e_2(q') = e_2(q) + \mathrm{Cl}_q(q')$.

> *Premier cas: q est hyperbolique.* Nous renvoyons à [113], diagramme avant IV.8.2.2.
> *Cas général.* On a

$$
\begin{aligned}
e_2(q') &= e_2(q' \perp -q) + e_2(q) && \text{[additivité de } e_2] \\
&= \mathrm{Cl}_{q \perp -q}(q' \perp -q) + e_2(q) && \text{[premier cas]} \\
&= \mathrm{Cl}_q(q') + e_2(q) && \text{[additivité de Cl].} \quad \blacksquare
\end{aligned}
$$

La version du théorème de simplification de Witt dans ce cadre est la suivante.

Théorème 7.4.7 *Soit $(A_i, \sigma_i, f_i)_{i=1,2,3}$ des paires quadratiques avec $A_i = \mathrm{End}_D(V_i)$. Soit (h_i, f_i) un relèvement hermitien de (σ_i, f_i) par rapport à (D, θ) pour $i = 1, 2, 3$. Si les relèvements hermitiens $(h_1, f_1) \perp (h_3, f_3)$, $(h_2, f_2) \perp (h_3, f_3)$ sont isométriques, alors (h_1, f_1) est isométrique à (h_2, f_2).*

Démonstration Quitte à remplacer (h_3, f_3) par la paire hyperbolique $(h_3, f_3) \perp (-h_3, f_3)$, il est loisible de supposer que (h_3, f_3) est hyperbolique. Les D-espaces vectoriels V_1 et V_2 ont même dimension. On note $\gamma = [(h_2, f_2)] \in H^1(k, \mathrm{U}(h_1, f_1))$ et $\eta = [(h_3, f_3)] \in H^1(k, \mathrm{U}(h_3, f_3))$ la classe triviale. On dispose d'un plongement $\rho : \mathrm{U}(h_1, f_1) \times \mathrm{U}(h_3, f_3) \hookrightarrow \mathrm{U}(h_1 \perp h_3, f_1 \perp f_3)$; il donne lieu à

$$
\rho_* : H^1(k, \mathrm{U}(h_1, f_1)) \times H^1(k, \mathrm{U}(h_3, f_3)) \to H^1(k, \mathrm{U}(h_1 \perp h_3, f_1 \perp f_3)).
$$

Cette construction est la somme orthogonale. En termes cohomologiques, l'hypothèse revient à dire que $\rho_*(\gamma \times \eta) = 1$. Ceci étant, l'additivité du discriminant relatif implique que $\mathrm{disc}_{(h_1, f_1)}(h_2, f_2) = 0$. Ainsi γ provient d'une classe $\gamma_\sharp \in H^1(k, \mathrm{SU}(h_1, f_1))$. De même $\eta = 1$ provient de la classe triviale $\eta_\sharp = 1 \in H^1(k, \mathrm{SU}(h_3, f_3))$. On considère l'image $\zeta_\sharp$ de $\gamma_\sharp \times \eta_\sharp$ dans $H^1(k, \mathrm{SU}(h_1 \perp h_3, f_1 \perp f_3))$. Son image dans $H^1(k, \mathrm{U}(h_1 \perp h_3, f_1 \perp f_3))$ est triviale donc elle provient du bord $\mathbf{Z}/2\mathbf{Z} \to H^1(k, \mathrm{SU}(h_1 \perp h_3, f_1 \perp f_3))$. Deux pages en amont, on a considéré le diagramme $(*)$; celui-ci induit le diagramme commutatif

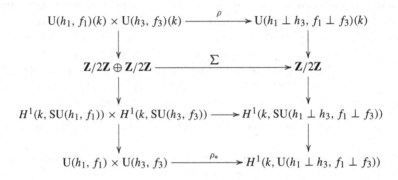

dont les verticales sont des suites exactes d'ensembles pointés. Ce diagramme montre que l'on peut modifier le cas échéant la classe $\gamma_\sharp$ de sorte que $\xi_\sharp = 1$.

On écrit $(V_3, h_3) = \mathbf{H}(W_3)$. Nous allons utiliser que le k-sous-groupe $P \subset \mathrm{SU}(h_1 \oplus h_3)$ qui stabilise W_3 est un k-sous-groupe parabolique admettant le sous-groupe de Levi $L = \mathrm{SU}(h_1) \ltimes \mathrm{GL}_D(W_3)$. Ce fait sera vérifié à la fin. Le théorème de Borel-Tits (§2.2.3) montre que l'application $H^1(k, L) \to H^1(k, \mathrm{SU}(h_1 \perp h_3))$ est injective et il en est de même de $H^1(k, \mathrm{SU}(h_1)) \to H^1(k, \mathrm{SU}(h_1 \perp h_3))$. Comme $\gamma_\sharp$ appartient à ce noyau, cette classe est triviale et il suit que $\gamma = 1$. On conclut que h_2 est isométrique à h_1.

Il reste à vérifier l'assertion sur le couple (P, L). Il est commode d'étendre les scalaires à une clôture séparable k' de k déployant D de sorte que l'on se retrouve dans le cas des formes quadratiques hyperboliques. De façon plus précise, on pose $V_i' = V_i \otimes_k k'$ et $W_3' = W_3 \otimes_k k_s$. Alors h_i définit une forme quadratique régulière q_i' sur W_i' de sorte que $\mathrm{U}(h_i)_{k'} = \mathrm{O}(q_i')$. Alors $P' = P_{k'}$ est le stabilisateur du sous-espace totalement isotrope W_3' qui est de dimension dn_3 où $n_3 = \dim_D(W_3)$. On sait alors que P' est un k'-sous-groupe parabolique de $\mathrm{SO}(q_1' \perp q_3')$ [52, th. 3.9.(i)]. De plus, $L = \mathrm{SO}(q_1') \times \mathrm{GL}(W_3')$ ce qui définit un scindage du morphisme de restriction $\psi : P' \to \mathrm{GL}(W_3')$, $g \mapsto g_{W_3}$. Ainsi $P' = \ker(\psi) \rtimes \mathrm{GL}(W_3')$ et $\ker(\psi)$ est lisse et connexe.

On a $V_3' = W_3 \oplus W_3^*$, donc chaque élément $g \in \ker(\psi)(k')$ agit trivialement sur W_3^* et partant sur V_3'. Ainsi $\ker(\psi)$ stabilise $V_1' = (V_3')^\perp$, ce qui définit un morphisme $\psi' : \ker(\psi) \to \mathrm{SO}(q_1')$ qui est scindé. Ainsi $P' = \ker(\psi') \rtimes (\mathrm{SO}(q_1') \times \mathrm{GL}(W_3'))$ avec $\ker(\psi')$ lisse, unipotent et connexe. On conclut que L' est un sous-groupe de Levi de P'. ∎

Remarque 7.4.8 On aurait pu procéder différemment en différentiant le cas de caractéristique $\neq 2$ et celui de caractéristique 2. En caractéristique $\neq 2$, il s'agit du théorème de simplification pour les formes hermitiennes [113, I.6.3.4]. En caractéristique 2, une façon de faire serait d'utiliser un dictionnaire entre relèvements hermitiens et formes quadratiques (généralisées) [64] pour lesquelles on dispose d'un théorème de simplification par rapport aux formes hyperboliques [156, cor. 9.2, p. 268].

7.4.2 Classification

Notre but est d'"établir le:

Théorème 7.4.9 *On suppose que* $\mathrm{scd}_2(k) \leq 2$. *Soit G un groupe semi-simple simplement connexe de type D_n ($n \geq 4$). On a $H^1(k, G) = 1$.*

Dans cette généralité, ce résultat est dû à Berhuy, Frings et Tignol qui en ont donné une preuve en caractéristique libre. Nous allons procéder un peu différemment avec la notion de relèvement hermitien de formes quadratiques.

Proposition 7.4.10 *On suppose que* $\mathrm{scd}_2(k) \leq 2$. *Soient (V, h, f) et (V, h', f') des relèvements de paires quadratiques où V désigne un D-espace vectoriel de dimension r avec $rd = 2n$. Alors les assertions suivantes sont équivalentes:*

(i) (h, f) et (h', f') sont isométriques;
(ii) $\mathrm{disc}_{(h,f)}(h', f')$ est trivial et $\mathrm{Cl}_{(h,f)}(h', f') = 0 \in H^2(k, \mu_2)/\mathbf{Z}.[D]$.

On commence par établir le Théorème 7.4.9 à partir de la Proposition 7.4.10.

Démonstration On a $G = \mathrm{Spin}(V, h, f)$ où (V, h, f) est un relèvement d'une paire quadratique relative à une k-algèbre simple centrale à division D munie d'une involution θ de première espèce (comme ci-dessus).

Si $d = 1$, alors $G = \mathrm{Spin}(q)$ pour une forme quadratique, le résultat est le Théorème 7.1.12. On peut donc supposer que $d \geq 2$. Soit $[z] \in H^1(k, G)$ et notons (V, h', f') le tordu par z du relèvement hermitien (V, h, f). Elle satisfait $\mathrm{disc}_{(h,f)}(h', f') = 1$ et $\mathrm{Cl}_{(h,f)}(h', f') = 0$ donc (h', f') est isométrique à (h, f) en vertu de la Proposition 7.4.10. On dispose des deux suites exactes

$$1 \to \mu_2 \to G = \mathrm{Spin}(V, h, f) \xrightarrow{\rho} \mathrm{SU}(V, h, f) \to 1$$

et

$$1 \to \mathrm{SU}(V, h, f) \to \mathrm{U}(V, h, f) \to \mathbf{Z}/2\mathbf{Z} \to 1.$$

Le composé

$$H^1(k, \mathrm{Spin}(V, h, f)) \to H^1(k, \mathrm{SU}(V, h, f)) \to H^1(k, \mathrm{U}(V, h, f))$$

applique $[z]$ sur 1 et il suit que $\rho_*[z] \in \ker\big(H^1(k, \mathrm{SU}(V, h, f)) \to H^1(k, \mathrm{U}(V, h, f))\big)$. Ceci étant, le composé

$$\mathbf{Z}/2\mathbf{Z} \to H^1(k, \mathrm{SU}(V, h, f)) \xrightarrow{\delta} H^2_{\mathrm{fppf}}(k, \mu_2)$$

applique 1 sur $[D] \neq 0$ (Lemme 7.4.5.(2)). Comme $\delta(p_*[z]) = 0$ il vient $p_*[z] = 1 \in H^1(k, \mathrm{SU}(V, h, f))$, d'où finalement $[z] = 1 \in H^1(k, G)$ en vertu de la Proposition 5.4.1.   ∎

On procède maintenant à la démonstration de la Proposition 7.4.10.

Démonstration L' implication $(i) \Longrightarrow (ii)$ est triviale. On va montrer la réciproque par récurrence sur $d = 2^a \geq 1$ en tenant compte du Théorème 7.4.9 aussi dans la récurrence et du cas des formes quadratiques qui est le cas $d = 1$. On sait que D est un produit tensoriel d'algèbres de quaternions (Th. 7.1.5) donc il existe une extension quadratique étale L/k de corps qui se plonge dans D. En particulier, D_L est d'indice 2^{a-1}. On note σ la conjugaison sur L. Soit donc (h', f') une paire hermitienne satisfaisant (ii).

Premier cas: (h, f) est hyperbolique. On veut montrer que (h', f') est hyperbolique. Le théorème d'injectivité de Bayer-Fluckiger/Lenstra [10] ([15, th. 1.14] en caractéristique libre) permet de supposer que k est 2-spécial ce qui implique que $\mathrm{scd}(k) \leq 2$. On note $r = 2r_0$ le rang de h, alors G est de type quasi-déployé $^1D_{dr_0}$.
Nos hypothèses impliquent que (V, h', f') est isométrique à un tordu de (V, h, f) par un 1-cocycle z à valeurs dans $G = \mathrm{Spin}(V, h, f)$. Par récurrence, on a $H^1(L, G) = 1$, donc $[z] \in H^1(L/k, G)$. Le k-groupe G est isotrope et admet un k-sous-groupe parabolique de type $D_{dr_0} \setminus \{\alpha_{dr_0}\}$ suivant le Lemme 7.4.3. Le Lemme 3.2.8 permet de choisir un L-parabolique P de G de type $D_{dr_0} \setminus \{\alpha_{dr_0}\}$ tel que le k-groupe $M = P \cap \sigma(P)$ soit un L-Levi de P. Alors l'application $H^1(L/k, M) \to H^1(L/k, G)$ est surjective. Suivant la Remarque 5.6.2.(c).(iv), la Proposition 5.6.1.(2) s'applique et ramène le problème à vérifier que $H^1(k, DM) = 1$. Comme un tel k-groupe est semi-simple simplement connexe de type quasi-déployé $^2A_{dr_0-1}$, cette annulation est vérifiée (Th. 7.3.2). Ceci montre que $[z] = 1$. On conclut que (h', f') est hyperbolique.

Cas général. Les conditions $\mathrm{disc}_{(h,f)}(h', f') = 1$ et $\mathrm{Cl}_{(h,f)}((h', f')) = 0$ impliquent que (h', f') est isométrique au tordu de h par un 1-cocycle z à valeurs dans G. Notant X le G-torseur associé à z, on a que $(h, f)_{k(X)}$ et $(h', f')_{k(X)}$ sont isométriques. On considère les relèvements hermitiens $(H', F') = (h, f) \perp (-h', f)$ et $(H, F) = (h, f) \perp (-h, f)$, celles-ci deviennent isométriques sur $k(X)$. Par suite $\mathrm{disc}_{(H,F)}(H', F')$ appartient au noyau de $H^1(k, \mathbf{Z}/2\mathbf{Z}) \to H^1(k(X), \mathbf{Z}/2\mathbf{Z})$ donc est trivial puisque $k(X)$ est une extension régulière de k. De même la classe $\mathrm{Cl}_{(H,F)}(H', F')$ appartient au noyau $\ker\big({}_2\mathrm{Br}(k) \to {}_2\mathrm{Br}(k(X))\big)/\mathbf{Z}.[D]$. Comme $\mathrm{Br}(k)$ s'injecte dans $\mathrm{Br}(k(X))$, on en déduit que

$\mathrm{Cl}_{(H,F)}(H', F') = 0$. Or le relèvement hermitien (H, F) est hyperbolique, le premier cas montre que $(H', F') = (h, f) \perp (-h', f')$ est hyperbolique, donc isomorphe à $(h, f) \perp (-h, f)$. En appliquant la simplification de Witt (Théorème 7.4.7), on conclut que $(h, f) \cong (h', f')$. ∎

Remarque 7.4.11 Si l'on suppose l'hypothèse plus forte $\mathrm{scd}(k) \leq 2$, la démonstration ne nécessite pas le théorème de Bayer-Fluckiger/Lenstra [10].

En tenant compte du Lemme 7.4.6, la Proposition 7.4.10 donne lieu à la classification suivante.

Corollaire 7.4.12 *On se place sous les hypothèses de la Proposition 7.4.10. Soit $A = \mathrm{End}_V(D)$ de degré $2n \geq 2$. Les paires quadratiques sur A de discriminant trivial sont classifiées par leur invariant de Clifford e_2.*

Remarque 7.4.13 Pour une version plus générale en termes d'algèbres de Clifford, voir [15, Cor 5.3].

7.4.3 Produit tensoriel

Soient A une k-algèbre simple centrale de degré pair munie d'une paire quadratique (σ, f) et (B, τ) une k-algèbre munie d'une involution de première espèce. On sait que le produit tensoriel $(A \otimes_k B, \sigma \otimes \tau)$ est munie d'une paire quadratique $(A \otimes_k B, \sigma \otimes \tau, f_*)$ uniquement déterminée par la propriété suivante [115, 5.18]:

$$f_*(s \otimes t) = f(s) \, \mathrm{Trd}_B(t)$$

pour $s \in \mathrm{Sym}(A, \sigma)$ et $t \in \mathrm{Sym}(B, \tau)$.

Lemme 7.4.14 *On suppose que $B = M_{2m}(k)$ et que τ est adjointe à une forme bilinéaire diagonale régulière $\langle b_1, \ldots, b_{2m} \rangle$ avec $2m \geq 2$. Alors $(A \otimes_k B, \sigma \otimes \tau, f_*)$ a un discriminant trivial et son invariant de Clifford vaut*

$$[\chi, b) \in \mathrm{Br}(k)/\mathbf{Z}.[A]$$

où $\chi \in H^1(k, \mathbf{Z}/2\mathbf{Z})$ désigne le discriminant de (A, σ, f) et $b = (b_1 \ldots b_{2m})^m$.

Démonstration On utilise une fois de plus l'astuce d'étendre les scalaires au corps $K = k(X)$ où X désigne la variété de Severi-Brauer de A. Cela permet de supposer que la paire (σ, f) est adjointe à une forme quadratique régulière q (comme dans l'Exemple 7.4.1). Dans ce cas, $(\sigma \otimes \tau, f_*)$ est adjointe à la forme quadratique $q \otimes \langle b_1, \ldots, b_{2m} \rangle$ [115, 5.19]. L'invariant de Arf de cette forme est trivial et son invariant de Clifford se calcule modulo $I_3^q(k)$. En effet, on a $q = n_\chi$ modulo $I_q(k)$, d'où $q \otimes \langle b_1, \ldots, b_{2m} \rangle = n_\chi \langle 1, b \rangle$ modulo $I_q^3(k)$. Cet invariant vaut donc bien $[\chi, b)$. ∎

Remarque 7.4.15 Pour (2), dans le cas de caractéristique $\neq 2$, on aurait pu utiliser aussi un résultat de Tao [170, th. 1.1].

7.4.4   Cas où D est une k-algèbre de biquaternions

On suppose que $D = Q_1 \otimes Q_2$ est une algèbre à division de biquaternions munie de l'involution de première espèce $\theta = \theta_1 \otimes \theta_2$, produit tensoriel des involutions canoniques des algèbres de quaternions respectives. Suivant [174, prop. 3.11], D est munie d'une paire quadratique $(\theta, f_\otimes)$ déterminée par la propriété $f_\otimes(q_1 \otimes q_2) = 0$ pour tous $q_1 \in \mathrm{Sym}(Q_1, \theta_1)$, $q_2 \in \mathrm{Sym}(Q_1, \theta_2)$. En outre cette paire quadratique est de discriminant trivial et un relèvement hermitien est $h_\otimes : D \times D \to D$ défini par $h_\otimes(d_1, d_2) = \theta(d_1)d_2$.

Proposition 7.4.16 *On suppose que* $\mathrm{scd}_2(k) \leq 2$. *Soient* $\chi \in H^1(k, \mathbf{Z}/2\mathbf{Z})$ *et* $b \in k^\times$.

(1) Il existe une paire quadratique (D, σ_1, f_1) de discriminant χ.

(2) Il existe une unique paire quadratique $(M_2(D), \sigma_2, f_2)$ de discriminant trivial et d'invariant de Clifford $[\chi, b]$.

(3) Soit (h_2, f_2) un relevé hermitien de (σ_2, f_2). Soit (h, f) un relevé hermitien d'une paire quadratique sur $(\mathrm{End}_D(V), \sigma, f)$ où V est de dimension $r = 2r_0 \geq 2$. Si (σ, f) est de discriminant trivial et d'invariant de Clifford $[\chi, b]$, alors (h, f) est isométrique à $(h_2, f_2) \perp (\mathbf{H}_D)^{r_0-1}$.

Démonstration

(1) *Cas de caractéristique $\neq 2$.* Dans ce cas χ correspond à une classe $(a) \in k^\times/(k^\times)^2$. Comme $\mathrm{Nrd}(D) = k^\times$, on sait que (a) est le discriminant d'une involution orthogonale σ_1 sur D [114, theorem page 282] (ou [145, Th. 2.1]). Celle ci-définit f_1.

   Cas de caractéristique $= 2$. De façon surprenante, on n'utilise pas ici l'hypothèse de dimension cohomologique. L'existence de (σ_1, f_1) est un cas particulier d'un théorème de Berhuy [13, th. 2 de l'erratum], voir aussi [174, prop. 5.1].

(2) L'unicité à isomorphisme près suit du Corollaire 7.4.12. Pour l'existence, on écrit $M_2(D) = D \otimes_k M_2(k)$ que l'on munit de l'involution $\sigma_2 = \sigma_1 \otimes \tau_\varphi$ où φ est adjointe à la forme bilinéaire $\langle 1, -b \rangle$. D'après le Lemme 7.4.14, la paire quadratique (σ_2, f_*) est de discriminant trivial et d'invariant de Clifford $[\chi, b] \in \mathrm{Br}(k)/\mathbf{Z}.[A]$.   ∎

Notes

Le théorème de Sivatski présenté ici se trouve dans l'article de Kahn [105] où il est attribué à Merkurjev. En fait, ce résultat est issu de la thèse de Sivatski et notre contribution a été de l'étendre au cas de caractéristique 2. Ceci a été fait indépendamment par Barry/Chapman [8, §4]. Par ailleurs, sous les conditions du théorème de Sivatski, Barry a montré qu'étant donnés une k-algèbre simple centrale à division D de période 2 et un élement $d \in D$ satisfaisant $d^2 \in k$, alors d se plonge dans une sous-algèbre de quaternions de D [7, prop. 3.2].

Notre approche pour les groupes classiques s'appuie fortement sur la démonstration originelle de Bayer-Fluckiger/Parimala et sur son raffinement en caractéristique libre de Bérhuy-Frings-Tignol. Ceci étant, nous avons privilégié des techniques de cohomologie galoisienne qui se sont substituées à la chimie des involutions (notamment les algèbres de Clifford) et aux divers groupes de Witt.

Enfin, il serait intéressant d'établir une classification plus précise des formes (anti)-hermitiennes sur une algèbre à involution.

Chapitre 8
Groupes exceptionnels

Le point culminant de ce chapitre est l'étude de la conjecture II pour les groupes de type E_7. On produit aussi une liste de résultats partiels pour les groupes de type exceptionnel de type D_4, E_6 et E_8. Rappelons que le cas des groupes de type G_2 et F_4 a été traité au chapitre précédent, voir le Corollaire 6.0.3.

8.1 Cas trialitaire

On note G_0 le groupe algébrique semi-simple simplement connexe déployé de type D_4. On a une suite exacte (scindée)

$$1 \to G_{0,ad} \to \mathrm{Aut}(G_0) \to S_3 \to 1,$$

d'où un invariant Cub : $H^1(k, \mathrm{Aut}(G_0)) \to H^1(k, S_3)$. Vu que l'ensemble $H^1(k, \mathrm{Aut}(G_0))$ classifie les k-formes de type G_0 (i.e. les groupes semi-simples simplement connexe de type D_4) et que $H^1(k, S_3)$ classifie les extensions cubiques étales, on voit que l'on peut associer à une k-forme G de G_0 une classe d'isomorphisme d'algèbre étale cubique L/k. En étant plus précis [82, §8.1], on associe à G le S_3-torseur $G_{0,ad}\backslash\underline{\mathrm{Isom}}(G_0, G)$, c'est-à-dire une extension étale cubique de k. De plus, on dispose d'un isomorphisme $\mu_G \xrightarrow{\sim} R^1_{L/k}(\mu_2)$.

La suite exacte $1 \to R^1_{L/k}(\mu_2) \to R_{L/k}(\mu_2) \to \mu_2 \to 1$ donne lieu à une suite exacte

$$H^2_{\mathrm{fppf}}(L, \mu_2) \xrightarrow{\mathrm{Cores}} H^1_{\mathrm{fppf}}(k, \mu_3) \to H^2_{\mathrm{fppf}}(k, \mu_G) \to H^2_{\mathrm{fppf}}(L, \mu_3)$$

$$\xrightarrow{\mathrm{Cores}} H^2_{\mathrm{fppf}}(k, \mu_3)$$

© Springer Nature Switzerland AG 2019
P. Gille, *Groupes algébriques semi-simples en dimension cohomologique ≤2*, Lecture Notes in Mathematics 2238,
https://doi.org/10.1007/978-3-030-17272-5_8

en vertu du lemme de Shapiro. Comme $[L : k] = 3$, la corestriction est surjective, d'où des isomorphismes

$$(*)\qquad H^2(k, \mu_G) \xrightarrow{\sim} \ker\left(H^2_{\mathrm{fppf}}(L, \mu_2) \to H^2_{\mathrm{fppf}}(k, \mu_2)\right)$$
$$\xrightarrow{\sim} \ker\left({}_2\mathrm{Br}(L) \to {}_2\mathrm{Br}(k)\right).$$

L'image de la classe de Tits t_G dans $\mathrm{Br}(L)$ est la classe d'une L-algèbre simple centrale de degré 8 et de période 2 appelée l'algèbre d'Allen de G (ou encore l'algèbre de Tits de G).

8.1.1   Quaternions et trialité

Lemme 8.1.1 *Soient L/k une extension cubique étale et G un k-groupe quasi-déployé semi-simple simplement connexe d'invariant cubique $[L]$. On note μ le centre de G et M un k-sous-groupe de Levi d'un k-sous-groupe parabolique P de G de type $\{1, 3, 4\}$, i.e.*

$$\alpha_2 \ominus\!\!\!\!\begin{array}{l} \bullet\ \alpha_1 \\ \bullet\ \alpha_3 \\ \bullet\ \alpha_4 \end{array}\quad .$$

(1) On a une suite exacte $1 \to \mathbf{G}_m \to M/\mu \to R_{L/k}(\mathrm{PGL}_2) \to 1$. Elle s'insère dans le diagramme commutatif à lignes exactes

$$
\begin{array}{ccccccccc}
1 & \longrightarrow & R_{L/k}(\mu_2) & \longrightarrow & R_{L/k}(\mathrm{SL}_2) & \longrightarrow & R_{L/k}(\mathrm{PGL}_2) & \longrightarrow & 1 \\
& & \downarrow{\scriptstyle N_{L/k}} & & \downarrow & & \downarrow{\wr} & & \\
1 & \longrightarrow & \mu_2 & \longrightarrow & R_{L/k}(\mathrm{SL}_2)/\mu & \longrightarrow & R_{L/k}(\mathrm{PGL}_2) & \longrightarrow & 1 \\
& & \downarrow & & \downarrow & & \downarrow{\wr} & & \\
1 & \longrightarrow & \mathbf{G}_m & \longrightarrow & M/\mu & \longrightarrow & R_{L/k}(\mathrm{PGL}_2) & \longrightarrow & 1.
\end{array}
$$

(2) L'application $H^1(k, M/\mu) \to H^1(k, R_{L/k}(\mathrm{PGL}_2)) \cong H^1(L, \mathrm{PGL}_2)$ est injective et son image consiste en les classes de L-algèbres de quaternions $[Q]$ satisfaisant $\mathrm{Cores}_k^L([Q]) = 0 \in \mathrm{Br}(k)$.

(3) L'application $H^1(k, M/\mu) \to H^2_{\mathrm{fppf}}(k, \mu) \xrightarrow{\sim} \mathrm{Ker}\left({}_2\mathrm{Br}(L) \to {}_2\mathrm{Br}(k)\right)$ est injective et son image consiste en les classes de L-algèbres de quaternions $[Q]$ satisfaisant $\mathrm{Cores}_k^L([Q]) = 0 \in \mathrm{Br}(k)$.

Démonstration

(1) Le k-groupe M vient avec un k-tore maximal T isomorphe à $R_{L/k}(\mathbf{G}_m) \times \mathbf{G}_m$. Ainsi on a un isomorphisme $M \cong DM \times \mathbf{G}_m$ et DM est simplement

connexe de type A_1^3. En d'autres mots, on a une suite exacte (scindée) $1 \rightarrow R_{L/k}(\mathrm{SL}_2) \rightarrow M \rightarrow \mathbf{G}_m \rightarrow 1$. On a $\mu \subset M$ et le point[1] est que $\mu \subset R_{L/k}(\mu_2) \subset DM$. On a donc un diagramme commutatif

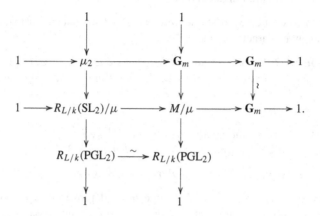

Ce diagramme donne lieu à la suite exacte désirée $1 \rightarrow \mathbf{G}_m \rightarrow M/\mu \rightarrow R_{L/k}(\mathrm{PGL}_2) \rightarrow 1$ qui s'insère dans le diagramme de l'énoncé.

(2) Il vient une suite exacte d'ensembles pointés

$$H^1(k, M/\mu) \rightarrow H^1(k, R_{L/k}(\mathrm{PGL}_2)) \xrightarrow{\partial} \mathrm{Br}(k).$$

L'ensemble $H^1(k, R_{L/k}(\mathrm{PGL}_2)) \xrightarrow{\sim} H^1(L, \mathrm{PGL}_2)$ classifie les L-algèbres de quaternions. Le diagramme commutatif du (1) montre la commutativité du diagramme

$$
\begin{array}{ccc}
H^1(L, \mathrm{PGL}_2) & \longrightarrow & H^2_{\mathrm{fppf}}(L, \mu_2) \\
\wr \big\uparrow & & \wr \big\uparrow \\
H^1(k, R_{L/k}(\mathrm{PGL}_2)) & \longrightarrow & H^2_{\mathrm{fppf}}(k, R_{L/k}(\mu_2)) \\
\wr \big\downarrow & & \big\downarrow {\scriptstyle N_{L/k}} \\
H^1(k, R_{L/k}(\mathrm{PGL}_2)) & \xrightarrow{\partial} & H^2_{\mathrm{fppf}}(k, \mathbf{G}_m) = \mathrm{Br}(k)
\end{array}
$$

où la flèche horizontale du haut est le bord $H^1(L, \mathrm{PGL}_2) \rightarrow H^2_{\mathrm{fppf}}(L, \mu_2)$ associé à la suite exacte $1 \rightarrow \mu_2 \rightarrow \mathrm{SL}_2 \rightarrow \mathrm{PGL}_2 \rightarrow 1$.

La classe d'une L-algèbre de quaternions $[Q] \in H^1(L, \mathrm{PGL}_2)$ s'applique donc suivant ∂ sur $\mathrm{Cores}_k^L([Q]) \in \mathrm{Br}(k)$. Ceci montre que l'image de

---

[1]C'est un petit calcul de racines; noter que le cas où L/k est un corps est évident puisque on a alors $\widehat{\mu}(k) = 0$.

$H^1(k, M/\mu)$ dans $H^1(L, \mathrm{PGL}_2)$ est bien identifiée. Par ailleurs, vu que $\mathbf{G}_m$ est central dans M/μ et que $H^1(k, \mathbf{G}_m) = 1$, la flèche $H^1(k, M) \to H^1(k, R_{L/k}(\mathrm{PGL}_2))$ est injective [159, I.5.7, prop. 42].

(3) C'est un corollaire immédiat du (2). ∎

On généralise en caractéristique libre le résultat suivant de Garibaldi [67] établi originellement en caractéristique $\neq 2$.

Proposition 8.1.2 *Soient L/k une extension cubique étale et $t \in H^2_{\mathrm{fppf}}(k, R^1_{L/k}(\mu_2))$. On suppose que l'image de t dans $\mathrm{Br}(L)$ par l'application $(*)$ consiste en des algèbres d'indice ≤ 2. Alors il existe une unique k-forme G^t de G_0 satisfaisant les conditions suivantes:*

(i) G^t est de « discriminant cubique » $[L] \in H^1(k, S_3)$ et $t_G = t$.
(ii) G^t admet un k-sous-groupe parabolique de type $\{1, 3, 4\}$.

En outre, si L est un corps et $t \neq 0$, alors G^t est de k-rang 1.

Démonstration On note G^q un k-groupe quasi-déployé de type D_4 d'invariant cubique $[L]$. On note M un k-groupe de Levi du k-groupe parabolique de G^q de type $\{1, 3, 4\}$. Le diagramme commutatif

$$
\begin{array}{ccccccccc}
1 & \longrightarrow & \mu & \longrightarrow & M & \longrightarrow & M/\mu & \longrightarrow & 1 \\
& & \downarrow & & \downarrow & & \downarrow{\scriptstyle\wr} & & \\
1 & \longrightarrow & \mu & \longrightarrow & G^q & \longrightarrow & G^q_{ad} & \longrightarrow & 1
\end{array}
$$

donne lieu au diagramme commutatif de bords

$$
\begin{array}{ccc}
H^1(k, M/\mu) & \xrightarrow{\ \partial\ } & H^2_{\mathrm{fppf}}(k, \mu) \\
\downarrow & & \downarrow{\scriptstyle\wr} \\
H^1(k, G^q_{ad}) & \xrightarrow{\ \partial_2\ } & H^2_{\mathrm{fppf}}(k, \mu)\,.
\end{array}
$$

D'après le Lemme 8.1.1.(3), t appartient à l'image de ∂. Ainsi il existe $[z] \in H^1(k, M/\mu)$ d'image t suivant ∂. Alors la classe de Tits du k-groupe tordu $_zG^q$ est t (§2.2.4) et $_zG^q$ admet par construction un k-sous-groupe parabolique de type $\{1, 3, 4\}$. Ceci montre l'existence.

Pour l'unicité, on se donne deux k-formes intérieures G, G' de G^q ayant même classe de Tits et admettant un k-sous-groupe parabolique de type $\{1, 3, 4\}$. D'après Witt-Tits [175, prop. 4], on peut supposer que $G = {}_zG^q$ et $G' = {}_{z'}G^q$ où $[z], [z']$ sont des classes de $H^1(k, M/\mu)$. La compatibilité ci-dessus indique que $\partial([z]) = \partial([z']) \in H^2_{\mathrm{fppf}}(k, \mu)$. Comme $H^1(k, M/\mu)$ s'injecte dans $H^2_{\mathrm{fppf}}(k, \mu)$ en vertu du Lemme 8.1.1, on conclut que $[z] = [z'] \in H^1(k, M/\mu)$ et donc que G et G' sont k-isomorphes.

On suppose maintenant que L est un corps et $t \neq 0$, en particulier G^t n'est pas quasi-déployé. Comme G^t est de k-rang ≥ 1, les tables nous ramènent à exclure le cas G^t de rang 2, c'est-à-dire le cas quasi-déployé. On conclut que G^t est de k-rang 1.   ∎

On se propose de généraliser à la caractéristique 2 le fait suivant.

Proposition 8.1.3 ([115, prop. 43.9]) *Soient L/k une extension cubique étale et Q une L-algèbre de quaternions. Alors les assertions suivantes sont équivalentes:*

(i) $\mathrm{Cores}_k^L([Q]) = 0 \in \mathrm{Br}(k)$.

(ii) *Il existe $\chi \in H^1(k, \mathbf{Z}/2\mathbf{Z})$ et $c \in L^\times$ tels que $[Q] = \chi_L \cup (c) \in \mathrm{Br}(L)$ et $N_{L/k}(c) = 1$.*

Démonstration On peut supposer bien sûr le cas échéant que Q n'est pas déployée et en particulier que k est infini.

$(ii) \Longrightarrow (i)$. Cela suit de la formule de projection.

$(i) \Longrightarrow (iii)$. Soit Q une L-algèbre de quaternions. Pour établir la réciproque, nous allons distinguer plusieurs cas et montrer tout d'abord qu'il existe un caractère $\chi \in H^1(k, \mathbf{Z}/2\mathbf{Z})$ tel que que $L_\chi = L \otimes_k k_\chi$ déploie Q.

Dans ce but, on considère le plongement de Segre $\mathbf{P}_k^1 \times \mathbf{P}_k^1 \hookrightarrow \mathbf{P}_k^3$, $([x_1 : y_1], [x_2, y_2]) \mapsto [x_1 x_2 : y_1 y_2 : x_1 y_2 : y_1 x_2]$ dont l'image est la quadrique projective d'équation $XY = ZT$. Le groupe algébrique $H = (\mathrm{PGL}_2 \times \mathrm{PGL}_2) \rtimes \mathbf{Z}/2\mathbf{Z}$ agit sur le plongement via le plongement naturel $(\mathrm{PGL}_2 \times \mathrm{PGL}_2) \rtimes \mathbf{Z}/2\mathbf{Z} \hookrightarrow \mathrm{PGL}_4$.

$L = k' \times k$: Ici k' est une extension quadratique étale. On a $Q = Q' \times Q_3$ où Q' est une k'-algèbre de quaternions et Q_0 une k-algèbre de quaternions.

On considère le H-torseur $E = \mathrm{Isom}(M_2(k^2), Q')$. En tordant le plongement de Segre par E, on obtient un plongement

$$R_{k'/k}\big(\mathrm{SB}(Q)\big) \hookrightarrow {}^E\mathbf{P}^3.$$

Ainsi ${}^E\mathbf{P}^3$ est la variété de Severi–Brauer d'une algèbre B de dimension 4 et nous affirmons que $B = \mathrm{Cores}_k^{k'}(Q')$ où $\mathrm{Cores}_k^{k'}(Q')$ désigne la corestriction pour les algèbres simples centrales [173].

Si $k' = k \times k$, alors $Q' = Q_1 \times Q_2$ et $B = Q_1 \times Q_2 = \mathrm{Cores}_k^{k'}(Q')$. Si k' est un corps, on note $\sigma : k' \to k'$ la conjugaison; d'après le cas précédent, on a $B_{k'} = Q' \otimes^\sigma Q$ et B correspond aux point fixes sous σ pour l'action $\sigma(q_1 \otimes q_2) = \sigma(q_2) \otimes \sigma(q_1)$. Ainsi par définition de la corestriction, on a $B = \mathrm{Cores}_k^{k'}(Q')$.

Notre hypothèse est que B est isomorphe à $M_2(Q_3)$ et en particulier n'est pas à division. Cela signifie que la variété $\mathrm{SB}_2(B)$ des idéaux à droite de A de dimension 8 a un point rationnel. Or géométriquement, $\mathrm{SB}_2(B)$ est isomorphe à la grassmanienne Gr_2^4. Ainsi un point $y \in \mathrm{SB}_2(B)(k)$ donne naissance à un hyperplan P_y de X. D'après le théorème de Bertini [103, cor. 6.11], pour un point $y \in Y(k)$ général, P_y intersecte $R_{k'/k}\big(\mathrm{SB}(Q')\big)$ en une courbe lisse C. Cette courbe est de genre 0, elle admet donc un point rationnel dans une extension étale quadratique F de k. Par suite, Q' est déployée par l'extension $k' \otimes_k F$ et on conclut que Q est déployée par l'extension $L \otimes_k F$.

L est un corps. Dans le cas de caractéristique $\neq 2$, on renvoie à [115, prop. 43.9]. Nous supposons désormais que k est de caractéristique 2 et nous allons utiliser un argument de relèvement en caractéristique nulle. On note O un anneau de Cohen de k, c'est-à-dire un anneau complet de valuation discrète d'uniformisante p de corps résiduel k et de corps des fractions K de caractéristique nulle [27, IX.2.3, prop. 5]. Alors l'extension séparable L/k se relève en une extension étale O_M de O, i.e. O_M/pO_M est k-isomorphe à L. De façon plus précise, il existe une extension cubique étale non ramifiée M de K telle que O_M est l'anneau de valuation pour l'unique valuation p-adique sur M prolongeant v. D'après le lemme de Hensel [60, XXIV.8.1], la spécialisation $H^1(O_M, \mathrm{PGL}_2) \to H^1(L, \mathrm{PGL}_2)$ est un isomorphisme. En particulier, la L-algèbre de quaternions Q (supposée non déployée) se relève en une O_M-algèbre de quaternions $\mathscr{Q}$. D'après le cas de caractéristique $\neq 2$, il existe une extension quadratique K' de K telle que $\mathscr{Q}_M \otimes_K K'$ est déployée. On note O' l'anneau de valuation de K' et k' le corps résiduel de O'. On considère le O_M-schéma de Sevri-Brauer $\mathrm{SB}(\mathscr{Q})$. Ce O_M-schéma est projectif et $\mathrm{SB}(\mathscr{Q})(M \otimes_K K') \neq \emptyset$. Par suite, $\mathrm{SB}(\mathscr{Q})(O_M \otimes_O O') \neq \emptyset$ d'où $\mathrm{SB}(Q)(L \otimes_k k') \neq \emptyset$. Ainsi Q est déployée par l'extension quadratique k'/k. Comme Q est non déployée, on a $[k' : k] = 2$. Si k' est séparable sur k, cette étape est finie. On se concentre donc sur le cas $k' = k(\sqrt{b})$ avec $b \in k^\times$. Comme $L(\sqrt{b})$ déploie Q, on sait qu'il existe un caractère $\theta \in H^1(L, \mathbf{Z}/2\mathbf{Z})$ satisfaisant $[Q] = \theta \cup (b)$ (Hochschild, [86, th. 9.1.1]). En d'autres mots, il existe $a \in L$ tel que $n_Q = \langle 1, b \rangle \otimes [1, a]$. Nous prétendons que Q est déployée par l'extension quadratique séparable $L = k[t]/(t^2 + t + b)$.

Ayant en tête le critère 7.1.1, on étudie l'isotropie de la forme quadratique non dégénérée

$$\phi = n_Q \perp [1, b] = \langle 1, b \rangle \perp [1, b].$$

La forme ϕ contient comme sous-forme $\langle 1, b \rangle [1, b]$. Cette forme contient un sous-espace totalement isotrope de dimension ≥ 2, donc l'indice de Witt de ϕ est ≥ 2 [63, prop. 8.11]. Le critère 7.1.1 montre ainsi que Q est déployée par $L[t]/(t^2 + t + b)$.

On donc trouvé dans tous les cas un caractère $\chi \in H^1(k, \mathbf{Z}/2\mathbf{Z})$ tel que $L_\chi = L \otimes_k k_\chi$ déploie Q. On considère la suite exacte de L-groupes $1 \to \mu_2 \to R_{L_\chi/L}(\mu_2) \to \mu_2 \to 1$. Elle induit une suite exacte

$$L^\times/L^{\times 2} \xrightarrow{\sim} H^1_{\mathrm{fppf}}(L, \mu_2) \xrightarrow{\chi_L \cup} H^2_{\mathrm{fppf}}(L, \mu_2) \to H^2_{\mathrm{fppf}}(L_\chi, \mu_2)$$

Ainsi, il existe $c \in L^\times$ tel que $[Q] = \chi_L \cup (c) \in \mathrm{Br}(L)$. Suivant la formule de projection, on a

$$0 = \mathrm{Cores}^L_k([Q]) = \mathrm{Cores}^L_k(\chi_L \cup (c)) = \chi \cup (N_{L/k}(c)) \in \mathrm{Br}(k).$$

Par suite, $N_{L/k}(c) \in N_{k_\chi/k}(k_\chi^\times)$. Comme 2 et 3 sont premiers entre eux, il existe $c' \in L^\times$ tel que $[Q] = \chi_L \cup (c) = \chi_L \cup (c')$ et $N_{L/k}(c') = 1$. ∎

Remarque 8.1.4

(a) Dans le cas $L = k^3$ ou $L = k' \times k$, il s'agit d'un résultat d'Albert [115, Cor. 16.28, 16.29].
(b) Dans le cas quadratique, la démontration est une variante de celle de Tits [179]. Cette méthode a été développée par Krashen [117]. Il serait intéressant d'avoir une démonstration du cas cubique en caractéristique libre, c'est-à-dire en évitant le relèvement en caractéristique nulle.
(c) Ce résultat ne s'étend pas au cas d'un nombre premier impair. En effet, pour chaque premier p impair, Jacob et Wadsworth ont contruit un corps F, des algèbres simples centrales A, B de degré p n'ayant aucun sous-corps commutatif maximal commun et tel que $A \otimes B^{\otimes j}$ est d'indice divisant p pour tout entier j [100]. D'autres exemples sont dus à Karpenko [107, th. II.1].

8.1.2 Application à la conjecture II

Théorème 8.1.5 *On suppose que* $\mathrm{scd}_2(k) \leq 2$ *et que* $\mathrm{scd}_3(k) \leq 2$. *Soit* L/k *une extension de corps séparable cubique et soit G un k-groupe semi-simple simplement connexe de type* D_4. *On suppose que G est d'invariant extérieur* $[L] \in H^1(k, S_3)$ *et on note A la L-algèbre d'Allen de G.*

Si $\mathrm{ind}_L(A) \mid 2$, *alors* $H^1(k, G) = 1$. *En outre, si* $\mathrm{ind}_L(A) = 2$, *alors G est de k-rang 1 et admet un k-sous-groupe parabolique de type* $\{1, 3, 4\}$.

Démonstration On note $\widetilde{L} = L.k'$ une clôture galoisienne de L/k. On peut supposer que A est d'indice 2. D'après la Proposition 8.1.3, on a $[A] = (\chi)_L \cup (c)$ où χ est un caractère quadratique sur k. Notant E/k l'extension quadratique associée à χ, il suit que A est déployée par $L.E$. Par suite, G_E est quasi-déployé (d'après le Théorème 6.0.1). On adapte alors la démonstration du cas trialitaire non cyclique du Théorème 6.0.1 que nous reprenons intégralement par précaution.

Le Lemme 3.2.8 montre qu'il existe un k-tore S de G dont le centralisateur $M = C_G(S)$ est tel que M_E est un E-sous-groupe parabolique de G_E de type $D_4 \setminus \{2\}$. Alors M_E est de type $3A_1$, d'invariant de Tits $[L] \in H^1(k, S_3)$. Le k-groupe M est une extension de $R^1_{E/k}(\mathbf{G}_m)$ par $DM \cong R_{L/k}(\mathrm{SL}_1(Q))$ où Q est une L-algèbre de quaternions déployée par $L.E$. Par suite DM admet un k-tore maximal $T_3 \cong R_{L/k}(R^1_{L.E/L}(\mathbf{G}_m))$ Alors M admet le k-tore maximal $T = C_M(T_3)$ qui est une extension de $R^1_{E/k}(\mathbf{G}_m)$ par T_3. La suite exacte de k-tores $1 \to T_3 \to R_{L.E/k}(\mathbf{G}_m) \to R_{L/k}(\mathbf{G}_m) \to 1$ induit une suite exacte

$$\mathrm{Hom}\Big(R^1_{E/k}(\mathbf{G}_m), R_{L/k}(\mathbf{G}_m) \Big) \to \mathrm{Ext}^1\Big(R^1_{E/k}(\mathbf{G}_m), T_3 \Big)$$

$$\to \mathrm{Ext}^1\Big(R^1_{E/k}(\mathbf{G}_m), R_{L.E/k}(\mathbf{G}_m) \Big).$$

On a $\mathrm{Hom}\!\left(R^1_{E/k}(\mathbf{G}_m), R_{L/k}(\mathbf{G}_m)\right) \;\cong\; \mathrm{Hom}\!\left(R^1_{E.L/L}(\mathbf{G}_m), \mathbf{G}_{m,L}\right) \;=\; 0$
et le lemme de Shapiro montre que $\mathrm{Ext}^1\!\left(R^1_{E/k}(\mathbf{G}_m), R_{L.E/k}(\mathbf{G}_m)\right) \;\cong\;$
$\mathrm{Ext}^1\!\left(\mathbf{G}_{m,L.E}, \mathbf{G}_{m,L.E}\right) \;=\; 0$, d'où $\mathrm{Ext}^1\!\left(R^1_{E/k}(\mathbf{G}_m), T_3\right) \;=\; 0$. En particulier la
suite exacte $1 \to T_3 \to T \to R^1_{E/k}(\mathbf{G}_m) \to 1$ est scindée et il en est donc de même
du morphisme $M \to R^1_{E/k}(\mathbf{G}_m)$. Ainsi la condition (a) de la Proposition 5.6.1.(1)
est satisfaite et il en est de même de la condition (b). La Proposition 5.6.1.(1) montre
que $H^1(E/k, G) = 1$ et on conclut que $H^1(k, G) = 1$.

On passe à l'isotropie. D'après la Proposition 8.1.2, G admet une forme
fortement intérieure G' qui est isotrope de type $\{1, 3, 4\}$. Comme $H^1(k, G) = 1$,
les k-groupes G, G' sont isomorphes. On conclut que G est de k-rang 1 et admet un
k-sous-groupe parabolique de type $\{1, 3, 4\}$. ∎

8.2   Type E_6

On rappelle la numérotation de Bourkaki du diagramme de Dynkin

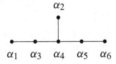

Il y a de nombreuses analogies entre les groupes de type E_6 et les groupes
trialitaires où les premiers 2 et 3 « échangent » leurs rôles.

Si G désigne un k-groupe semi-simple simplement connexe de type E_6, son
centre μ_G est isomorphe à $R^1_{k'/k}(\mu_3)$ où k'/k désigne l'extension quadratique étale
« discriminant » de G. La suite exacte $1 \to R^1_{k'/k}(\mu_3) \to R_{k'/k}(\mu_3) \to \mu_3 \to 1$
donne lieu à une suite exacte

$$H^2_{\mathrm{fppf}}(k', \mu_3) \xrightarrow{\;\mathrm{Cores}\;} H^1_{\mathrm{fppf}}(k, \mu_3) \to H^2_{\mathrm{fppf}}(k, \mu_G) \to H^2_{\mathrm{fppf}}(k', \mu_3)$$

$$\xrightarrow{\;\mathrm{Cores}\;} H^2_{\mathrm{fppf}}(k, \mu_3).$$

Comme $[k' : k] = 2$, il vient des isomorphismes

$$(**) \qquad H^2(k, \mu_G) \xrightarrow{\;\sim\;} \ker\!\left(H^2_{\mathrm{fppf}}(k', \mu_3) \to H^2_{\mathrm{fppf}}(k, \mu_3)\right)$$
$$\xrightarrow{\;\sim\;} \ker\!\left({}_3\mathrm{Br}(k') \to {}_3\mathrm{Br}(k)\right).$$

8.2.1 Algèbres de degré 3

Lemme 8.2.1 *Soient k'/k une extension quadratique étale et G un k-groupe quasi-déployé semi-simple simplement connexe de discriminant $[k']$. On note μ le centre de G et on note M un k-sous-groupe de Levi d'un k-sous-groupe parabolique P de G de type $\{1, 3, 5, 6\}$, i.e.*

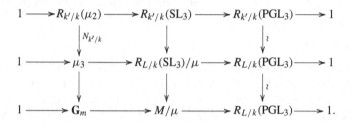

(1) On a une suite exacte $1 \to \mathbf{G}_m \to M/\mu \to R_{k'/k}(\mathrm{PGL}_3) \to 1$. Elle s'insère dans le diagramme commutatif à lignes exactes

$$
\begin{array}{ccccccccc}
1 & \longrightarrow & R_{k'/k}(\mu_2) & \longrightarrow & R_{k'/k}(\mathrm{SL}_3) & \longrightarrow & R_{k'/k}(\mathrm{PGL}_3) & \longrightarrow & 1 \\
& & \downarrow{\scriptstyle N_{k'/k}} & & \downarrow & & \downarrow{\wr} & & \\
1 & \longrightarrow & \mu_3 & \longrightarrow & R_{L/k}(\mathrm{SL}_3)/\mu & \longrightarrow & R_{L/k}(\mathrm{PGL}_3) & \longrightarrow & 1 \\
& & \downarrow & & \downarrow & & \downarrow{\wr} & & \\
1 & \longrightarrow & \mathbf{G}_m & \longrightarrow & M/\mu & \longrightarrow & R_{L/k}(\mathrm{PGL}_3) & \longrightarrow & 1.
\end{array}
$$

(2) L'application $H^1(k, M/\mu) \to H^1(k, R_{k'/k}(\mathrm{PGL}_3)) \cong H^1(k', \mathrm{PGL}_3)$ est injective et son image consiste en les classes de k'-algèbres simples centrales A de degré 3 satisfaisant $\mathrm{Cores}_k^{k'}([A]) = 0 \in \mathrm{Br}(k)$.

(3) L'application $H^1(k, M/\mu) \to H^2_{\mathrm{fppf}}(k, \mu) \xrightarrow{\sim} \mathrm{Ker}\big({}_3\mathrm{Br}(k') \to {}_3\mathrm{Br}(k)\big)$ est injective et son image consiste en les classes de k'-algèbres simples centrales A de degré 3 satisfaisant $\mathrm{Cores}_k^{k'}([A]) = 0 \in \mathrm{Br}(k)$.

Démonstration Elle est analogue à la démonstration du Lemme 8.1.1. ∎

Proposition 8.2.2 *Soit k'/k une extension quadratique étale et soit $t \in H^2(k, \mu)$ où $\mu = R^1_{k'/k}(\mu_3)$. On suppose que t_G s'applique par l'application $(\ast\ast)$ sur des algèbres d'indices ≤ 3. Alors il existe un unique k-groupe semi-simple simplement connexe G^t de type E_6 satisfaisant les conditions suivantes:*

(i) G^t est de discriminant $[k']$ et $t_G = t \in H^2_{\mathrm{fppf}}(k, \mu)$.

(ii) G^t admet un k-sous-groupe parabolique de type $\{1, 3, 5, 6\}$.

En outre, si $t_G \neq 0$, alors G est de k-rang 2.

Démonstration Elle est analogue à la démonstration de la Proposition 8.1.2. ∎

Lemme 8.2.3 *Soit G un k-groupe semi-simple simplement connexe. On note K/k son extension quadratique « discriminant » (correspondant à l'invariant *).*

(1) *Soient H_1, H_2 des k-sous-groupes semi-simples de G de type $A_2 \times A_2 \times A_2$. Si H_1 et H_2 sont déployés, alors H_1 et H_2 sont $G(k)$-conjugués. En outre on a des suites exactes $1 \to H_1 \to N_G(H_1) \to S_3 \to 1$ et $1 \to H_1/C(G) \to \mathrm{Aut}(G, H_1) \to S_3 \times \mathbf{Z}/2\mathbf{Z} \to 1$ où S_3 (resp. $\mathbf{Z}/2\mathbf{Z}$) agit sur $(A_2)^3$ par permutation (resp. par automorphisme de diagramme sur chaque facteur A_2).*

(2) *Soit H un k-sous-groupe de type $A_2 \times A_2 \times A_2$ de G. Alors il existe une unique extension cubique étale L/k telle que $H^q = R_{L/k}\big(^K\mathrm{SL}_3 \times_k L\big)/\mu$ où $^K\mathrm{SL}_3$ désigne la k-forme quasi-déployée de SL_3 associée à K où $\mu = R^1_{K/k}(\mu_3)$ est plongé diagonalement dans le centre $R_{L/k}\big(R^1_{K\otimes_k L/K}(\mu_3)\big)$ de $R_{L/k}\big(^K\mathrm{SL}_3 \times_k L\big)$.*

(3) *Si G est une forme intérieure, alors il existe une L-algèbre simple centrale A de degré 3 telle que $H \xrightarrow{\sim} R_{L/k}(\mathrm{SL}_1(A))/\mu$.*

Démonstration

(1) Sans perte de généralité, on peut supposer que H_1, H_2 contiennent un k-tore maximal déployé commmun T. On pose $W = N_G(T)/T$. Comme le système E_6 admet une unique classe de W-conjugaison de sous-système de type $(A_2)^3$, il existe $w \in W$ tel que $^w\Phi(H_1, T) = \Phi(H_2, T)$ dans $\Phi(G, T)$. Soit $n_w \in N_G(T)(k)$ un relevé de w. Alors $\Phi(^{n_w}H_1, T) = \Phi(H_2, T)$ et $^{n_w}H_1 = H_2$.

On note $W_1 = N_{G_1}(T)/T \subset W$; on sait que $N_W(W_1) = W_1 \rtimes S_3 = (S_3)^3 \rtimes S_3$ [34, lemma 11]. Il suit que $N_G(H_1, T)/T = (S_3)^3 \rtimes S_3$. Or $N_G(H_1)(\bar{k})$ est engendré par $H_1(\bar{k})$, donc on a une suite exacte $1 \to H_1 \to N_G(H_1) \to S_3 \to 1$. La seconde suite exacte s'obtient de la même façon en tenant compte du fait que $\mathrm{Aut}(E_6) = W(E_6) \times \{\pm 1\}$.

(2). On discute de façon uniforme les deux cas dans un premier temps. On note G_0 le k-groupe de Chevalley simplement connexe de type E_6 et H_0 un k-sous-groupe de type $(A_2)^3$ contenant un k-tore maximal déployé T_0 de G_0. D'après le (1), (G, H) est une k-forme de (G_0, H_0) et est donc k-isomorphe au tordu $(_zG_0, _zH_0)$ par un 1-cocycle z à valeurs dans $\mathrm{Aut}(G_0, H_0)$. On considère la suite exacte $1 \to H_0/C(G_0) \to \mathrm{Aut}(G_0, H_0) \xrightarrow{\pi} S_3 \times \mathbf{Z}/2\mathbf{Z} \to 1$. Alors $\pi_* z$ définit un homomorphisme $\Gamma_k \to S_3 \times \mathbf{Z}/2\mathbf{Z}$, c'est-à-dire un couple (L, k_2) où L (resp. k_2) désigne une extension cubique (resp. quadratique) étale de k. On observe que le composé $\mathrm{Aut}(G_0, H_0) \to \mathrm{Aut}(G_0) \to \mathrm{Autext}(G_0) = \mathbf{Z}/2\mathbf{Z}$ est la projection de $\mathrm{Aut}(G_0, H_0)$ sur $\mathbf{Z}/2\mathbf{Z}$, ce qui entraîne que $[k_2]$ est l'invariant $*$ de G, d'où $k_2 = K$. On a donc $H^q = R_{L/k}\big(^K\mathrm{SL}_3 \times_k L\big)/\mu$ où $^K\mathrm{SL}_3$ désigne la k-forme quasi-déployée de SL_3 associée à K et $\mu = R^1_{K/k}(\mu_3)$ est plongé diagonalement.

(3). Si G est une forme intérieure, on a donc $K = k \times k$. Ainsi H est une forme intérieure de $R_{L/k}(\mathrm{SL}_3 \times_k L)/\mu$. Par suite, il existe une L-algèbre simple centrale A de degré 3 telle que $H \xrightarrow{\sim} R_{L/k}(\mathrm{SL}_1(A))/\mu$. ∎

8.2.2 Application à la conjecture II

Théorème 8.2.4 *On suppose que* $\mathrm{scd}_2(k) \leq 2$ *et que* $\mathrm{scd}_3(k) \leq 2$. *Soit* G *un k-groupe semi-simple simplement connexe de type E_6. On note K/k l'algèbre quadratique étale « discriminant » de G.*

Si $t = t_G \in H^2_{\mathrm{fppf}}(k, \mu_G)$ *consiste en des algèbres d'indice* ≤ 3, *alors* G *est isomorphe à* G^t *(défini dans la Proposition 8.2.2) et* $H^1(k, G) = 1$.

Démonstration On pose $t = t_G \in H^2(k, \mu_G)$. Comme G et G^t ont même classe de Tits, G est une forme fortement intérieure de G^t. Pour montrer que G est isomorphe à G^t, la caractérisation de la proposition précédente montre qu'il suffit de montrer que G^t admet un k-sous-groupe parabolique de type $\{1, 3, 5, 6\}$. Si $t = 0$, alors G^t est quasi-déployé et le Corollaire 6.0.2 montre que $G \cong G^t$ et que $H^1(k, G) = 1$. Il est donc loisible de supposer que $t \neq 0$.

Cas intérieur. Alors t s'applique dans $\mathrm{Br}(k) \oplus \mathrm{Br}(k)$ sur un couple $([D], [D^{op}])$ où D est une k-algèbre simple centrale à division de degré 3. D'après un résultat de Wedderburn [115, th. 19.2], D est cyclique, c'est-à-dire déployée par une extension cyclique L/k de degré 3. Alors G_L est déployé et la Proposition 3.2.11.(3) indique que G admet un sous-groupe semi-simple simplement connexe H de type D_4 qui est déployé par L/k. Ainsi l'algèbre d'Allen de H est déployée, donc DM est une forme fortement intérieure de sa forme quasi déployée. Le Corollaire 6.0.2 montre que H est quasi-déployé, il est donc de k-rang ≥ 2. Ainsi G est de k-rang ≥ 2. La lecture des tables des indices de Tits possibles (Merkurjev-Panin-Wadsworth, voir les tables listés au §9.5.2) montre que G est de k-rang 2 et qu'il admet un k-groupe parabolique P de type $\{1, 3, 5, 6\}$. Ceci permet de conclure que $G \cong G^t$.

Par suite l'application $H^1(k, P) \to H^1(k, G)$ est surjective. On note M un k-sous-groupe de Levi de P, alors DM est semi-simple simplement connexe de type $A_2 \times A_2$, qui est une forme intérieure. Comme $H^1(k, DM) \to H^1(k, P)$ est surjectif (§2.2.3), il suit que $H^1(k, DM) \to H^1(k, G)$ est surjectif. Or DM est un k-groupe semi-simple simplement connexe classique donc $H^1(k, DM) = 1$, d'où l'on conclut que $H^1(k, G) = 1$.

Cas extérieur. D'après le cas intérieur, G_K admet un K-sous-groupe parabolique (minimal) P de type $\{1, 3, 5, 6\}$. Le Lemme 3.2.8 montre qu'il existe un k-sous-groupe réductif M de G tel que M_K est un k-groupe de Levi de P. Alors DM est semi-simple simplement connexe de type $A_2 \times A_2$. Le k-sous-groupe $H = M.C_G(DM)$ de G est semi-simple de type $(A_2)^3$. On a $H = DM.H_2$ où H_2 est un k-sous-groupe de type A_2. Comme DM_K est anisotrope et que H_K est de K-rang 2, il suit que $H_{2,K}$ est déployé. En particulier, la classe de Tits de H_2 est triviale et le k-groupe classique H_2 est donc quasi-déployé. Ainsi G est isotrope et les tables indiquent que G_K admet un k-sous-groupe parabolique de type $\{1, 3, 5, 6\}$. La preuve de $H^1(k, G) = 1$ est verbatim celle du cas intérieur.

8.3 Type E_7

On rappelle la numérotation de Bourkaki du diagramme de Dynkin

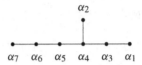

8.3.1 Groupes de type E_7, quaternions

On note G_0 le k-groupe semi-simple simplement connexe de type E_7 et $G_{0,ad} = \mathrm{Aut}(G_0)$ son groupe adjoint. On note (B_0, T_0) un couple de Killing de G_0, il définit une base Δ du système de racines $\Phi(G_0, T_0)$. Pour chaque racince α, on note $\alpha^\vee : \mathbf{G}_m \to G_0$ la coracine. On sait que le centre C_0 de G_0 est le sous-groupe μ_2 de T_0 qui se plonge selon $i(x) = \alpha_2^\vee(x)\alpha_5^\vee(x)\alpha_5^\vee(x)$ [73, §9]. En d'autres mots, le centre μ_2 est le sous-groupe diagonal du centre du sous-groupe $\mathrm{SL}_2 \times \mathrm{SL}_2 \times \mathrm{SL}_2 \hookrightarrow G_0$ défini par $\alpha_2^\vee$, $\alpha_5^\vee$ et $\alpha_5^\vee$. Ce k-groupe $(\mathrm{SL}_2)^3$ est le groupe dérivé du k-sous-groupe de Levi M_0 contenant T_0 du k-sous-groupe parabolique standard P_0 de G_0 de type $\{2, 5, 7\}$.

On a donc un plongement $(\mathrm{SL}_2)^3/\mu_2 \to M_0/\mu_2 \to G_{0,ad}$ et partant un plongement diagonal $\mathrm{PGL}_2 = \mathrm{SL}_2/\mu_2 \to (\mathrm{SL}_2)^3/\mu_2 \to M_0/\mu_2 \to G_{0,ad}$. Par construction, on a le diagramme commutatif de bords

$$\begin{array}{ccc}
H^1(k, \mathrm{PGL}_2) & \longrightarrow & H^1(k, G_0) \\
\downarrow{\scriptstyle \delta} & & \downarrow{\scriptstyle \delta} \\
H^2_{\mathrm{fppf}}(k, \mu_2) & \xrightarrow[\sim]{id} & H^2_{\mathrm{fppf}}(k, \mu_2).
\end{array}$$

Ceci permet donc de construire des k-groupes de type E_7 dont la classe de Tits est une algèbre de quaternions.

Lemme 8.3.1 *L'application $H^1(k, \mathrm{PGL}_2) \to H^1(k, G_0)$ est injective et induit une bijection entre les classes de k-algèbres de quaternions et les classes d'isomorphie de k-groupes semi-simples simplement connexe de type E_7 qui admettent un k-sous-groupe parabolique de type $\{2, 5, 7\}$.*

Démonstration Comme $\mathrm{PGL}_2 \subset M_0/\mu_2 \subset P_0/\mu_2$, pour tout $[z] \in H^1(k, \mathrm{PGL}_2)$, il suit que le k-groupe tordu $_z G_0$ admet le k-groupe parabolique $_z P_0$ qui est de type $\{2, 5, 7\}$.

On sait que le sous-ensemble $H^1(k, M_0/\mu_2) \cong H^1(k, P_0/\mu_2) \subseteq H^1(k, G_{0,ad})$ classifie les groupes semi-simples simplement connexe de type E_7 qui admettent un k-sous-groupe parabolique de type $\{2, 5, 7\}$. Il suffit donc de montrer la surjectivité de $H^1(k, \mathrm{PGL}_2) \to H^1(k, M_0/\mu_2)$. Suivant [60, XII.4.1.6], le centre de M_0/μ_2 est un tore, on a donc une suite exacte $1 \to \mathbf{G}_m^4 \to M_0/\mu_2 \to (\mathrm{PGL}_2)^3 \to 1$, d'où une injection $H^1(k, M_0/\mu_2) \hookrightarrow H^1(k, \mathrm{PGL}_2)^3$. D'autre part, on a une suite exacte $1 \to (\mathrm{SL}_2)^3/\mu_2 \to M_0/\mu_2 \to \mathbf{G}_m^4 \to 1$, d'où une surjection $H^1(k, (\mathrm{SL}_2)^3/\mu_2) \to H^1(k, M_0/\mu_2)$. Comme l'image du composé $H^1(k, (\mathrm{SL}_2)^3/\mu_2) \twoheadrightarrow H^1(k, M_0/\mu_2) \hookrightarrow H^1(k, \mathrm{PGL}_2)^3$ est la diagonale $H^1(k, \mathrm{PGL}_2)$ on conclut que $H^1(k, \mathrm{PGL}_2) \xrightarrow{\sim} H^1(k, M_0/\mu_2)$. ∎

8.3.2 Le résultat principal

Théorème 8.3.2 *On suppose que* $\mathrm{scd}_2(k) \leq 2$ *et que* $\mathrm{scd}_3(k) \leq 2$. *Soit G un k-groupe semi-simple simplement connexe de type E_7 et on note A son algèbre de Tits.*

(1) On a $H^1(k, G) = 1$ si A est d'indice 1, 2 ou 4.

(2) Si A est d'indice 2 (resp. 4) alors G a k-rang 4 (resp. 1) et admet un k-sous-groupe parabolique de type $\{2, 5, 7\}$ (resp. $\{2, 3, 4, 5, 6, 7\}$).

(3) Si A est d'indice 8, alors G est anisotrope et possède un k-sous-groupe $\mathrm{SL}_1(Q)$ (Q algèbre de quaternions) qui est géométriquement un sous-groupe de « coracine ».

(4) Soit $[z] \in H^1(k, G) = 1$. Alors $[z] = 1$ si et seulement si il existe une k-algèbre de quaternions Q et des plongements $\mathrm{SL}_1(Q) \to G$ et $\mathrm{SL}_1(Q) \to {}_zG$ qui sont géométriquement des coracines.

Remarque 8.3.3 Dans (3), le centralisateur de $\mathrm{SL}_1(Q)$ dans G est un sous-groupe de type D_6 (intérieur), de sorte que G possède un k-sous-groupe semi-simple de type $A_1 \times D_6$. Ces groupes ont été étudiés par Petrov [147, §3].

Démonstration (1) et (2). Il est loisible de supposer que k est infini. L'algèbre de Tits A de G est de degré 8 et sa classe $[A]$ dans $\mathrm{Br}(k)$ est l'image de $t_G \in H^2_{\mathrm{fppf}}(k, \mu_2)$. Si $t_G = 1$, alors G est une forme fortement intérieure et le Corollaire 6.0.2 indique que G est quasi-déployé et que $H^1(k, G) = 1$.

Cas d'indice 2. Alors A est Brauer-équivalente à une algèbre de quaternions (à division), elle est donc déployée par une extension quadratique séparable k'/k. La classe de Tits de $G_{k'}$ est nulle; $G_{k'}$ est déployé et $H^1(k', G) = 1$. Le Corollaire 5.5.3 montre que $H^1(k'/k, G) = 1$, d'où $H^1(k, G) = 1$.

Passons à l'étude de l'isotropie. Le groupe $G_{k'}$ est déployé, il admet donc en particulier un sous-groupe parabolique de type $\{1, 2, 3, 4, 5, 6\}$. Le Lemme 3.2.8 montre que G admet un k-sous-groupe semi-simple simplement connexe H de type E_6 qui est déployé par k'/k. Par restriction/corestriction, la classe de Tits de H est triviale. Le Corollaire 6.0.2 montre que H est quasi-déployé, donc de k-rang ≥ 4. Ainsi G est de k-rang ≥ 4 et de classe de Tits non triviale. Les tables du §9.5.2 indiquent que G est de k-rang 4 et aussi que G admet un k-sous-groupe parabolique de type $\{2, 5, 7\}$.

Indice 4. Suivant le théorème d'Albert [115, th. 16.1], A est Brauer-équivalente à une algèbre de biquaternions (à division). Il existe donc une extension quadratique séparable k'/k telle que $A_{k'}$ est d'indice 2. D'après le cas précédent, $G_{k'}$ admet un k-sous-groupe parabolique de type $\{1, 3, 4, 6\}$.

Commençons par l'étude de l'isotropie. Les tables montrent que si G est de k-rang ≤ 1, et que si G est de k-rang 1, alors G admet un k-parabolique de type $\{2, 3, 4, 5, 6, 7\}$. Ainsi il suffit de montrer que G est isotrope.

La construction du Lemme 3.2.8 donne lieu à un k-groupe $M = C_G(S)$ de type semi-simple A_1^3 où S est un k-tore de rang 4 déployé par k'/k.

Comme $M_{k'}$ est un sous-groupe de Levi de P', l'action $*$ associée à $DM_{k'}$ est triviale. En d'autres mots, $DM_{k'}$ est une forme intérieure et il suit que DM contient un facteur H_1 de type A_1. On écrit $H = H_1 \times H_2$ où H_2 est de type A_1^2. Soit S_1 un k-tore maximal de H_1 et choisissons un k-tore maximal T de G contenant $S.S_1$. Alors $H_2 = DC_G(S.S_1)$. On considère le k-sous-groupe réductif $G_{S.S_1, T}$ de G contenant T construit au §2.3.2. Ce groupe commute à H_2 (Lemme 2.3.3) et son type est donné par le sous-système de racines de $\Phi(G_{k_s}, T_{k_s})$ orthogonal à $\Phi((H_2.T)_{k_s}, T_{k_s})$. D'après [50, lemma 4.13], $DG_{S.S_1, T}$ est donc de type $A_1 \times D_4$; et $H_2.DG_{S.S_1, T}$ est donc un k-groupe semi-simple de rang maximal de G. Le point est que $S \cap DG_{S.S_1, T}$ est un tore maximal de $DG_{S.S_1, T}$, donc $DG_{S.S_1, T}$ est de k'-rang ≥ 4.

On écrit $DG_{S.S_1, T} = I \times J$ où J est de type D_4. Il suit que le k'-rang de J est ≥ 3. Selon les tables d'indices, $J_{k'}$ est quasi-déployé ou est une forme intérieure admettant un k'-groupe parabolique de type $\{4\}$. Dans les deux cas, $J_{k'}$ admet un k'-groupe parabolique de type $\{3, 4\}$. D'après le Lemme 3.2.8, G admet un sous-groupe réductif V tel que $V_{k'} = Q' \cap {}^{\sigma} Q'$ où Q' est un k'-parabolique de type $\{3, 4\}$. Alors DV est un groupe semi-simple simplement connexe de type A_2 et $DV_{k'}$ est déployé. Par restriction/corestriction, la classe de Tits de DV est triviale, donc DV est une forme fortement intérieure de sa forme quasi-déployée. Le Corollaire 6.0.2 montre que DV est quasi-déployé, donc a fortiori isotrope. On conclut que G est isotrope.

Ainsi G admet un k-sous-groupe parabolique P de type $\{2, 3, 4, 5, 6, 7\}$. On note M un sous-groupe de Levi de P et on sait que DM est semi-simple connexe de type D_6. Soit $[z] \in H^1(k'/k, G) = H^1(k, G)$. Alors ${}_z G$ est aussi isotrope de type $\{2, 3, 4, 5, 6, 7\}$ et le Lemme 2.2.2 montre que $[z] \in \mathrm{Im}\big(H^1(k, DM) \to H^1(k, G)\big)$. Or $H^1(k, DM) = 1$ donc $[z] = 1$.

(3) et (4) *Indice* 8. Les tables montrent que G est anisotrope. D'après le théorème de Sivatski 7.1.5, on sait que A est un produit tensoriel de trois algèbres de quaternions. Ainsi il existe une extension quadratique séparable k'/k telle que $A_{k'}$ est d'indice 4. D'après le cas précédent, on sait que $H^1(k', G) = 1$ et $G_{k'}$ admet un k-sous-groupe parabolique de type $\{2, 3, 4, 5, 6, 7\}$. Le Lemme 3.2.8 montre que G admet un k-sous-groupe réductif M de type $D_6 \times T_1$. Le point est que $C_G(DM)^0$ est un k-groupe de type A_1 et associé géométriquement à une coracine parce que $H = DM.C_G(DM)^0$ est un sous-groupe semi-simple maximal de type

$D_6.A_1$.[2] Ainsi il existe un plongement $SL_1(Q) \to G$ qui est géométriquement un plongement de coracine.

Soit $[z] \in H^1(k, G)$. Si $[z] = 1$, il est évident que l'on dispose aussi d'un plongement $SL_1(Q) \to {}_zG$. Réciproquement, on suppose donné une k-algèbre de quaternions Q et des plongements $SL_1(Q) \to G$ et $SL_1(Q) \to {}_zG$ qui sont géométriquement des coracines.

Suivant le lemme 1 de [159, III.2.2], on a donc

$$[z] \in \Big(H^1\big(k, N_G(SL_1(Q))\big) \to H^1(k, G)\Big).$$

De plus il existe un antécédent $[a] \in H^1\big(k, N_G(SL_1(Q))\big)$ de $[z]$ tel que le k-sous-groupe ${}_aC_G(DM)$ de ${}_aG$ est isomorphe au k-groupe $SL_1(Q)$. On considère la suite exacte $1 \to C_G(SL_1(Q))) \to N_G(SL_1(Q)) \to \mathrm{Aut}(SL_1(Q)) = PGL_1(Q)$. Comme $SL_1(Q) \subset N_G(SL_1(Q))$, on a une suite exacte $1 \to C_G(SL_1(Q)) \to N_G(SL_1(Q)) \to PGL_1(Q) \to 1$. En prenant la cohomologie galoisienne, on obtient une suite exacte d'ensembles pointés

$$H^1\big(k, C_G(SL_1(Q))\big) \to H^1\big(k, N_G(SL_1(Q))\big) \to H^1\big(k, PGL_1(Q)\big).$$

Or l'image de $[a]$ dans $H^1\big(k, PGL_1(Q)\big)$ est la classe d'isomorphie de ${}_aSL_1(Q)$, elle est donc triviale. La suite exacte ci-dessous montre donc que $[a]$ et partant $[z]$ proviennent de $H^1\big(k, C_G(SL_1(Q))\big)$. Or $C_G(SL_1(Q))$ est un k-groupe semi-simple simplement connexe de type D_6, donc on a $H^1\big(k, C_G(SL_1(Q))\big) = 1$. On conclut que $[z] = 1$. $\blacksquare$

8.3.3 Une stratégie possible

Nous allons expliquer ici comment une réponse satisfaisante à une question sur les groupes de type D_4 permettrait d'exploiter le Théorème 8.3.2.(4).

Question 8.3.4 On suppose que $\mathrm{scd}_2(k) \leq 2$. Soient Q_1, Q_2, Q_3 des algèbres de quaternions. Existe-t-il une k-algèbre simple centrale A de degré 8 munie d'une paire quadratique (σ, f) satisfaisant les conditions suivantes:

(i) $[A] = [Q_2] + [Q_3]$;
(ii) (σ, f) est de discriminant trivial et $Cl(A, \sigma, f) = [Q_1] + [Q_2] \in \mathrm{Br}(k)/\mathbf{Z}.[A]$.

---

[2]On remarque aussi que ce k-groupe H est le centralisateur de son centre $C(H) = \mu_2$. En particulier, H (et DM) est une forme intérieure par application de la Proposition 3.1.15.

Remarques 8.3.5

(a) Noter que si une telle structure existe, elle est unique en vertu du Corollaire 7.4.12.

(b) Une variante consiste à demander que $C^+(A, \sigma) \sim Q_1 \otimes_k Q_2$ et $C^-(A, \sigma) \sim Q_1 \otimes_k Q_3$.

(c) Dans le cas où $Q_2 \otimes_k Q_3$ est une k-algèbre à division D, la question posée est l'existence d'une paire hermitienne (h, f) sur $M_2(D)$ de discriminant trivial et d'invariant de Clifford $[Q_1] + [Q_2]$. Ceci permet de reformuler la question en terme d'isotropie de formes hermitiennes de la façon suivante. La Proposition 7.4.16.(2) indique qu'il existe une unique paire hermitienne (h_1, f_1) (resp. (h_2, f_2)) sur $M_2(D)$ de discriminant trivial et d'invariant de Clifford $[Q_1]$ (resp. $[Q_2]$). Alors la somme orthogonale $(h_1, f_1) \oplus (h_2, f_2)$ définit une paire hermitienne (h_4, f_4) sur $M_4(D)$ de discriminant trivial et d'invariant de Clifford $[Q_1] + [Q_2]$. Le théorème de classification des formes hermitiennes 7.4.12 indique que la question 8.3.4 est équivalente à l'isotropie de la paire (h_4, f_4).

Proposition 8.3.6 *On suppose que* $\mathrm{scd}_2(k) \leq 2$, $\mathrm{scd}_3(k) \leq 2$ *et que la question 8.3.4 admet une réponse positive pour le corps* k. *Alors la conjecture II vaut pour les groupes de type* E_7.

Démonstration Il reste à traiter le cas d'un k-groupe G dont l'algèbre de Tits A est d'indice 8. L'idée est de raffiner la preuve du Théorème 8.3.2.(4). Etant donné une extension quadratique séparable L/k telle que A_L est d'indice 4, on a $H^1(L/k, G) = H^1(k, G)$. En outre G admet un k-sous groupe réductif M tel que M_L est un sous-groupe de Levi d'un L-sous-groupe parabolique de type $E_7 \setminus \{1\}$ tel que l'application $H^1(L/k, M) \to H^1(L/k, G)$ est surjectif.

Le k-groupe DM est semi-simple simplement connexe et intérieur de type D_6. Ainsi $DM = \mathrm{Spin}(B, \sigma, f)$ pour une k-algèbre simple centrale B de degré 12 munie d'une paire quadratique (σ, f). En écrivant $B = \mathrm{End}_D(V)$, on a $DM = \mathrm{Spin}(V, h, f)$ pour une paire hermitienne (h, f).

Vu que DM_L est le noyau anisotrope de G_L, B_L est Brauer-équivalente à A_L et $(h, f)_L$ est d'invariant de Clifford trivial. En particulier B_L est d'indice 4, donc $\mathrm{ind}_k(B)$ est divisible par 4. Comme B est de degré 12, il suit que B est d'indice 4 d'où l'on tire que D est une algèbre de biquaternions à division. Comme $\ker\big(\mathrm{Br}(k) \to \mathrm{Br}(L)\big)$ se surjecte sur $\ker\big(\mathrm{Br}(k)/\mathbf{Z}.[A] \to \mathrm{Br}(L)/\mathbf{Z}.[A_L]\big)$ l'invariant de Clifford de (h, f) est représenté par une algèbre de quaternions Q_1 (déployée par L/k).

Ceci étant, soit $[z] \in H^1(L/k, M)$ et posons $G' = {}_zG$, $M' = {}_zM$. De même, on a $DM' = \mathrm{Spin}(D', h', f')$ où D' est une k'-algèbre de biquaternions à division et (h', f') une paire hermitienne sur V' de dimension 3 sur D. De même (h', f') est de discriminant trivial et son invariant de Clifford est représenté par une algèbre de quaternions Q'_1 déployée par L/k.

Le point est que D et D' deviennent isomorphes sur L. La Proposition 7.1.9.(2) indique que $D = Q_2 \otimes Q_3$ et $D = Q_2 \otimes Q'_3$ pour des algèbres de quaternions Q_2, Q_3, Q'_3. On applique maintenant l'hypothèse relative à la question 8.3.4. Il existe une paire hermitienne (h_2, f_2) (resp. (h'_2, f'_2)) sur D^2 (resp. sur D'^2) de discriminant trivial et d'invariant de Clifford représenté par $[Q_1] + [Q_2]$ (resp. $[Q'_1] + [Q_2]$). Par ailleurs, on note $(h_\otimes, f_\otimes)$ la paire hermitienne sur D définie au §7.4.4, elle est de discriminant trivial et d'invariant e_2 représenté par $[Q_2]$. La somme orthogonale

$$(h_2, f_2) \perp (h_\otimes, f_\otimes)$$

est de discriminant trivial et d'invariant e_2 $[Q'_1] + [Q_2] + [Q_2] = [Q'_1]$ donc est isométrique à (h, f) en vertu du Corollaire 7.4.12. Par suite, $DM = \mathrm{SU}(h, f)$ admet le k-sous-groupe $\mathrm{SU}(h_\otimes, f_\otimes) \cong \mathrm{SL}_1(Q_2) \times \mathrm{SL}_1(Q_3)$ et $\mathrm{SL}(Q_2)$ est géométriquement un sous-groupe de coracine de DM. De façon analogue, $DM' = \mathrm{SU}(h, f)$ admet le k-sous groupe $\mathrm{SL}_1(Q_2) \times \mathrm{SL}_1(Q'_3)$. En somme, G et G' admettent le k-sous groupe $\mathrm{SL}_1(Q_2)$ et le Théorème 8.3.2.(4) permet de conclure que $[z] = 1 \in H^1(k, G)$. ∎

8.4 Type E_8

On rappelle la numérotation du diagramme de Dynkin étendu

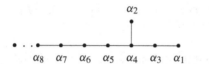

Théorème 8.4.1 *Soit G_0 le k-groupe de Chevalley de type E_8. On suppose que $\mathrm{scd}_l(k) \leq 2$ pour $l = 2, 3, 5$.*

(1) Si k est un p-spécial pour un premier p, alors $H^1(k, G_0) = 1$.
(2) On suppose k parfait. Soit L/k une extension galoisienne de degré $2^a 3^b 5^c$. Alors $H^1(L/k, G_0) = 1$.

Il est intéressant d'isoler de la démonstration du théorème le fait suivant.

Lemme 8.4.2 *On suppose k de caractéristique nulle. On note H_0 le sous-groupe maximal déployé de G_0 de type $E_6 \times A_2$. Soit L/k une extension cyclique de degré 3. On suppose que $H^1(k, \mathbf{Z}/2\mathbf{Z}) = 0$. Alors*

$$H^1(L/k, G_0)_{an} \subseteq \mathrm{Im}\big(H^1(k, H_0) \to H^1(k, G_0)\big)$$

($H^1(L/k, G_0)_{an}$ désigne le sous-ensemble des classes de cohomologie anisotropes, i.e. les classes $[z]$ telles que le groupe tordu $_z G_0$ soit anisotrope).

Démonstration On note σ un générateur de $\mathscr{G}al(L/k)$. Soit $z \in Z^1(k, G_0)_{an}$ et $G = {}_zG_0$ le groupe tordu. Soit P_L un L-parabolique de G_L de type E_7 et

$$C = \big(P_L \cap \sigma(P_L) \cap \sigma^2(P_L)\big) \subset G_L.$$

Le groupe C_L est défini sur k et suivant [149, lemme 6.32], on sait que $\dim_k(C) \geq 77$. Nous allons montrer que C_L est un sous-groupe de Levi d'un L-sous-groupe parabolique de G inclus dans P_L. En effet, soit Q_L un L-sous-groupe parabolique de G contenant C_L et contenu dans P_L que l'on suppose minimal pour cette propriété. Alors $C = \big(Q_L \cap \sigma(Q_L) \cap \sigma^2(Q_L)\big)$. Par minimalité de Q_L, on a $Q_L = R_u(Q_L).(Q_L \cap \sigma(Q_L))$, donc Q_L et $\sigma(Q_L)$ son opposés [22, prop. 4.10]; le groupe $M_L := Q_L \cap \sigma(Q_L)$ est donc un sous-groupe de Levi de Q_L contenant C_L. De plus, $C_L = M_L \cap \sigma^2(Q_L)$ est un L-parabolique de M_L. Si $C_L \neq M_L$, alors le radical unipotent $R_u(C)_L$ est un groupe déployé non trivial, donc $R_u(C)$ est aussi déployé, ce qui contredit l'anisotropie de G. Il résulte que C_L est un sous-groupe de Levi de Q_L. Le groupe C est donc réductif, et son diagramme de Dynkin absolu est un sous-diagramme de E_7. Un examen facile des cas possibles sous les hypothèses $H^1(k, \mathbf{Z}/2\mathbf{Z}) = 0$ et $\dim_k(C) \geq 77$ entraîne alors que C est de type E_6. Le groupe $H := C_G(C).C$ est semi-simple de type $E_6 \times A_2$. Soit T/k un k-tore maximal de H. Alors le système de racines $\Phi(G_{k_s}, T_{k_s})$ de type E_8 admet le sous-système $\Phi(H_{k_s}, T_{k_s})$ de type $E_6 \times A_2$. Comme tous les sous-systèmes $E_6 \times A_2$ du système de racines E_8 sont conjugués par le groupe de Weyl, il résulte que le groupe H_{k_s} est conjugué (par un élement de $G(k_s)$) au sous-groupe standard H_{0,k_s} de type $E_6 \times A_2$. D'après le lemme 1 de [159, §III.2], ceci entraîne

$$[z] \in \mathrm{Im}\big(H^1(k, N_{G_0}(H_0)) \to H^1(k, G_0)\big).$$

On a une injection $N_{G_0}(H_0)/H_0 \to \mathrm{Aut}(H_0)/H_0 = \mathbf{Z}/2\mathbf{Z} \times \mathbf{Z}/2\mathbf{Z}$, donc le groupe $N_{G_0}(H_0)/H_0$ est 2-primaire et l'hypothèse $H^1(k, \mathbf{Z}/2\mathbf{Z}) = 0$ entraîne que $H^1(k, N_{G_0}(H_0)/H_0) = 1$. Il résulte que $[z] \in \mathrm{Im}\big(H^1(k, H_0) \to H^1(k, G_0)\big)$. ∎

Nous procédons maintenant à la démonstration du Théorème 8.4.1.

Démonstration Commençons par une remarque générale, à savoir que $H^1(k, G_0)_{an} \cup \{1\} = H^1(k, G_0)$. En effet, on se donne $[z] \in H^1(k, G_0)$ tel que $G = {}_zG_0$ est isotrope. Alors le Lemme 2.2.2 montre alors que $[z]$ appartient à l'image de $H^1(k, DM_0) \to H^1(k, G_0)$ où DM_0 est un k-groupe semi-simple simplement connexe déployé dont le type est un sous-diagramme strict de E_8. Le Théorème 6.0.1 montre alors que $H^1(k, DM) = 1$, d'où $[z] = 1$.

(1) Si $p \notin S(E_8)$, le Théorème 2 5.2.5 montre que $H^1(k, G) = 1$. Si $p = 2$, il suffit alors de montrer que $H^1(L/k, G_0)$ pour toute extension quadratique séparable L/k, ce qui résulte du Corollaire 5.5.3. Supposons maintenant $p = 3$. Par passage à la limite, le cas précédent permet de supposer que $H^1(k, \mathbf{Z}/2\mathbf{Z}) = 0$.

On considère le sous-groupe semi-simple H_0 associé à la racine α_2 du diagramme de Dynkin Le groupe H_0 est de type $E_6 \times SL_3$ et si E_6/k désigne le groupe de Chevalley simplement connexe de type E_6, on a $H_0 \approx (E_6 \times SL_3)/\mu_3$ où μ_3 se plonge diagonalement dans $E_6 \times SL_3$. C'est le moment d'appliquer le Lemme 8.4.2 précédent; ainsi l'application $H^1(k, H_0) \rightarrow H^1(k, G_0)$ est surjective. On a le diagramme commutatif

$$
\begin{array}{ccccccccc}
1 & \longrightarrow & \mu_3 & \longrightarrow & E_6 \times SL_3 & \longrightarrow & H_0 & \longrightarrow & 1 \\
 & & \downarrow{\scriptstyle \Delta} & & \downarrow & & \downarrow & & \\
1 & \longrightarrow & \mu_3 \times \mu_3 & \longrightarrow & E_6 \times SL_3 & \longrightarrow & E_6/\mu_3 \times PGL_3 & \longrightarrow & 1;
\end{array}
$$

il induit le diagramme

$$
\begin{array}{ccc}
H^1(k, H_0) & \xrightarrow{\quad\partial\quad} & H^2_{\mathrm{fppf}}(k, \mu_3) \\
\downarrow & & \downarrow{\scriptstyle \Delta} \\
H^1(k, E_6/\mu_3) \times H^1(k, PGL_3) & \longrightarrow & H^2_{\mathrm{fppf}}(k, \mu_3) \times H^2_{\mathrm{fppf}}(k, \mu_3).
\end{array}
$$

Soit $[z] \in H^1(k, H_0)$. Le diagramme indique que $\delta([z])$ provient de $H^1(k, PGL_3)$ et est donc la classe d'une algèbre cyclique. Par suite, il existe une extension cyclique L/k d'ordre 3 tuant $\partial([z])$. D'après le théorème 6.0.1, on sait que le noyau de $H^1(L, H_0) \rightarrow H^2_{\mathrm{fppf}}(L, \mu_3)$ est trivial, ainsi l'extension L/k tue $[z]$. Le groupe semi-simple $_z H_0$ est donc déployé par L/k et d'après la Proposition 3.2.11, on sait qu'il admet un k-tore maximal T/k déployé par L/k. Le théorème de Steinberg montre l'existence d'un plongement $T \hookrightarrow H_0$ tel que $[z]$ appartienne à l'image de de $H^1(k, T) \rightarrow H^1(k, H_0)$. Comme T/k est un k-tore maximal de G_0/k, le Corollaire 5.5.3 conclut que l'application $H^1(k, T) \rightarrow H^1(k, G_0)$ est nulle et l'image de $[z]$ dans $H^1(k, G_0)$ est donc triviale.

Passons au cas $p = 5$. On considère le sous-groupe semi-simple H_0 associé à la racine α_4 du diagramme de Dynkin de type E_8 ci-dessus. On sait que $H_0 = (SL_5 \times SL_5)/\mu$ où $\mu = \mathrm{Ker}(\mu_5 \xrightarrow{(\times 2, \times 3)} \mu_5 \times \mu_5) \approx \mu_5$ d'après le §1.7 de [177]. Le groupe de Weyl de H_0 est donc le produit semi-direct de $S_5 \times S_5$ par $\mathbf{Z}/2$ et le §3.2.7 montre que l'application $H^1(k, H_0) \rightarrow H^1(k, G_0)$ est surjective. On a le diagramme commutatif

$$
\begin{array}{ccccccccc}
1 & \longrightarrow & \mu_5 & \longrightarrow & SL_5 \times SL_5 & \longrightarrow & H_0 & \longrightarrow & 1 \\
 & & \downarrow{\scriptstyle (\times 2, \times 3)} & & \downarrow & & \downarrow & & \\
1 & \longrightarrow & \mu_5 \times \mu_5 & \longrightarrow & SL_5 \times SL_5 & \longrightarrow & PGL_5 \times PGL_5 & \longrightarrow & 1.
\end{array}
$$

Puisque $H^1(k, SL_5 \times SL_5) = 1$, il induit le diagramme commutatif d'ensembles pointés

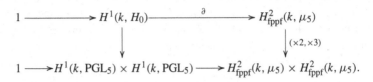

Soit $[z] \in H^1(k, H_0)$. Le diagramme indique que $\partial([z])$ provient de $H^1(k, \mathrm{PGL}_5)$ et est donc la classe d'une algèbre cyclique D/k. Par suite, il existe une extension cyclique L/k d'ordre 5 tuant $\partial([z])$ et telle que le tore $R_{L/k}(\mathbf{G}_m) \times R_{L/k}(\mathbf{G}_m)$ soit un tore maximal de $_{\lambda_*(z)}(\mathrm{PGL}_5 \times \mathrm{PGL}_5)$. Alors le tore $T = \lambda^{-1}\big(R_{L/k}(\mathbf{G}_m) \times R_{L/k}(\mathbf{G}_m)\big)$ est un sous-tore maximal de $_z H_0$. Le théorème de Steinberg montre l'existence d'un plongement $T \hookrightarrow H_0$ tel que $[z]$ appartienne à l'image de de $H^1(k, T) \to H^1(k, H_0)$. Comme T/k est un k-tore maximal de G_0/k déployé par l'extension cyclique L/k, le Corollaire 5.5.3 permet de conclure que l'application $H^1(k, T) \to H^1(k, G_0)$ est nulle et ainsi l'image de $[z]$ dans $H^1(k, G_0)$ est triviale.

(2) Par récurrence, on se ramène au cas où L/k est une extension cyclique d'ordre 2, 3, 5. Le cas de degré 2 résulte du Corollaire 5.5.3.

Cas de degré 3. On veut montrer que $H^1(L/k, G_0) = 1$. Le cas de degré 2 nous permet de supposer que $H^1(k, \mathbf{Z}/2\mathbf{Z}) = 0$. Soit $[z] \in H^1(L/k, G_0)$ et on a vu que l'on peut supposer cette classe anisotrope. Le Lemme 8.4.2 ci-dessus indique que toute classe de $H^1(L/k, G_0)_{an}$ provient du sous-groupe maximal déployé H_0 de type $E_6 \times A_2$. La Remarque 8.4.3 ci-dessous sur la démonstation du (1) indique que $H^1(k, H_0) \to H^1(k, G_0)$ est triviale. On conclut que $[z] = 1$.

Cas de degré 5. Les cas $p = 2$ et $p = 3$ nous permettent de supposer que k ne possède pas d'extension propre de degré $2^a 3^b$. Soit L/k une extension cyclique de degré 5. Soit $[z] \in H^1(L/k, G_0)$ et G le groupe tordu par z. On suppose G anisotrope et on veut montrer que G possède un k-tore maximal déployé par L/k. Suivant un théorème de Chernousov [36], on sait que G admet un sous-groupe semi-simple H de type A_4 déployé par L/k. Le groupe H est isogène à $\mathrm{SL}_1(D)$ pour une algèbre simple centrale cyclique D d'indice 5 déployée par L/k. Il existe donc un tore S/k de rang 4 de H déployé par L/k. Le groupe $DC_G(S)$ est un groupe semi-simple simplement connexe anisotrope de rang ≤ 4, qui est déployé par L/k. Si $DC_G(S) = 1$, alors $C_G(S)$ est un k-tore maximal de G déployé par L/k. Si $DC_G(S) \neq 1$, le type A_4 est la seule possibilité pour $DC_G(S)$. Le même raisonnement que précédemment fournit un tore S'/k de rang 4 déployé par L/k et le tore composé $T = S.S'$ est un k-tore maximal de G déployé par L/k. D'après le théorème de Steinberg, $[z]$ appartient à l'image de $H^1(k, T) \to H^1(k, G)$. Le Corollaire 5.5.3 montre que l'application $H^1(k, T) \to H^1(k, G)$ est triviale. On conclut que $[z] = 1 \in H^1(k, G)$. $\blacksquare$

Remarque 8.4.3 La démonstration du (1) pour $p = 3$ montre en fait un peu plus. Si k satisfait les hypothèses de la conjecture II et si H_0 désigne le sous-groupe maximal de G_0 de type $E_6 \times A_2$, on sait d'après Wedderburn que toute algèbre simple centrale de degré 3 est cyclique. La démonstration ci-dessus montre alors que l'application $H^1(k, H_0) \to H^1(k, G_0)$ est triviale.

Chapitre 9
Applications

Comme on l'a vu notamment avec les groupes classiques, l'application principale de la conjecture II de Serre est la classification des groupes algébriques semi-simples sur les corps correspondants. Nous passons ici en revue quelques applications et discutons des questions liées, la question d'injectivité de Serre et la question de Bogomolov sur la structure des groupes de Galois absolus. Dans chaque cas, une réponse positive permettrait de trancher le cas de E_8 pour la conjecture II.

9.1 Petits indices

On a vu que la complexité des démonstrations croît avec les indices des algèbres simples centrales en jeu, c'est-à-dire des algèbres de Tits. Si A est une k-algèbre simple centrale, on sait d'après Brauer que la période $\text{pér}_k(A)$ divise l'indice $\text{ind}_k(A)$. Pour certains corps (e.g. corps locaux et globaux), on a $\text{pér}_k(A) = \text{ind}_k(A)$ mais ce n'est pas le cas pour des corps "généraux" de dimension cohomologique 2 (Merkurjev, [131]). Une conséquence de tous les cas particuliers traités dans les sections précédentes est la suivante.

Corollaire 9.1.1 *Soit G un groupe semi-simple simplement connexe sans facteur de type E_8. On suppose que pour tout $l \in S(G)$ que $\text{scd}_l(k) \leq 2$ et que pour toute extension finie séparable L/k et pour toute L-algèbre simple centrale A de degré $2^a 3^b$, on a $\text{pér}_L(A) = \text{ind}_L(A)$. Alors $H^1(k, G) = 1$.*

Les hypothèses sont satisfaites pour un corps $k = k_0(X)$ où k_0 est un corps algébriquement clos et X/k_0 une surface algébrique [5, appendix]. Ceci donne une preuve de la conjecture II pour ce type de corps hormis le cas de E_8. Pour ce type de corps, la conjecture II (incluant E_8) a été établie par de Jong, He et Starr [57] avec des méthodes de géométrie algébrique; voir aussi l'exposé de Voisin [181].

© Springer Nature Switzerland AG 2019
P. Gille, *Groupes algébriques semi-simples en dimension cohomologique ≤2*, Lecture Notes in Mathematics 2238,
https://doi.org/10.1007/978-3-030-17272-5_9

Remarque 9.1.2

(a) De Jong a montré plus généralement que $\text{pér}_k(A) = \text{ind}_k(A)$ pour un corps $k = k_0(X)$ comme précédemment [56].

(b) La méthode s'applique pour d'autres corps, par exemple $k_0((x))((y))$, $k_0((x, y))$ ou encore $k_0(x)((y))$, voir [49, §1].

9.2   Corps C'^2

Nous rappelons les définitions suivantes, dues respectivement à Tsen et à Artin.

Définition 9.2.1 Soit d un entier, $d \geq 0$.

(1) Le corps k est dit de classe $\mathscr{C}_d$ si pour tout polynôme homogène $P(x_1, \ldots, x_n)$ de degré r satisfaisant $n > r^d$, il existe un n-uplet $(t_1, \ldots, t_n) \in k^n$ tel que $P(t_1, \ldots, t_n) = 0$.

(2) Le corps k est dit de classe $\mathscr{C}'_d$ si pour tout système de polynômes homogènes $P_i(x_1, \ldots, x_n)$ $(i = 1, \ldots, s)$ satisfaisant $n > \sum_{i=1}^{s} \deg(P_i)^d$, il existe un n-uplet $(t_1, \ldots, t_n) \in k^n$ tel que $P_i(t_1, \ldots, t_n) = 0$ pour $i = 1, \ldots, s$.

De façon évidente, la condition $\mathscr{C}'_d$ est plus forte que C_d. Ces deux propriétés jouissent de propriétés de transition par extension finie et extension de type fini ([159, II.4], [148, §5]). Puisque la propriété $\mathscr{C}_2$ entraîne la surjectivité des normes réduites, une conséquence de la caractérisation de Suslin (th. 4.7.1) de la propriété $\text{scd}(k) \leq 2$ est la suivante.

Corollaire 9.2.2 *On suppose que k est de classe $\mathscr{C}_2$. Alors $\text{scd}(k) \leq 2$.*

Remarque 9.2.3 Il est attendu que si k est classe $\mathscr{C}_d$, alors $\text{scd}(k) \leq d$. On sait que $\text{scd}_2(k) \leq d$ si k est d'exposant caractéristique $\neq 2$ comme conséquence du théorème de Voevodsky (conjecture de Milnor) [158, p. 99]. Par ailleurs, Arason et Baeza ont montré que $\text{scd}_p(k) \leq d$ si k est de caractéristique $p > 0$ [4]. Le cas général est ouvert et on dispose cependant des estimations de Krashen-Matzri [118].

Théorème 9.2.4 (Artin-Harris, [5, th]) *On suppose que k satisfait la propriété $\mathscr{C}'_2$. Soit A une k-algèbre simple centrale d'indice 2^a, alors $\text{pér}_k(A) = 2^a$.*

Ce théorème et nos résultats permettent de d'obtenir la variante suivante du Corollaire 9.1.1.

Corollaire 9.2.5 *Soit l un nombre premier. On suppose que k est l-spécial et satisfait la propriété $\mathscr{C}'_2$. Soit G un groupe semi-simple simplement connexe. Alors $H^1(k, G) = 1$.*

9.3 Élucubrations autour de E_8

Dans cette section, nous montrons comment des réponses positives à des questions de Serre (resp. Bogomolov) entraînent la conjecture II pour les groupes de type E_8.

9.3.1 Question d'injectivité de Serre

Serre a posé la question suivante [158, §2.4]: Soient G un k-groupe réductif et $k_1, \ldots, k_r$ des extensions finies de k telles que p.g.c.d.$([k_i : k]) = 1$. Est-il vrai que l'application de restriction

$$H^1(k, G) \to \prod_{i=1}^{r} H^1(k_i, G)$$

a un noyau trivial ? Il y a de nombreux résultats positifs sur cette question: Bayer-Fluckiger/Lenstra pour les groupes unitaires [10], Black et Bhaskhar pour les groupes classiques [16, 17]. Dans le cas quasi-déployé, la réponse est positive si G_0 est semi-simple sans facteur de type E_8, comme on l'a vu avec le Théorème 3.4.1.

Lemme 9.3.1 *Soit k un corps satisfaisant $scd_l(k) \leq 2$ pour $l = 2, 3, 5$. On suppose que le groupe déployé G_0 de type E_8 satisfait les conclusions de la question de Serre pour k. Alors $H^1(k, G_0) = 1$.*

Démonstration La preuve est standard. Soit X un G-torseur et soit k_0/k une extension finie telle que $X(k_0) \neq \emptyset$. On note $p_1, \ldots, p_r$ les diviseurs premiers de $[k_0 : k]$. Pour $i = 1, \ldots, r$, le Théorème 8.4.1.(a) montre qu'il existe une extension finie (séparable) k_i/k de degré premier à p_i tel que $X(k_i) \neq \emptyset$. Alors on a p.g.c.d.$([k_i : k]) = 1$ et $[X]$ appartient au noyau de $H^1(k, G) \to \prod_{i=0}^{r} H^1(k_i, G)$. Par suite, notre hypothèse entraîne que $[X] = 1 \in H^1(k, G)$. ∎

9.3.2 Question de Bogomolov

La théorie du corps de classes établit que la clôture abélienne $\mathbf{Q}^{ab}$ de $\mathbf{Q}$ est le corps des nombres cyclotomiques et qu'il est de dimension cohomologique 1. Bogomolov a posé la question pour un corps parfait arbitraire k, à savoir d'établir que k^{ab} est de dimension cohomologique ≤ 1. La réponse à cette question est connue pour les corps $k_0(t)$ où k_0 est un corps pseudo-algébriquement clos (Jarden-Pop [101, 1.6]). Dans l'article [40], nous avons remarqué un lien avec la conjecture II. En effet, la conjecture de Bogomolov entraîne a fortiori que l'extension l-résoluble maximale de k est de l-dimension cohomologique ≤ 1 pour chaque premier l.

Lemme 9.3.2 *Soit k un corps parfait satisfaisant $\mathrm{scd}_l(k) \leq 2$ pour $l = 2, 3, 5$. On suppose que l'extension résoluble maximale K de k de degré $2^a 3^b 5^c$ satisfait $\mathrm{scd}_l(k) \leq 1$ pour $l = 2, 3, 5$. Alors $H^1(k, G_0) = 1$ où G_0 désigne le k-groupe déployé de type E_8.*

Démonstration La conjecture I (i.e. Th. 5.2.5) montre que $H^1(K, G) = 1$. Ainsi $H^1(k, G_0) = H^1(K/k, G_0)$. Étant donné $[X] \in H^1(K/k, G)$, il existe une sous-extension finie L/k de K/k telle que $X(L) \neq \emptyset$. Alors L/k est une tour d'extensions cycliques de degrés 2, 3 ou 5. Le Théorème 8.4.1.(b) montre que $H^1(L/k, G_0) = 1$ et partant que $[X] = 1 \in H^1(k, G)$. ∎

Remarques 9.3.3

(a) L'hypothèse sur k est clairement impliquée par le fait k^{ab} de dimension séparable ≤ 1.

(b) Cela donne la conjecture II pour E_8 sur un corps comme $\mathbf{C}((x))(t)$ [49, Th. 1.4].

9.3.3 Groupes presque abéliens

Nous souhaitons discuter un thème de Tits.

Définition 9.3.4 Soit G un k-groupe réductif. On dit que G est *presque abélien* si tout k-sous-groupe réductif H non trivial et propre de G est un k-tore maximal.

En caractéristique zéro, ceci revient à demander que tout k-sous-groupe connexe H non trivial et propre de G est un k-tore maximal. Cette propriété a été introduite par J. Tits pour les groupes de type E_8 [178] et étudiée par S. Garibaldi et l'auteur [71]. Nous sommes intéressés principalement par le cas de type E_8 où nous avons dégagé la proposition suivante de la démonstration de Tits de l'existence de groupes de type E_8 qui ne sont pas presque abéliens.

Proposition 9.3.5 *On suppose que $2, 3$ et 5 sont inversibles dans k. Soit G un k-groupe de type E_8 qui n'est pas presque abélien. Alors G est déployé par une extension finie galoisienne résoluble de degré $2^a 3^b 5^c$.*

Démonstration On peut supposer que k n'admet aucune extension finie galoisienne résoluble de degré $2^a 3^b 5^c$. Par hypothèse, G n'est pas presque abélien, il admet un sous-groupe semi-simple propre de rang 8 presque simple ou un k-tore de dimension $1, 2, 3, 4$. Si G admet un sous-groupe semi-simple propre de rang 8 et presque simple H, alors H est nécessairement une forme intérieure, donc de type A_8, B_8, C_8 ou D_8. Ainsi H est déployé d'après la Proposition 3.3.4 donc G aussi.

On suppose maintenant que G admet k-tore E de dimension $1, 2, 3, 4$. Dans le cas de dimension 1,2,3, le lemme 3 de [178] indique que G est déployé.

Il reste à considérer le cas où E est de dimension 4. Le groupe de Galois Γ_E de l'extension minimale K/k déployant E est un sous-groupe de $\mathrm{GL}_4(\mathbf{Z})$ tel que

$\mathrm{Hom}(\Gamma_E, \mathbf{Z}/l\mathbf{Z}) = 1$ pour $l = 2, 3, 5$. D'après la classification des sous-groupes finis de $\mathrm{GL}_4(\mathbf{Z})$ [55] (voir aussi [123, prop. 4.11]), Γ_E est isomorphe au groupe alterné A_5 et E est isomorphe soit à $R^1_{K/k}(\mathbf{G}_m)$, soit à $R_{K/k}(\mathbf{G}_m)/\mathbf{G}_m$. On plonge E dans un k-tore maximal T de G. De même, le quotient T/E est isomorphe soit à $R^1_{L/k}(\mathbf{G}_m)$, soit à $R_{L/k}(\mathbf{G}_m)/\mathbf{G}_m$ pour une extension galoisienne finie L/k de groupe A_5.

D'après Steinberg, il existe un plongement $T \to G_0$ dans la forme déployée G_0 et un 1-cocycle z à valeurs dans T tel que $G \cong {}_zG_0$. Or $H^1(k, R^1_{L/k}(\mathbf{G}_m)) = k^\times/N(L^\times) = 1$ sous nos hypothèses; on a $H^1(k, R_{L/k}(\mathbf{G}_m)/\mathbf{G}_m) \cong \mathrm{Br}(L/k)$. D'après Brauer [29], toute k-algèbre simple centrale de degré 5 est déployée par une extension par radicaux de degré divisant $2^2 3^b 5$, donc $\mathrm{Br}(L/k) = 0$. Ainsi $H^1(k, E) = 0$ et $H^1(k, T/E) = 0$ d'où $H^1(k, T) = 0$. On conclut que G est déployé. ∎

En mettant en regard ce fait et le Théorème 8.4.1, on en tire le

Corollaire 9.3.6 *On suppose que 2, 3 et 5 sont inversibles dans k et que* $\mathrm{scd}_l(k) \leq 2$ *pour* $l = 2, 3, 5$. *Soit G un k-groupe de type E_8 qui n'est pas presque abélien. Alors G est déployé.*

Démonstration Notons G_0 le k-groupe déployé de type E_8. On a $G_0 = \mathrm{Aut}(G_0)$ si bien que $G = {}_z(G_0)$ où z est un 1-cocycle à valeurs dans $G_0(k_s)$. D'après la Proposition 9.3.5, il existe une extension finie K/k galoisienne résoluble de degré $2^a 3^b 5^c$ qui déploie G. Par suite, on a $[z] \in H^1(K/k, G_0)$. Le Théorème 8.4.1 montre que $H^1(K/k, G_0) = 1$, ce qui permet de conclure que G est déployé. ∎

Corollaire 9.3.7 *On suppose que 2, 3 et 5 sont inversibles dans k et que* $\mathrm{scd}_l(k) \leq 2$ *pour* $l = 2, 3, 5$. *Soit G un k-groupe de type E_8. On suppose que G admet un k-sous-groupe μ_n avec $n \geq 2$. Alors G est déployé.*

Démonstration Le k-sous-groupe μ_n est toral (Prop. 3.1.3) et le centralisateur $H = C_G(\mu_n)$ est donc k-groupe réductif de G de rang maximal et $H \subsetneq G$. Si H n'est pas un k-tore, alors G n'est pas presque abélien et alors G est déployé en vertu du Corollaire 9.3.6. Si H est un k-tore, alors T est déployé (Prop. 3.1.15) et G est donc déployé. ∎

9.4 Classification des groupes semi-simples

Dans cette section, nous dérivons des résultats de classification.

Corollaire 9.4.1 *Soit G un k-groupe semi-simple simplement connexe. On suppose que* $\mathrm{scd}_l(G) \leq 2$ *pour tout $l \in S(G)$. Soit G' une k-forme intérieure de G ayant même classe de Tits que G. Dans les cas suivants:*

(i) G est classique, de type G_2 ou F_4,

(ii) G est trialitaire de type D_4 (resp. E_6, E_7) et son algèbre de Tits est d'indice ≤ 2 (resp. ≤ 3, ≤ 4),

alors G' est isomorphe à G.

Démonstration Sous ces hypothèses, on a $H^1(k, G) = 1$ et le Lemme 2.2.4 donne la conclusion.   ∎

9.5   Autres résultats

9.5.1   La R-équivalence

Soit G un k-groupe absolument presque simple et simplement connexe. On s'intéresse au groupe des classes $G(k)/R$ défini au §1.6.

Exemple 9.5.1 On suppose que $G = \mathrm{SL}_1(A)$ avec $r \geq 2$ et A une k-algèbre simple centrale. Dans ce cas, on sait que $G(k)/R \cong \mathrm{SK}_1(A) = \ker(A^\times \xrightarrow{\mathrm{Nrd}_A} k^\times)/[A^\times, A^\times]$ [182, 18.4].

Conjecture 9.5.2 Sous les hypothèses précédentes, on suppose que $\mathrm{scd}_l(k) \leq 2$ pour tout $l \in S(G)$. Alors $G(k)/R = 1$.

Dans le cas de $G = \mathrm{SL}_1(A)$, l'hypothèse entraîne la surjectivité des normes réduites et un théorème de Yanchevskiĭ montre que $\mathrm{SK}_1(D) = 0$ pour k parfait [184]. Plus généralement, une série de résultats peut se formuler de la façon suivante.

Théorème 9.5.3 ([79, th. 8.7]) *On se place sous les hypothèses de la Conjecture 9.5.2 en supposant k de caractéristique nulle. Si G est isotrope et n'est pas d'indice de Tits $E_{7,1}^{6,6}$ alors $G(k)/R = 1$.*   ∎

9.5.2   Sous-groupes unipotents

Les cas quasi-déployés établis de la conjecture II (Th. 6.0.1 et 8.4.1.(1)) constituent un ingrédient essentiel du résultat suivant conjecturé par J. Tits.

Théorème 9.5.4 ([78, §2.3]) *On suppose que k est de caractéristique $p > 0$ et que $[k : k^p] \leq p$. Soit G un k-groupe semi-simple simplement connexe. Si $p \in S(G)$, on suppose que $\mathrm{scd}_p(k) \leq 2$.*

Soit $\Gamma \subset G(k)$ un sous-groupe unipotent (i.e. tous ses éléments sont unipotents). Alors il existe un k-sous-groupe parabolique P de G tel que $\Gamma \subseteq R_u(P)(k)$.   ∎

Appendice : Indices de Tits

Le but de cette appendice est de reproduire dans une même table les notations pour les indices de Tits [175] ainsi que les indices maximaux des algèbres de Tits correspondants établis par Tits [176] et Merkurjev/Panin/Wadsworth [135, 136]. Le type D est plus complexe et n'est pas explicité complètement ici. Les descriptions de ces groupes se trouvent dans ces références, dans [157], ainsi qu'au chapitre 17 du livre de Springer [165]. La lettre r désigne le k-rang du groupe considéré.

Type A_n ($n \geq 1$)

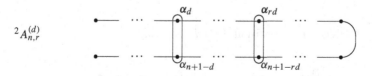

On a $n + 1 = (r + 1)d$ et l'indice de l'algèbre de Tits est d.

Type ^2A_n (n impair, $n \geq 1$)

Ici d est un entier divisant $n + 1$ et r un entier satisfaisant $0 \leq 2rd \leq n + 1$.

Type ^2A_n (n pair, $n \geq 2$)

© Springer Nature Switzerland AG 2019
P. Gille, *Groupes algébriques semi-simples en dimension cohomologique ≤2*, Lecture Notes in Mathematics 2238,
https://doi.org/10.1007/978-3-030-17272-5

Ici d est un entier divisant $n+1$ et r un entier satisfaisant $0 \leq 2rd \leq n+1$.

Type B_n $(n \geq 2)$

$B_{n,r}$ α_1 α_2 $\cdots$ α_r $\cdots$ α_{n-1} α_n

Ici r varie de 0 à n et l'indice maximal de l'algèbre de Tits est 2^{n-r}.

Type C_n $(n \geq 3)$

$C_{n,r}^{(d)}$ α_1 α_2 $\cdots$ α_d $\cdots$ α_{2d} $\cdots$ α_{rd} $\cdots$ α_{n-1} α_n

Ici $d = 2^e$ est un entier divisant $2n$ et r un entier satisfaisant $1 \leq rd \leq n-1$. L'indice de l'algèbre de Tits est d.

$C_{n,r}^{(d)}$ α_1 α_2 $\cdots$ α_d $\cdots$ α_{2d} $\cdots$ α_{rd} $\cdots$ α_{n-1} α_n

Ici $d = 2^e$ est un entier divisant $2n$ et r un entier satisfaisant $rd = n$. L'indice de l'algèbre de Tits est d.

Type $^1D_n^{(d)}$ $(n \geq 4)$

$^{(1)}D_{n,n}^{(1)}$ α_1 α_2 $\cdots$ $\cdots$ α_{n-1} α_n

C'est le cas déployé.

$^{(1)}D_{n,n/2}^{(2)}$ α_1 α_2 $\cdots$ α_{2j} $\cdots$ α_{n-1} α_n

Ici $d = 2$ et $2r = n$.

$^{(1)}D_{n,r}$ α_1 α_2 $\cdots$ α_d $\cdots$ α_{rd} $\cdots$ α_{n-1} α_n

Ici $d = 2^e$ divise $2n$ et r satisfait $0 \leq rd \leq n-3$.

$^{(1)}D_{n,r}^{(d)}$ α_1 α_2 $\cdots$ α_d $\cdots$ α_{rd} α_{n-1} α_n

Ici $d = 2^e$ divise $2n$ et r satisfait $rd = n - 2$.

$^{(1)}D_{n,r}^{(d)}$

Ici $d = 2^e$ divise $2n$, $d \geq 3$ et r satisfait $rd = n$.

Type ^2D_n $(n \geq 4)$

$^{(2)}D_{n,n-1}^{(1)}$

Ici $d = 1$ et $r = n - 1$, c'est le cas quasi-déployé.

$^{(2)}D_{n,\frac{n-1}{2}}^{(2)}$

Ici $d = 2$ et $2r = n - 1$.

$^{(2)}D_{n,r}^{(d)}$

Ici $d = 2^e$ divise $2n$ et r satisfait $0 \leq rd \leq n - 2$.

Type $^3D_4$ et $^6D_4$

$^{3,6}D_{4,2}^{28}$ $\quad \alpha_2$

C'est le cas quasi-déployé.

$^{3,6}D_{4,1}^{9}$

L'indice maximal de l'algèbre de Tits est 2.

$^{3,6}D_{4,0}^{2}$

L'indice maximal de l'algèbre de Tits est 8.

Type $^1E_6$

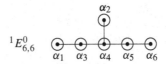

$^1E_{6,6}^0$

C'est le cas déployé.

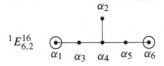

$^1E_{6,2}^{16}$

L'algèbre de Tits est déployée.

$^1E_{6,2}^{28}$

L'indice maximal de l'algèbre de Tits est 3.

$^1E_{6,0}^{78}$

L'indice maximal de l'algèbre de Tits est 27.

Type $^2E_6$

$^2E_{6,4}^2$

Il s'agit du cas quasi-déployé.

$^2E_{6,2}^{16''}$

L'indice de l'algèbre de Tits est 3.

$$^2E_{6,2}^{16'}$$

L'algèbre de Tits est triviale.

$$^2E_{6,1}^{29}$$

L'algèbre de Tits est triviale.

$$^2E_{6,1}^{35}$$

L'algèbre de Tits est d'indice maximal 3.

$$^2E_{6,0}^{78}$$

L'algèbre de Tits est d'indice maximal 27.

Type E_7

$$E_{7,7}^0$$

C'est le cas déployé.

$$E_{7,4}^9$$

L'indice maximal de l'algèbre de Tits est 2.

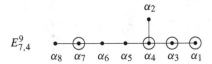

L'algèbre de Tits est déployée.

L'algèbre de Tits est déployée.

L'algèbre de Tits est déployée.

L'indice maximal de l'algèbre de Tits est 2.

L'algèbre de Tits est déployée.

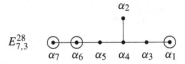

L'indice maximal de l'algèbre de Tits est 4.

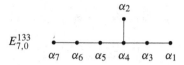

L'indice maximal de l'algèbre de Tits est 8.

Type E_8

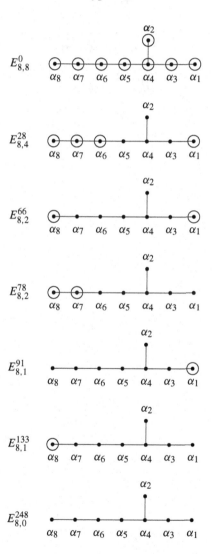

Type F_4

$F_{4,4}^0$ $\quad$ $\overset{\alpha_1}{\odot}$ — $\overset{\alpha_2}{\odot}$ < $\overset{\alpha_3}{\odot}$ — $\overset{\alpha_4}{\odot}$

$F_{4,1}^{21}$ $\quad$ $\overset{\alpha_1}{\odot}$ — $\overset{\alpha_2}{\bullet}$ < $\overset{\alpha_3}{\bullet}$ — $\overset{\alpha_4}{\bullet}$

$F_{4,0}^{52}$ $\quad$ $\overset{\alpha_1}{\bullet}$ — $\overset{\alpha_2}{\bullet}$ < $\overset{\alpha_3}{\bullet}$ — $\overset{\alpha_4}{\bullet}$

Type G_2

$G_{2,2}^0$ $\quad$ $\overset{\alpha_1}{\odot}$ < $\overset{\alpha_2}{\odot}$

$G_{0,0}^{14}$ $\quad$ $\overset{\alpha_1}{\bullet}$ < $\overset{\alpha_2}{\bullet}$

Bibliographie

1. P. Abramenko, K.S. Brown, *Buildings. Theory and Applications*. Graduate Texts in Mathematics, vol. 248 (Springer, New York, 2008)

2. S.A. Amitsur, L.H. Rowen, J.-P. Tignol, Division algebras of degree 4 and 8 with involution. Israel J. Math. **33**, 133–148 (1979)

3. J.-K. Arason, A proof of Merkurjev's theorem, in *Quadratic and Hermitian Forms (Hamilton, Ont., 1983). CMS Conference Proceedings*, vol. 4 (American Mathematical Society, Providence, 1984), pp. 121–130

4. J.-K. Arason, R. Baeza, La dimension cohomologique des corps de type C^r en caractéristique p. C. R. Math. Acad. Sci. Paris **348**, 125–126 (2010)

5. M. Artin, Brauer-Severi varieties, in *Brauer Groups in Ring Theory and Algebraic Geometry (Wilrijk, 1981)*. Lecture Notes in Mathematics, vol. 917 (Springer, Berlin, 1982), pp. 194–210

6. M. Aschbacher, *Finite Group Theory*. Cambridge Studies in Advanced Mathematics, vol. 10 (Cambridge University Press, Cambridge, 1986)

7. D. Barry, Decomposable and indecomposable algebras of degree 8 and exponent 2. Math. Z. **276**, 1113–1132 (2014)

8. D. Barry, A. Chapman, Square-central and Artin-Schreier elements in division algebras. Arch. Math. (Basel) **104**, 513–521 (2015)

9. H.-J. Bartels, Invarianten hermitescher Formen über Schiefkörpern. Math. Ann. **215**, 269–288 (1975)

10. E. Bayer-Fluckiger, H.W. Lenstra Jr., Forms in odd degree extensions and self-dual normal bases. Am. J. Math. **112**, 359–373 (1990)

11. E. Bayer-Fluckiger, R. Parimala, Galois cohomology of the classical groups over fields of cohomological dimension ≤ 2. Invent. Math. **122**, 195–229 (1995)

12. C. Beli, P. Gille, T.-Y. Lee, Maximal tori of groups of type G_2. Pac. J. Math. **279**, 101–134 (2015)

13. G. Berhuy, On the set of discriminants of quadratic pairs. J. Pure Appl. Algebra **188**, 33–44 (2004); J. Pure Appl. Algebra **195**, 125–126 (2005) [Erratum]

14. G. Berhuy, F. Oggier, *An Introduction to Central Simple Algebras and Their Applications to Wireless Communication*. Mathematical Surveys and Monographs, vol. 191 (American Mathematical Society, Providence, 2013)

© Springer Nature Switzerland AG 2019
P. Gille, *Groupes algébriques semi-simples en dimension cohomologique ≤2*, Lecture Notes in Mathematics 2238,
https://doi.org/10.1007/978-3-030-17272-5

15. G. Berhuy, C. Frings, J.-P. Tignol, Galois cohomology of the classical groups over imperfect fields. J. Pure Appl. Algebra **211**, 307–341 (2007)

16. N. Bhaskhar, On Serre's injectivity question and norm principle. Comment. Math. Helv. **91**, 145–161 (2016)

17. J. Black, Zero cycles of degree one on principal homogeneous spaces. J. Algebra **334**, 232–246 (2011)

18. S. Bloch, K. Kato, p-adic étale cohomology. Publ. Math. l'I.H.É.S. **63**, 107–152 (1986)

19. A. Borel, *Linear Algebraic Groups*. Graduate Texts in Mathematics, vol. 126, 2nd edn. (Springer, New York, 1991)

20. A. Borel, J. De Siebenthal, Les sous-groupes fermés de rang maximum des groupes de Lie clos. Comment. Math. Helv. **23**, 200–221 (1949)

21. A. Borel, T.A. Springer, Rationality properties of linear algebraic group II. Tôhoku Math. J. **20**, 443–497 (1968)

22. A. Borel, J. Tits, Groupes réductifs. Publ. Math. IHES **27**, 55–151 (1965)

23. A. Borel, J. Tits, Éléments unipotents et sous-groupes paraboliques de groupes réductifs. I. Invent. Math. **12**, 95–104 (1971)

24. S. Bosch, W. Lütkebohmert, M. Raynaud, *Néron Models* (Springer, Berlin, 1990)

25. N. Bourbaki, *Algèbre Commutative*, Chaps. 1–4 (Springer, Berlin, 2006)

26. N. Bourbaki, *Algèbre Commutative*, Chaps. 5–7 (Springer, Berlin, 2006)

27. N. Bourbaki, *Algèbre Commutative*, Chaps. 7–8 (Springer, Berlin, 2006)

28. N. Bourbaki, *Groupes et algèbres de Lie*, Chaps. 4–6 (Springer, Berlin, 2006)

29. R. Brauer, On normal division algebras of degree 5. Proc. Natl. Acad. Sci. **24**, 243–246 (1938)

30. F. Bruhat, J. Tits, Groupes réductifs sur un corps local. I. Inst. Hautes Etudes Sci. Publ. Math. **41**, 5–251 (1972)

31. F. Bruhat, J. Tits, Groupes algébriques sur un corps local II. Existence d'une donnée radicielle valuée. Publ. Math. IHES **60**, 5–184 (1984)

32. F. Bruhat, J. Tits, Groupes algébriques sur un corps local III. Compléments et application à la cohomologie galoisienne. J. Fac. Sci. Univ. Tokyo **34**, 671–698 (1987)

33. B. Calmès, J. Fasel, Groupes classiques, in *Autour des schémas en groupes, vol II*. Panoramas et Synthèses, vol. 46 (Société Mathématique de France, Paris, 2015), pp. 1–133

34. R.W. Carter, Conjugacy classes in the Weyl group. Compos. Math. **25**, 1–59 (1972)

35. A. Chapman, Chain equivalences for symplectic bases, quadratic forms and tensor products of quaternion algebras. J. Algebra Appl. **14**, 9 (2015)

36. V. Chernousov, The Hasse principle for groups of type E_8. Dokl. Akad. Nauk. SSSR **306**, 1059–1063 (1989). English transl. in Math. USSR-Izv. **34**, 409–423 (1990)

37. V. Chernousov, Remark on the Serre mod 5 invariant for groups of type E_8. Math. Zametki **56**, 116–121 (1994). Traduction anglaise: Math Note **56**, 730–733 (1994)

38. V. Chernousov, The kernel of the Rost invariant, Serre's Conjecture II and the Hasse principle for quasi-split groups. Math. Ann. **326**, 297–330 (2003)

39. V. Chernousov, V. Platonov, The rationality problem for semisimple group varieties. J. Reine Angew. Math. **504**, 1–28 (1998)

40. V. Chernousov, P. Gille, Z. Reichstein, Resolution of torsors by abelian extensions. J. Algebra **296**, 561–581 (2006)

41. V. Chernousov, P. Gille, A. Pianzola, Torsors over the punctured affine line. Am. J. Math. **134**, 1541–1583 (2012)

42. J.-L. Colliot-Thélène, Résolutions flasques des groupes linéaires connexes. J. Reine Angew. Math. **618**, 77–133 (2008)

43. J.-L. Colliot-Thélène, P. Gille, Remarques sur l'approximation faible sur un corps de fonctions d'une variable, in *Arithmetic of Higher-Dimensional Algebraic Varieties (Palo Alto, CA, 2002)*. Progress in Mathematics, vol. 226 (Birkhäuser, Boston, 2004), pp. 121–134

44. J.-L. Colliot-Thélène, W. Raskind, $\mathscr{K}_2$-cohomology and the second Chow group. Math. Ann. **270**, 165–199 (1985)

45. J.-L. Colliot-Thélène, J.-J. Sansuc, La R-équivalence sur les tores. Ann. Sci. Éc. Norm. Supér. **10**, 175–229 (1977)

46. J.-L. Colliot-Thélène, J.-J. Sansuc, Principal homogeneous spaces under flasque tori: applications. J. Algebra **106**, 148–205 (1987)

47. J.-L. Colliot-Thélène, J.-J. Sansuc, La descente sur les variétés rationnelles. Duke Math. J. **54**, 375–492 (1987)

48. J.-L. Colliot-Thélène, A.N. Skorobogatov, Groupe de Chow des zéro-cycles sur les fibrés en quadriques. K-Theory **7**, 477–500 (1993)

49. J.-L. Colliot-Thélène, P. Gille, R. Parimala, Arithmetic of linear algebraic groups over two-dimensional geometric fields. Duke Math. J. **121**, 285–321 (2004)

50. E. Colombo, B. van Geemen, E. Looijenga, Del Pezzo moduli via root systems, in *Algebra, Arithmetic, and Geometry: In Honor of Yu. I. Manin. Vol. I*. Progress in Mathematics, vol. 269 (Birkhäuser, Boston, 2009), pp. 291–337

51. B. Conrad, Reductive group schemes, in *Autour des schémas en groupes I*. Panoramas et Synthèses, vols. 42–43 (Société Mathématique de France, Paris, 2015), pp. 93–444

52. B. Conrad, *Standard Parabolic Subgroups: Theory and Examples*, http://math.stanford.edu/~conrad/249BW16Page/handouts/stdpar.pdf

53. B. Conrad, O. Gabber, G. Prasad, *Pseudo-Reductive Groups*, 2nd edn. (Cambridge University Press, Cambridge, 2015)

54. A. Cortella, *Le principe de Hasse pour les similitudes de formes quadratiques et hermitiennes*. Théorie des nombres, Année (Publ. Math. Fac. Sci. Besançon, Univ. Franche-Comté, Besançon, 1991/1992), 11 pp.

55. E.C. Dade, The maximal subgroups of 4×4 integral matrices. Ill. J. Math. **9**, 99–122 (1965)

56. A.J. de Jong, The period-index problem for the Brauer group of an algebraic surface. Duke Math. J. **123**, 71–94 (2004)

57. A.J. de Jong, X. He, J.M. Starr, Families of rationally simply connected varieties over surfaces and torsors for semisimple groups. Publ. Math. I.H.É.S. **114**, 1–85 (2011)

58. C. Demarche, Cohomologie de Hochschild non abélienne et extensions de faisceaux en groupes, in *Autour des schémas en groupes II*. Panoramas et Synthèses, vol. 46 (Société Mathématique de France, Paris, 2015), pp. 255–292

59. M. Demazure, P. Gabriel, *Groupes algébriques* (North-Holland, Amsterdam, 1970)

60. M. Demazure, A. Grothendieck, *Séminaire de Géométrie algébrique de l'I.H.E.S., 1963–1964, schémas en groupes*. Lecture Notes in Mathematics (Springer, Berlin, 1970), pp. 151–153

61. A. Dolphin, Decomposition of algebras with involution in characteristic 2. J. Pure Appl. Algebra **217**, 1620–1633 (2013)

62. E. B. Dynkin, Semisimple subalgebras of semisimple Lie algebras. Mat. Sbornik N.S. **30**(72), 349–462 (1952)

63. R. Elman, N. Karpenko, A. Merkurjev, *The Algebraic and Geometric Theory of Quadratic Forms*. Colloquium Publications, vol. 56 (American Mathematical Society, Providence, 2008)

64. M.A. Elomary, J.-P. Tignol, Classification of quadratic forms over skew fields of characteristic 2. J. Algebra **240**, 366–392 (2001)

65. H. Esnault, B. Kahn, M. Levine, E. Viehweg, The Arason invariant and mod 2 algebraic cycles. J. Am. Math. Soc. **11**, 73–118 (1998)

66. R. Fossum, B. Iversen, On Picard groups of algebraic fibre spaces. J. Pure Appl. Algebra **3**, 269–280 (1973)

67. S. Garibaldi, Isotropic trialitarian algebraic groups. J. Algebra **210**, 385–418 (1998)

68. S. Garibaldi, The Rost invariant has trivial kernel for quasi-split groups of low rank. Comment. Math. Helv. **76**, 684–711 (2001)

69. S. Garibaldi, Cohomological invariants: exceptional groups and spin groups. Mem. Am. Math. Soc. **937** (2009) [with an appendix by Detlev W. Hoffmann]

70. S. Garibaldi, What is a linear algebraic group ? Not. Am. Math. Soc. **57**, 1125–1126 (2010)

71. S. Garibaldi, P. Gille, Algebraic groups with few subgroups. J. Lond. Math. Soc. **80**, 405–430 (2009)

72. S. Garibaldi, A. Merkurjev, Rost invariant of the center, revisited. Pac. J. Math. **291**, 369–397 (2017)

73. S. Garibaldi, A. Quéguiner-Mathieu, Restricting the Rost invariant to the center. Algebra i Analiz **19**, 52–73 (2007); aussi St. Petersburg Math. J. **19**, 197–213 (2008)

74. S. Garibaldi, A. Merkurjev, J.-P. Serre, *Cohomological Invariants in Galois Cohomology*. University Lecture Series, vol. 28 (American Mathematical Society, Providence, 2003)

75. P. Gille, La R-équivalence sur les groupes algébriques réductifs définis sur un corps global. Publ. Math. l'I.H.É.S. **86**, 199–235 (1997)

76. P. Gille, Invariants cohomologiques de Rost en caractéristique positive. K-Theory **21**, 57–100 (2000)

77. P. Gille, Cohomologie galoisienne des groupes quasi-déployés sur des corps de dimension cohomologique ≤ 2. Compos. Math. **125**, 283–325 (2001)

78. P. Gille, Unipotent subgroups of reductive groups of characteristic p>0. Duke Math. J. **114**, 307–328 (2002)

79. P. Gille, Le problème de Kneser-Tits, exposé Bourbaki n0 983. Astérisque **326**, 39–81 (2009)

80. P. Gille, *Questions de rationalité sur les groupes algébriques linéaires*, http://math.univ-lyon1.fr/homes-www/gille/prenotes/qrs2011.pdf

81. P. Gille, Serre's conjecture II: a survey, in *Quadratic Forms, Linear Algebraic Groups, and Cohomology*. Developments in Mathematics, vol. 18 (Springer, New York, 2010), pp. 41–56

82. P. Gille, Sur la classification des schémas en groupes semi-simples, in *Autour des schémas en groupes, III*. Panoramas et Synthèses, vol. 47 (Société Mathématique de France, Paris, 2015), pp. 39–110

83. P. Gille, A. Pianzola, Isotriviality and étale cohomology of Laurent polynomial rings. J. Pure Appl. Algebra **212**, 780–800 (2008)

84. P. Gille, A. Pianzola, Torsors, reductive group schemes and extended affine Lie algebras. Mem. Am. Math. Soc. **226**(1063) (2013), 112 pp.

85. P. Gille, A. Quéguiner-Mathieu, Formules pour l'invariant de Rost. Algebra Number Theory **5**, 1–35 (2011)

86. P. Gille, T. Szamuely, *Central Simple Algebras and Galois Cohomology*. Cambridge Studies in Advanced Mathematics, vol. 165, 2nd edn. (Cambridge University Press, Cambridge, 2017)

87. J. Giraud, *Cohomologie non-abélienne* (Springer, Berlin, 1970)

88. R.L. Griess Jr., Elementary abelian p-subgroups of algebraic groups. Geom. Dedicata **39**, 253–305 (1991)

89. A. Grothendieck, Sur la classification des fibrés holomorphes sur la sphère de Riemann. Am. J. Math. **79**, 121–138 (1957)

90. A. Grothendieck, Eléments de Géométrie Algébrique (rédigés avec la collaboration de Jean Dieudonné. Publ. Math. IHES **4, 8, 11, 17, 20, 24, 28, 32** (1960–1967)

91. A. Grothendieck, Le groupe de Brauer. I. Algèbres d'Azumaya et interprétations diverses, in *Dix Exposés sur la Cohomologie des Schémas* (North-Holland/Masson, Amsterdam/Paris, 1968), pp. 46–66

92. A. Grothendieck, Le groupe de Brauer, II. Théorie cohomologique, in *Dix Exposés sur la Cohomologie des Schémas* (North-Holland/Masson, Amsterdam/Paris, 1968), pp. 67–87

93. K.W. Gruenberg, Projective profinite groups. J. Lond. Math. Soc. **42**, 155–165 (1967)

94. G. Harder, Halbeinfache Gruppenschemata über Dedekindringen. Invent. Math. **4**, 165–191 (1967)

95. G. Harder, Halbeinfache Gruppenschemata über vollständigen Kurven. Invent. math. **6**, 107–149 (1968)

96. G. Harder, Über die Galoiskohomologie halbeinfacher Matrizengruppen I. Math. Zeit. **90**, 404–428 (1965); II Math. Zeit. **92**, 396–415 (1966); III J. für die reine angew. Math. **274/5**, 125–138 (1975)

97. L. Illusie, Complexe de de Rham–Witt et cohomologie cristalline. Ann. Sci. ENS **12**, 501–661 (1979)

98. O. Izhboldin, On p-torsion in K^M for fields of characteristic p, in *Algebraic K-Theory*. Advances in Soviet Mathematics, vol. 4 (American Mathematical Society, Providence, 1991), pp. 129–144

99. O. Izhboldin, *On the Cohomology Groups of the Field of Rational Functions*. Coll. Math. St-Petersburg, Ser. 2, AMS Transl., vol. 174 (American Mathematical Society, Providence, 1996), pp. 21–44.

100. B. Jacob, A.R. Wadsworth, Division algebras with no common subfields. Isr. J. Math. **83**, 353–360 (1993)

101. M. Jarden, F. Pop, Function fields of one variable over PAC fields. Doc. Math. **14**, 517–523 (2009)

102. C. Jordan, *Traité des substitutions et des équations algébriques* (Ed. J. Gabay, Paris, 1870)

103. J.-P. Jouanolou, *Théorèmes de Bertini et applications*. Progress in Mathematics, vol. 42 (Birkhäuser, Boston, 1983)

104. V.G. Kac, Automorphisms of finite order of semisimple Lie algebras. Funkcional. Anal. i Priložen **3**, 94–96 (1969)

105. B. Kahn, Quelques remarques sur le u-invariant. Journal de théorie des nombres de Bordeaux **2**, 155–161 (1990)

106. B. Kahn, Formes quadratiques sur un corps, in *Cours spécialisé*, vol. 15 (Société Mathématique de France, Paris, 2009)

107. N. Karpenko, Three theorems on common splitting fields of central simple algebras. Israel J. Math. **111**, 125–141 (1999)

108. N.A. Karpenko, A.S. Merkurjev, Canonical p-dimension of algebraic groups. Adv. Math. **205**, 410–433 (2006)

109. K. Kato, A generalization of local class field theory by using K-groups. II. J. Fac. Sci. Univ. Tokyo Sect. IA Math. **27**, 603–683 (1980)

110. K. Kato, Galois cohomology of complete discrete valuation fields, in *Algebraic K-Theory, Part II (Oberwolfach, 1980)*. Lecture Notes in Mathematics, vol. 967 (Springer, Berlin, 1982), pp. 215–238

111. K. Kato, Symmetric bilinear forms, quadratic forms and Milnor K-theory in characteristic two. Invent. Math. **66**, 493–510 (1982)

112. M. Kneser, *Lectures on Galois cohomology of the classical groups*. Tata Institute of Fundamental Research. Lectures in Mathematics and Physics, vol. 47 (Tata Institute of Fundamental Research, Bombay, 1969)

113. M.-A. Knus, *Quadratic and Hermitian Forms over Rings*. Grundlehren der mathematischen Wissenschaften, vol. 294 (Springer, Berlin, 1991)

114. M.-A. Knus, T.Y. Lam, D.B. Shapiro, J.-P. Tignol, Discriminants of involutions on biquaternion algebras, in *K-Theory and Algebraic Geometry: Connections with Quadratic Forms and Division Algebras (Santa Barbara, CA, 1992). Proceedings of Symposia in Pure Mathematics, Part 2*, vol. 58 (American Mathematical Society, Providence, 1995), pp. 279–303

115. M-A. Knus, A. Merkurjev, M. Rost, J-P. Tignol, *The Book of Involutions*. AMS Colloquium Publications, vol. 44 (American Mathematical Society, Providence, 1998)

116. R. E. Kottwitz, Rational conjugacy classes in reductive groups. Duke Math. J. **49**, 785–806 (1982)

117. D. Krashen, Corestrictions of algebras and splitting fields. Trans. Am. Math. Soc. **362**, 4781–4792 (2010)

118. D. Krashen, E. Matzri, Diophantine and cohomological dimensions. Proc. Am. Math. Soc. **143**, 2779–2788 (2015)

119. T.Y. Lam, *Introduction to Quadratic Forms Over Fields*. Graduate Studies in Mathematics, vol. 67 (American Mathematical Society, Providence, 2005)

120. T.Y. Lam, D.B. Leep, J.-P. Tignol, Biquaternion algebras and quartic extensions. Inst. Hautes Études Sci. Publ. Math. **77**, 63–102 (1993)

121. T.Y. Lee, Embedding functors and their arithmetic properties. Comment. Math. Helv. **89**, 671–717 (2014)

122. T.Y. Lee, Adjoint quotients of reductive groups, in *Autour des schémas en groupes III*. Panoramas et Synthèses, vol. 47 (Société Mathématique de France, Paris, 2015), pp. 131–145

123. N. Lemire, *Four-dimensional algebraic tori*, prépublication (2015). arXiv:1511.00315

124. D. Lewis, J.-P. Tignol, Classification theorems for central simple algebras with involution. Manuscripta Math. **100**, 259–276 (1999)

125. G. Malle, D. Testerman, *Linear Algebraic Groups and Finite Groups of Lie Type*. Cambridge Studies in Advanced Mathematics, vol. 133 (Cambridge University Press, Cambridge, 2011)

126. Y.I. Manin, *Cubic Forms. Algebra, Geometry, Arithmetic*. North-Holland Mathematical Library, vol. 4, 2nd edn. (North-Holland, Amsterdam, 1986)

127. B. Margaux, Passage to the limit in non-abelian Čech cohomology. J. Lie Theory **17**, 591–596 (2007)

128. B. Margaux, The structure of the group $G(k[t])$: variations on a theme of Soulé. Algebra Number Theory **3**, 393–409 (2009)

129. I. Matsumoto, Sur les sous-groupes arithmétiques des groupes semi-simples déployés. Ann. Sci. Éc. Norm. Sup. **2**, 1–62 (1969)

130. K. McCrimmon, Nonassociative algebras with scalar involution. Pac. J. Math. **116**, 85–109 (1985)

131. A.S. Merkurjev, Simple algebras and quadratic forms. Izv. Akad. Nauk SSSR Ser. Mat. **55**, 218–224 (1991); traduction anglaise Math. USSR-Izv. **38**, 215–221 (1992)

132. A.S. Merkurjev, Certain K-cohomology groups of Severi-Brauer varieties, in *K-Theory and Algebraic Geometry: Connections with Quadratic Forms and Division Algebras, Santa Barbara*, ed. by B. Jacob et al. Proceedings of Symposia in Pure Mathematics, vol. 58, Part 2 (American Mathematical Society, Providence, 1995), pp. 319–331

133. A.S. Merkurjev, Norm principle for algebraic groups. Algebra i Analiz (Leningrad Math. J.) **7**, 77–105 (1995)

134. A.S. Merkurjev, A.A. Suslin, $\mathcal{K}$-cohomologie des variétés de Severi-Brauer et l'homomorphisme de norme résiduelle (en russe). Izv. Akad. Nauk SSSR **46**, 1011–1046 (1982), trad. anglaise: Math. USSR Izv. **21**, 307–340 (1983)

135. A.S. Merkurjev, I. Panin, A.R. Wadsworth, Index reduction formulas for twisted flag varieties, I. K-Theory **10**, 517–596 (1996)

136. A.S. Merkurjev, I. Panin, A.R. Wadsworth, Index reduction formulas for twisted flag varieties, II. K-Theory **14**, 101–196 (1998)

137. A.S. Merkurjev, R. Parimala, J.-P. Tignol, Invariants of quasi-trivial tori and the Rost invariant. Algebra i Analiz **14**(5), 110–151 (2002); St Petersburg Math. J. **14**(5), 791–821 (2003)

138. J. Milne, *Étale Cohomology* (Princeton University Press, Princeton, 1980)

139. J. Neukirch, A. Schmidt, K. Wingberg, *Cohomology of Number Fields*. Grundlehren der Mathematischen Wissenschaften, vol. 323, 2nd edn. (Springer, Berlin, 2008)

140. J. Oesterlé, Nombres de Tamagawa et groupes unipotents en caractéristique $p > 0$. Inv. Math. **78**, 13–88 (1984)

141. T. Ono, Arithmetic of orthogonal groups. J. Math. Soc. Jpn. **7**, 79–91 (1955)

142. D. Orlov, A. Vishik, V. Voevodsky, An exact sequence for $K^M/2$ with applications to quadratic forms. Ann. Math. **165**, 1–13 (2007)

143. I.A. Panin, Splitting principle and K-theory of simply connected semisimple algebraic groups. Algebra i Analiz **10**, 88–131 (1998). Traduction anglaise dans St. Petersburg Math. J. **10**, 69–101 (1999)

144. R. Parimala, Arithmetic of linear algebraic groups over two-dimensional fields, in *Proceedings of the International Congress of Mathematicians. Volume I* (Hindustan Book Agency, New Delhi, 2010), pp. 339–361

145. R. Parimala, R. Sridharan, V. Suresh, A question on the discriminants of involutions of central division algebras. Math. Ann. **297**, 575–580 (1993)

146. S. Pépin Le Halleur, Subgroups of maximal rank of reductive groups, in *Autour des schémas en groupes, III*. Panoramas et Synthèses, vol. 47 (Société Mathématique de France, Paris, 2015), pp. 147–172

147. V. Petrov, A rational construction of Lie algebras of type E_7. J. Algebra **481**, 348–361 (2017)

148. A. Pfister, *Quadratic Forms with Applications to Algebraic Geometry and Topology*. London Mathematical Society Lecture Note Series, vol. 217 (Cambridge University Press, Cambridge, 1995)

149. V.P. Platonov, A. Rapinchuk, *Algebraic Groups and Number Theory*. Pure and Applied Mathematics, vol. 139 (Academic, Boston, 1993)

150. R.W. Richardson, On orbits of algebraic groups and Lie groups. Bull. Aust. Math. Soc. **25**, 1–28 (1982)

151. M. Rosenlicht, Toroidal algebraic group. Proc. Am. Math. Soc. **12**, 984–988 (1961)

152. C.H. Sah, Symmetric bilinear forms and quadratic forms. J. Algebra **20**, 144–160 (1972)

153. J.-J. Sansuc, Groupe de Brauer et arithmétique des groupes algébriques linéaires sur un corps de nombres. J. Reine Angew. Math. **327**, 12–80 (1981)

154. I. Satake, *Classification Theory of Semi-simple Algebraic Groups, with an Appendix by M. Sugiura; Notes Prepared by Doris Schattschneider*. Lecture Notes in Pure and Applied Mathematics, vol. 3 (Marcel Dekker, New York, 1971)

155. W. Scharlau, *Quadratic and Hermitian Forms*. Grundlehren der mathematischen Wissenschaften (Springer, Berlin, 1985)

156. L.L. Scott, Integral equivalence of permutation representations, in *Group Theory (Granville, OH, 1992)* (World Scientific, River Edge, 1993), pp. 262–274

157. M. Selbach, *Klassifikationstheorie halbeinfacher algebraischer Gruppen.* Diplomarbeit, Univ. Bonn, Bonn (1973); Bonner Mathematische Schriften, Nr. 83. (Mathematisches Institut der Universität Bonn, Bonn 1976)

158. J.-P. Serre, Cohomologie galoisienne: Progrès et problèmes, Séminaire Bourbaki, exposé 783 (1993–94). Astérisque **227**, 229–257 (1995)

159. J.-P. Serre, *Cohomologie galoisienne*, cinquième édition (Springer, New York, 1997)

160. J.-P. Serre, Sous-groupe finis des groupes de Lie, Séminaire Bourbaki 864 (1998–1999). Astérisque **266**, 415–430 (2000)

161. J.-P. Serre, Coordonnées de Kac, dans quadratic forms and linear algebraic groups. Abstracts from the workshop held June 25–July 1, 2006. Organized by D. Hoffmann, A. Merkurjev and J.-P. Tignol. Oberwolfach Reports **3**, 1787–1790 (2006)

162. S. Shatz, *Profinite Groups, Arithmetic, and Geometry.* Annals of Mathematics Studies (Princeton University Press, Princeton, 1972)

163. C. Soulé, K_2 et le groupe de Brauer (d'après A. S. Merkurjev et A. A. Suslin), séminaire Bourbaki n0. 601 (1982/83). Astérisque **105–106**, 79–93 (1983). Soc. Math. France

164. T.A. Springer, Nonabelian H^2 in Galois cohomology, in *Algebraic Groups and Discontinuous Subgroups (Proc. Sympos. Pure Math., Boulder, Colo., 1965)* (American Mathematical Society, Providence, 1966), pp. 164–182

165. T.A. Springer, *Linear Algebraic Groups*, 2nd edn. (Birkhäuser, New York, 1998)

166. T.A. Springer, R. Steinberg, Conjugacy classes, in *Seminar on Algebraic Groups and Related Finite Groups (The Institute for Advanced Study, Princeton, NJ, 1968/69)*. Lecture Notes in Mathematics, vol. 131 (Springer, Berlin, 1970), pp. 167–266

167. T.A. Springer, F.D. Veldkamp, *Octonions Algebras, Jordan Algebras and Exceptional Groups.* Springer Monographs in Mathematics (Springer, New York, 2000)

168. R. Steinberg, Regular elements of semi-simple algebraic groups. Publ. Math. I.H.É.S. **25**, 49–80 (1965)

169. A.A. Suslin, Algebraic K-theory and the norm-residue homomorphism. J. Sov. **30**, 2556–2611 (1985)

170. D. Tao, The generalized even Clifford algebra. J. Algebra **172**, 184–204 (1995)

171. J. Tate, *Finite group schemes*, dans Modular forms and Fermat's Last Theorem par G. Cornell, J. H. Silverman, and G. Stevens (Springer, New York, 1997), pp. 121–154

172. The Stacks Project, https://stacks.math.columbia.edu/

173. J.-P. Tignol, On the corestriction of central simple algebras. Math. Z. **194**, 267–274 (1987)

174. J.-P. Tignol, Quadratic pairs on biquaternion algebras, in *Algebra and Number Theory (Fez)*. Lecture Notes in Pure and Applied Mathematics, vol. 208 (Marcel Dekker, New York, 2000), pp. 273–286

175. J. Tits, Classification of algebraic semisimple groups, in *Algebraic Groups and Discontinuous Groups*. Proceedings of Symposia in Pure Mathematics, vol. 9 (American Mathematical Society, Providence, 1966)

176. J. Tits, Représentations linéaires irréductibles d'un groupe réductif sur un corps quelconque. J. Crelle **247**, 196–220 (1971)

177. J. Tits, Strongly inner anisotropic forms of simple algebraic groups J. Algebra **131**, 648–677 (1990)

178. J. Tits, Sur les degrés des extensions de corps déployant les groupes algébriques simples. C. R. Acad. Sci. Paris Sér. I Math. **315**, 1131–1138 (1992)

179. J. Tits, Sur les produits tensoriels de deux algèbres de quaternions. Bull. Soc. Math. Belg. Sér. B **45**, 329–331 (1993)

180. J. Tits, Résumé des cours du Collège de France 1990–91, in *Résumés des cours au Collége de France 1973–2000*. Documents Mathématiques (Paris), vol. 12 (Société Mathématique de France, Paris, 2013)

181. C. Voisin, Sections rationnelles de fibrations sur les surfaces et conjecture de Serre, Séminaire Bourbaki 1038 (2011). Astérisque **348**, 317–337 (2012)

182. V.E. Voskresenskiĭ, *Algebraic Groups and Their Birational Invariants*. Translations of Mathematical Monographs, vol. 179 (American Mathematical Society, Providence, 1998)

183. V.I. Yanchevskiĭ, Simple algebras with involutions, and unitary groups. Math. Sb. **93**, 368–380 (1974). Trad. anglaise: Sb. Math **22**, 372–385 (1974)

184. V.I. Yanchevskiĭ, Commutants of simple algebras with a surjective reduced norm. Dokl. Akad. Nauk SSSR **221**, 1056–1058 (1975)

Index

© Springer Nature Switzerland AG 2019
P. Gille, *Groupes algébriques semi-simples en dimension cohomologique* ≤ 2, Lecture Notes in Mathematics 2238,
https://doi.org/10.1007/978-3-030-17272-5

167

LECTURE NOTES IN MATHEMATICS ✌ **Springer**

Editors in Chief: J.-M. Morel, B. Teissier;

Editorial Policy

1. Lecture Notes aim to report new developments in all areas of mathematics and their applications – quickly, informally and at a high level. Mathematical texts analysing new developments in modelling and numerical simulation are welcome.

   Manuscripts should be reasonably self-contained and rounded off. Thus they may, and often will, present not only results of the author but also related work by other people. They may be based on specialised lecture courses. Furthermore, the manuscripts should provide sufficient motivation, examples and applications. This clearly distinguishes Lecture Notes from journal articles or technical reports which normally are very concise. Articles intended for a journal but too long to be accepted by most journals, usually do not have this "lecture notes" character. For similar reasons it is unusual for doctoral theses to be accepted for the Lecture Notes series, though habilitation theses may be appropriate.

2. Besides monographs, multi-author manuscripts resulting from SUMMER SCHOOLS or similar INTENSIVE COURSES are welcome, provided their objective was held to present an active mathematical topic to an audience at the beginning or intermediate graduate level (a list of participants should be provided).

   The resulting manuscript should not be just a collection of course notes, but should require advance planning and coordination among the main lecturers. The subject matter should dictate the structure of the book. This structure should be motivated and explained in a scientific introduction, and the notation, references, index and formulation of results should be, if possible, unified by the editors. Each contribution should have an abstract and an introduction referring to the other contributions. In other words, more preparatory work must go into a multi-authored volume than simply assembling a disparate collection of papers, communicated at the event.

3. Manuscripts should be submitted either online at www.editorialmanager.com/lnm to Springer's mathematics editorial in Heidelberg, or electronically to one of the series editors. Authors should be aware that incomplete or insufficiently close-to-final manuscripts almost always result in longer refereeing times and nevertheless unclear referees' recommendations, making further refereeing of a final draft necessary. The strict minimum amount of material that will be considered should include a detailed outline describing the planned contents of each chapter, a bibliography and several sample chapters. Parallel submission of a manuscript to another publisher while under consideration for LNM is not acceptable and can lead to rejection.

4. In general, **monographs** will be sent out to at least 2 external referees for evaluation.

   A final decision to publish can be made only on the basis of the complete manuscript, however a refereeing process leading to a preliminary decision can be based on a pre-final or incomplete manuscript.

   Volume Editors of **multi-author works** are expected to arrange for the refereeing, to the usual scientific standards, of the individual contributions. If the resulting reports can be forwarded to the LNM Editorial Board, this is very helpful. If no reports are forwarded or if other questions remain unclear in respect of homogeneity etc, the series editors may wish to consult external referees for an overall evaluation of the volume.

5. Manuscripts should in general be submitted in English. Final manuscripts should contain at least 100 pages of mathematical text and should always include

   – a table of contents;
   – an informative introduction, with adequate motivation and perhaps some historical remarks: it should be accessible to a reader not intimately familiar with the topic treated;
   – a subject index: as a rule this is genuinely helpful for the reader.
   – For evaluation purposes, manuscripts should be submitted as pdf files.

6. Careful preparation of the manuscripts will help keep production time short besides ensuring satisfactory appearance of the finished book in print and online. After acceptance of the manuscript authors will be asked to prepare the final LaTeX source files (see LaTeX templates online: https://www.springer.com/gb/authors-editors/book-authors-editors/manuscriptpreparation/5636) plus the corresponding pdf- or zipped ps-file. The LaTeX source files are essential for producing the full-text online version of the book, see http://link.springer.com/bookseries/304 for the existing online volumes of LNM). The technical production of a Lecture Notes volume takes approximately 12 weeks. Additional instructions, if necessary, are available on request from lnm@springer.com.

7. Authors receive a total of 30 free copies of their volume and free access to their book on SpringerLink, but no royalties. They are entitled to a discount of 33.3 % on the price of Springer books purchased for their personal use, if ordering directly from Springer.

8. Commitment to publish is made by a *Publishing Agreement*; contributing authors of multiauthor books are requested to sign a *Consent to Publish form*. Springer-Verlag registers the copyright for each volume. Authors are free to reuse material contained in their LNM volumes in later publications: a brief written (or e-mail) request for formal permission is sufficient.

Addresses:
Professor Jean-Michel Morel, CMLA, École Normale Supérieure de Cachan, France
E-mail: moreljeanmichel@gmail.com

Professor Bernard Teissier, Equipe Géométrie et Dynamique,
Institut de Mathématiques de Jussieu – Paris Rive Gauche, Paris, France
E-mail: bernard.teissier@imj-prg.fr

Springer: Ute McCrory, Mathematics, Heidelberg, Germany,
E-mail: lnm@springer.com

Printed in the United States
By Bookmasters